传世经典书丛
Eternal Classics

深度探索C++对象模型

Inside the C++ Object Model

[美] Stanley B. Lippman 著
侯捷 译

電子工業出版社
Publishing House of Electronics Industry
北京•BEIJING

内 容 简 介

作者 Lippman 参与设计了全世界第一套 C++编译程序 cfront，这本书就是一位伟大的 C++编译程序设计者向你阐述他如何处理各种 explicit（明确出现于 C++程序代码中）和 implicit（隐藏于程序代码背后）的 C++语意。

本书专注于 C++面向对象程序设计的底层机制，包括结构式语意、临时性对象的生成、封装、继承，以及虚拟——虚拟函数和虚拟继承。这本书让你知道：一旦你能够了解底层实现模型，你的程序代码将获得多么大的效率。Lippman 澄清了那些关于 C++额外负荷与复杂度的各种错误信息和迷思，但也指出其中某些成本和利益交换确实存在。他阐述了各式各样的实现模型，指出它们的进化之道及其本质因素。书中涵盖了 C++对象模型的语意暗示，并指出这个模型是如何影响你的程序的。

对于 C++底层机制感兴趣的读者，这必然是一本让你大呼过瘾的绝妙好书。

图书在版编目（CIP）数据

深度探索 C++对象模型 /（美）李普曼（Lippman,S.B.）著；侯捷译. —北京：电子工业出版社，2012.1
（传世经典书丛）
书名原文：Inside the C++ Object Model
ISBN 978-7-121-14952-8
Ⅰ. ①深… Ⅱ. ①李… ②侯… Ⅲ. ①C 语言－程序设计 Ⅳ. ①TP312
中国版本图书馆 CIP 数据核字（2011）第 222573 号

策划编辑：张春雨
责任编辑：李云静
印　　刷：三河市君旺印务有限公司
装　　订：三河市君旺印务有限公司
出版发行：电子工业出版社
　　　　　北京市海淀区万寿路 173 信箱　邮编：100036
开　　本：787×980　1/16　印张：22.25　字数：534 千字
版　　次：2012 年 1 月第 1 版
印　　次：2022 年 7月第 32 次印刷
定　　价：99.00 元

凡所购买电子工业出版社图书有缺损问题，请向购买书店调换。若书店售缺，请与本社发行部联系，联系及邮购电话：（010）88254888，88258888。

质量投诉请发邮件至 zlts@phei.com.cn，盗版侵权举报请发邮件至 dbqq@phei.com.cn。

本书咨询联系方式：010-51260888-819，faq@phei.com.cn。

本立道生

（侯捷 译序）

对于传统的结构化（sequential）语言，我们向来没有太多的疑惑，虽然在函数调用的背后，也有着堆栈建制、参数排列、返回地址、堆栈清除等等幕后机制，但函数调用是那么的自然而明显，好像只是夹带着一个包裹，从程序的某一个地点跳到另一个地点去执行。

但是对于面向对象（Object Oriented）语言，我们的疑惑就多了。究其因，这种语言的编译器为我们（程序员）做了太多的服务：构造函数、析构函数、虚拟函数、继承、多态……有时候它为我们合成出一些额外的函数（或运算符），有时候它又扩张我们所写的函数内容，放进更多的操作。有时候它还会为我们的 objects 加油添醋，放进一些奇妙的东西，使你面对 *sizeof* 的结果大惊失色。

我心里头一直有个疑惑：计算机程序最基础的形式，总是脱离不了一行一行的循序执行模式，为什么 OO（面向对象）语言却能够“自动完成”这么多事情呢？另一个疑惑是，威力强大的 polymorphism（多态），其底层机制究竟如何？

如果不了解编译器对我们所写的 C++代码做了什么手脚，这些困惑永远解不开。

这本书解决了过去令我百思不解的诸多疑惑。我要向所有已具备 C++多年程序设计经验的同好们大力推荐这本书。

这本书同时也是跃向组件软件（component-ware）基本精神的“跳板”。不管你想学习 COM（Component Object Model）、CORBA（Common Object Request Broker Architecture）或是 SOM（System Object Model），了解 C++ Object Model，将使你更清楚软件组件（components）设计上的难点与运用之道。不但我自己在学习 COM 的道路上有此强烈的感受，***Essential COM***（《**COM** 本质论》，侯捷译，碁峰 1998）的作者 Don Box 也在他的书中推崇 Lippman 的这一本卓越的书籍。

是的，这当然不会是一本轻松的书籍。某些章节（例如 3、4 两章）可能给你立即的享受——享受于面对底层机制有所体会与掌控的快乐；某些章节（例如 5、6、7 三章）可能带给你短暂的痛苦——痛苦于艰难深涩、难以吞咽的内容。这些快乐与痛苦，其实就是我翻译此书时的心情写照。无论如何，我希望通过我的译笔，把这本难得的好书带到更多人面前，引领大家见识 C++底层建设的技术之美。

侯捷　2011.10.20　于新竹

jjhou@ccca.nctu.edu.tw

请注意：本书特点，作者 Lippman 在其前言中有很详细的描述，我不再多言。翻译用词与心得，记录在第 0 章（译者的话）之中，对您或有导读之功。

请注意：原文本有大大小小约 80～90 个笔误。有的无伤大雅，有的影响阅读顺畅甚巨（如前后文所用符号不一致、内文与图形所用符号不一致——甚至因而导致图片的文字解释不正确）。我已在第 0 章（译者的话）列出所有我找到的错误。此外，某些场合我还会在错误出现之处再加注，表示原文内容为何。这么做不是画蛇添足，也不为彰显什么。我知道有些读者拿着原文书和中译书对照着看，我把原书错误加注出来，可免读者怀疑是否我打错字或是译错了。另一方面也是为了文责自负……唔……万一 Lippman 是对的而 J.J.Hou 错了呢？！我虽有相当把握，但还是希望明白摊开来让读者检验。

目　录

前 言

（Stanley B. Lippman）

差不多有 10 年之久，我在贝尔实验室（Bell Laboratories）埋首于 C++的实现任务。最初的工作是在 cfront 上面（Bjarne Stroustrup 的第一个 C++编译器），从 1986 年的 1.1 版到 1991 年 9 月的 3.0 版。然后移转到 Simplifier（这是我们内部的命名），也就是 Foundation 项目中的 C++对象模型部分。在 Simplifier 设计期间，我开始酝酿本书。

Foundation 项目是什么？在 Bjarne 的领导下，贝尔实验室中的一个小组探索着以 C++完成大规模程序设计时的种种问题的解决之道。Foundation 项目是我们为了构建大系统而努力定义的一个新的开发模型（我们只使用 C++，并不提供多重语言的解决方案）。这是个令人兴奋的工作，一方面是因为工作本身，一方面是因为工作伙伴：Bjarne、Andy Koenig、Rob Murray、Martin Carroll、Judy Ward、Steve Buroff、Peter Juhl，以及我自己。Barbara Moo 管理我们这一群人（Bjarne 和 Andy 除外）。Barbara Moo 常说管理一个软件团队，就像放牧一群骄傲的猫。

我们把 Foundation 想象成一个核心，在那上面，其他人可以为使用者铺设一层真正的开发环境，把它整修为他们所期望的 UNIX 或 Smalltalk 模型。私底下我们把它称为 Grail（传说中耶稣最后晚餐所用的圣杯），人人都想要，但是从来没人找到过！

Grail 使用一个由 Rob Murray 发展出来并命名为 ALF 的面向对象层次结构，提供一个永久的、以语意为基础的表现法。在 Grail 中，传统编译器被分解为数个各自分离的可执行文件。parser 负责建立程序的 ALF 表现法。其他每一个组件（如 type checking、simplification、code generation）以及工具（如 browser）都在程序的一个 ALF 表现体上操作（并可能加以扩展）。Simplifier 是编译器的一部分，处于 type checking 和 code generation 之间。Simplifier 这个名称是由 Bjarne 所倡议的，它原本是 cfront 的一个阶段（phase）。

在 type checking 和 code generation 之间，Simplifier 做什么事呢？它用来转换内部的程序表现。有三种转换风味是任何对象模型都需要的：

1． 与编译器息息相关的转换（Implementation-dependent transformations）

这是与特定编译器有关的转换。在 ALF 之下，这意味着我们所谓的“tentative” nodes。例如，当 parser 看到这个表达式：

```
fct();
```

它并不知道是否（**a**）这是一个函数调用操作，或者（**b**）这是 overloaded call operator 在 class object *fct* 上的一种应用。默认情况下，这个式子所代表的是一个函数调用，但是当（**b**）的情况出现，Simplifier 就要重写并调换 call subtree。

2． 语言语意转换（Language semantics transformations）

这包括 constructor/destructor 的合成和扩展、memberwise 初始化、对于 memberwise copy 的支持、在程序代码中安插 conversion operators、临时性对象，以及对 constructor/destructor 的调用。

3. 程序代码和对象模型的转换（Code and object model transformations）

这包括对 virtual functions、virtual base class 和 inheritance 的一般支持、*new* 和 *delete* 运算符、class objects 所组成的数组、local static class instances、带有非常量表达式（nonconstant expression）之 global object 的静态初始化操作。我对 Simplifier 所规划的一个目标是：提供一个对象模型体系，在其中，对象的实现是一个虚拟接口，支持各种对象模型。

最后两种类型的转换构成了本书的基础。这意味着本书是为编译器设计者而写的吗？不是，绝对不是！这本书是由一位编译器设计者针对中高级 C++程序员所写的。隐藏在这本书背后的假设是，程序员如果了解 C++对象模型，就可以写出比较没有错误倾向而且比较有效率的代码。

什么是 C++对象模型

有两个概念可以解释 C++对象模型：

1. 语言中直接支持面向对象程序设计的部分。

2. 对于各种支持的底层实现机制。

语言层面的支持，涵盖于我的 ***C++ Primer*** 一书以及其他许多 C++书籍当中。至于第二个概念，则几乎不能够于目前任何读物中发现，只有[ELLIS90]和[STROUP94]勉强有一些蛛丝马迹。本书主要专注于 C++对象模型的第二个概念。本书语言遵循 C++委员会于 1995 冬季会议中通过的 Standard C++草案（除了某些细节，这份草案应该能够反映出此语言的最终版本）。

C++对象模型的第一个概念是一种“不变量”。例如，C++ class 的完整 virtual functions 在编译时期就固定下来了，程序员没有办法在执行期动态增加或取代其中的某一个。这使得虚拟调用操作得以快速地派送（dispatch）结果，付出的成本则是执行期的弹性。

对象模型的底层实现机制，在语言层面上是看不出来的——虽然对象模型的语意本身可以使得某些实现品（编译器）比其他实现品更接近自然。例如，virtual function calls，一般而言是通过一个表格（内含 virtual functions 地址）的索引而决议得知。一定要使用如此的 virtual table 吗？不，编译器可以自由引进其他任何变通做法。如果使用 virtual table，那么其布局、存取方法、产生时机以及数百个细节也都必须决定下来，而所有决定也都由每一个实现品（编译器）自行取舍。不过，既然说到这里，我也必须明白告诉你，目前所有编译器对于 virtual function 的实现法都是使用各个 class 专属的 virtual table，大小固定，并且在程序执行前就构造好了。

如果 C++对象模型的底层机制并未标准化，那么你可能会问：何必探讨它呢？主要的理由是，我的经验告诉我，如果一个程序员了解底层实现模型，他就能够写出效率较高的代码，自信心也比较高。一个人不应该用猜的方式，或是等待某大师的宣判，才确定“何时提供一个 copy constructor 而何时不需要”。这类问题的解答应该来自于我们自身对对象模型的了解。

写本书的第二个理由是为了消除我们对于 C++语言（及其对面向对象的支持）的各种错误认识。下面一段话节录自我收到的一封信，来信者希望将 C++引进于其程序环境中：

> 我和一群人工作，他们过去不曾写过（或完全不熟悉）C++和 OO。其中一位工程师从 1985 就开始写 C 了，他非常强烈地认为 C++只对那些 user-type 程序才好用，对 server 程序却不理想。他说如果要写一个快速而有效率的数据库引擎，应该使用 C 而非 C++。他认为 C++庞大又迟缓。

C++当然并不是天生地庞大又迟缓，但我发现这似乎成为 C 程序员的一个共识。然而，光是这么说并不足以使人信服，何况我又被认为是 C++的“代言人”。本书就是企图极尽可能地将各式各样的 Object facilities（如 inheritance、virtual functions、指向 class members 的指针……）所带来的额外负荷说个清楚。

除了我个人回答这封信外，我也把此信转寄给 HP 的 Steve Vinoski；先前我曾与他讨论过 C++的效率问题。以下节录自他的回应：

> 过去数年我听过太多与你的同事类似的看法。许多情况下，这些看法是源于对 C++事实真相的缺乏了解。在上周，我和一位朋友闲聊，他在一家 IC 制造厂服务，他说他们不使用 C++，因为“它在你的背后做事情”。我连连追问，于是他说根据他的了解，C++调用 *malloc()*和 *free()*而不让程序员知道。这当然不是真的。这是一种所谓的迷思与传说，引导出类似于你的同事的看法……
>
> 在抽象性和实际性之间找出平衡点，需要知识、经验以及许多思考。C++的使用需要付出许多心力，但是我的经验告诉我，这项投资的回报率相当高。

我喜欢把本书想象成是我对那一封读者来信的回答。是的，本书是一个知识陈列库，帮助大家去除围绕在 C++四周的迷思与传说。

如果 C++对象模型的底层机制会因为实现品（编译器）和时间的变动而不同，我如何能够对于任何特定主题提供一般化的讨论呢？静态初始化（Static initialization）可为此提供一个有趣的例子。

已知一个 class *X* 有着 constructor，如下面所示：

```
class X
{
  friend istream&
    operator>>( istream&, X& );
public:
  X( int sz = 1024 ) { ptr = new char[ sz ]; }
  ...
private:
  char *ptr;
};
```

而一个 class *X* 的 global object 的声明，如下面所示：

```
X buf;

int main()
{
  // buf 必须在这个时候构造起来
  cin >> setw( 1024 ) >> buf;
  ...
}
```

C++对象模型保证，*X* constructor 将在 *main()*之前便把 *buf* 初始化。然而它并没有说明这是如何办到的。答案是所谓的静态初始化（static initialization），实际做法则有赖开发环境对此的支持属于哪一层级。

原始的 cfront 实现品不单只是假想没有环境支持，它也假想没有明确的目标平台。唯一能够假想的平台就是 UNIX 及其衍化的一些变体。我们的解决之道也因此只专注在 UNIX 身上：我们使用 nm 命令。CC 命令（一个 UNIX shell script）产生出一个可执行文件，然后我们把 nm 施行于其上，产生出一个新的.c 文件。然后编译这个新的.c 文件，再重新链接出一个可执行文件（这就是所谓的 munch solution）。这种做法是以编译器时间来交换移植性。

接下来是提供一个“平台特定”解决之道：直接验证并穿越 COFF-based 程序的可执行文件（此即所谓的 patch solution），不再需要 nm、compile、relink。COFF 是 Common Object File Format 的缩写，是 System V pre-Release 4 UNIX 系统所发展出来的格式。这两种解决方案都属于程序层面，也就是说，针对每一个需要静态初始化的.c 文件，cfront 会产生出一个 *sti* 函数，执行必要的初始化操作。不论是 patch solution 还是 munch solution，都会去寻找以 *sti* 开头的函数，并且安排它们以一种未被定义的顺序执行（由安插在 *main()*之后第一行的一个 library function *_main()* 执行之）（译注：本书第 6 章对此有详细说明）。

System V COFF-specific C++编译器与 cfront 的各个版本平行发展。由于瞄准了一个特定平台和特定操作系统，此编译器因而能够影响链接器特地为它修改：产生出一个新的.ini section，用以收集需要静态初始化的 objects。链接器的这种扩充方式，提供了所谓的 environment-based solution，那当然更在 program-based solution 层次之上。

至此，任何以 cfront program-based solution 为基础的一般化（泛型）操作将令人迷惑。为什么？因为 C++已经成为主流语言，它已经接收了越来越多的 environment-based solutions。本书如何维护其间的平衡呢？我的策略如下：如果在不同的 C++编译器上有重大的实现技术差异，我就至少讨论两种做法。但如果 cfront 之后的编译器实现模型只是解决 cfront 原本就已理解的问题，例如对虚拟继承的支持，那么我就阐述历史的演化。当我说到“传统模型”时，我的意思是 Stroustrup 的原始构想（反映在 cfront 身上），它提供一种实现模范，在今天所有的商业化实现品上仍然可见。

本书组织

第 1 章，**关于对象（Object Lessons）**，提供以对象为基础的观念背景，以及由 C++提供的面向对象程序设计范式（paradigm。译注：关于 paradigm 这个字，请参阅本书第 1 章第 22 页的译注）。本章包括对对象模型的一个概述，说明目前普及的工业产品，但没有对于多重继承和虚拟继承有太靠近的观察（那是第 3 章和第 4 章的重头戏）。

第 2 章，**构造函数语意学（The Semantics of Constructors）**，详细讨论 constructor 如何工作。本章谈到 constructors 何时被编译器合成，以及给你的程序效率带来什么样的意义。

第 3 章至第 5 章是本书的重要内容。在这里，我详细地讨论了 C++对象模型的细节。第 3 章，**Data 语意学（The Semantics of Data）**，讨论 data members 的处理。第 4 章，**Function 语意学（The Semantics of Function）**，专注于各式各样的 member functions，并特别详细地讨论如何支持 virtual functions。第 5 章，**构造、析构、拷贝语意学（Semantics of Construction, Destruction, and Copy）**，讨论如何支持 class 模型，也讨论到 object 的生命期。每一章都有测试程序以及测试数据。我们对效率

的预测，将拿来和实际结果做比较。

第 6 章，**执行期语意学（Runtime Semantics）**，查看执行期的某些对象模型行为。包括临时性对象的生命及其死亡，以及对 new 运算符和 delete 运算符的支持。

第 7 章，**在对象模型的尖端（On the Cusp of the Object Model）**，专注于 exception handling、template support、runtime type identification。

预定的读者

本书可以扮演家庭教师的角色，不过它定位在中级以上的 C++程序员，而非 C++新手。我尝试提供足够的内容，使它能够被任何有点 C++基础（例如读过我的 ***C++ Primer*** 并有一些实际编程经验）的人接受。理想的读者是，曾经有过数年的 C++编程经验，希望进一步了解“底层做些什么事”的人。书中某些部分甚至对于 C++高手也具有吸引力，如临时性对象的产生，以及 named return value（NRV）最佳化的细节等等。在与本书素材相同的各个公开演讲场合中，我已经证实了这些材料的吸引力。

程序范例及其执行

本书的程序范例主要有两个目的：

1. 为了提供书中所述 C++对象模型各种概念的具体说明。
2. 提供测试，以测量各种语言性质的相对成本。

无论哪一种意图，都只是为了展现对象模型。举例而言，虽然我在书中有大量的举例，但我并非建议一个真实的 3D graphic library 必须以虚拟继承的方式来表现一个 3D 点（不过，你可以在[POKOR94]中发现作者 Pokorny 的确是这么做的）。

书中所有测试程序都在一部 SGI Indigo2xL 上编译执行，使用 SGI 5.2 UNIX 操作系统中的 CC 和 NCC 编译器。CC 是 cfront 3.0.1 版（它会产生出 C 代码，再由一个 C 编译器重新编译为可执行文件）。NCC 是 Edison Design Group 的 C++ front-end 2.19 版，内含一个由 SGI 供应的程序代码产生器。至于时间测量，是采用 UNIX 的 timex 命令针对 1 000 万次迭代测试所得的平均值。

虽然在 xL 机器上使用这两个编译器，对读者而言可能觉得有些神秘，我却觉得对此书的目的而言，很好。不论是 cfront 或现在的 Edison Design Group's C++ front-end（Bjarne 称其为“cfront 的儿子”），都与平台无关。它们是一种一般化的编译器，被授权给 34 家以上的计算机制造商（其中包括 Gray、SGI、Intel）和软件开发环境厂商（包括 Centerline 和 Novell，后者是原先的 UNIX 软件实验室）。效率的测量并非为了对目前市面上的各家编译系统做评比，而只是为了提供 C++ 对象模型之各种特性的一个相对成本测量。至于商业评比的效率数据，你可以在几乎任何一本计算机杂志的计算机产品检验报告中获得。

致谢

略

参考书目

注意：许多 *C++ Report* 文章已被 *C++ Gems* 收录，并由 Stanley Lippman 编辑完成，参见 *SIGS Books*，New York，NY（1996）。

[BALL92] Ball, Michael, "Inside Templates", C++ Report (September 1992)

[BALL93a] Ball, Michael, "What Are These Things Called Templates", C++ Report (February 1993)

[BALL93b] Ball, Michael, "Implementing Class Templates", C++ Report (September 1993)

[BOOCH93] Booch, Grady and Michael Vilot, "Simplifying the Booch Components", C++ Report (June 1993)

[BORL91] Borland Language Open Architecture Handbook, Borland International Inc.,

Scotts Valley, CA

[BOX95] Box, Don, "Building C++ Components Using OLE2", C++ Report (March/April 1995)

[BUDD91] Budd, Timothy, An Introduction to Object-Oriented Programming, Addison-Wesley Publishing Company, Reading, MA(1991)

[BUDGE92] Budge, Kent G., James S. Peery, and Allen C. Robinson, "High Performance Scientific Computing Using C++", Usenix C++ Conference Proceedings, Portland, OR(1992)

[BUDGE94] Budge, Kent G., James S. Peery, Allen C. Robinson, and Michael K. Wong, "Management of Class Temporaries in C++ Translation Systems", The Journal of C Language Translation (December 1994)

[CARGILL95] Cargill, Tom, "STL Caveats, " C++Report (July/August 1993)

[CARROLL93] Carroll, Martin, "Design of the USL Standard Components", C++ Report (June 1993)

[CARROLL95] Carroll, Martin, and Margaret A. Ellis, "Designing and Coding Reusable C++, Addison-Wesley Publishing Company, Reading, MA(1995)

[CHASE94] Chase, David, "Implementation of Exception Handling, Part 1", The Journal of C Language Translation (June 1994)

[CLAM93a] Clamage, Stephen D., "Implementing New & Delete", C++ Report (May 1993)

[CLAM93b] Clamage, Stephen D., "Beginnings & Endings", C++ Report (September 1993)

[ELLIS90] Ellis, Margaret A. and Bjarne Stroustrup, The Annotated C++ Reference Manual, Addison-Wesley Publishing Company, Reading, MA(1990)

[GOLD94] Goldstein, Theodore C. and Alan D. Sloane, "The Object Binary Interface - C++ Objects for Evolvable Shared Class Libraries", Usenix C++ Conference Proceedings, Cambridge, MA(1994)

[HAM95] Hamilton, Jennifer, Robert Klarer, Mark Mendell, and Brian Thomson, "Using SOM with C++", C++ Report (July/August 1995)

[HORST95] Horstmann, Cay S., "C++ Compiler Shootout", C++ Report (July/August 1995)

[KOENIG90a] Koenig, Andrew and Stanley Lippman, "Optimizing Virtual Tables in C++ Release 2.0", C++ Report (March 1990)

[KOENIG90b] Koenig, Andrew and Bjarne Stroustrup, "Exception Handling for C++ (Revised)", Usenix C++ Conference Proceedings (April 1990)

[KOENIG93] Koenig, Andrew, "Combining C and C++", C++ Report (July/August 1993)

[ISO-C++95] C++ International Standard, Draft (April 28, 1995)

[LAJOIE94a] Lajoie, Josee, "Exception Handling: Supporting the Runtime Mechanism", C++ Report (March/April 1994)

[LAJOIE94b] Lajoie, Josee, "Exception Handling: Behind the Scenes", C++ Report (June 1994)

[LENKOV92] Lenkov, Dmitry, Don Cameron, Paul Faust, and Michey Mehta, "A Portable Implementation of C++ Exception Handling", Usenix C++ Conference Proceeding, Portland, OR(1992)

[LEA93] Lea, Doug, "The GNU C++ Library", C++ Report (June 1993)

[LIPP88] Lippman, Stanley and Bjarne Stroustrup, "Pointers to Class Members in C++", Implementor's Workshop, Usenix C++ Conference Proceedings (October 1988)

[LIPP91a] Lippman, Stanley, "Touring Cfront", C++ Journal, Vol.1, No.3 (1991)

[LIPP91b] Lippman, Stanley, "Touring Cfront: From Minutiae to Migraine", C++ Journal, Vol.1, No.4 (1991)

[LIPP91c] Lippman, Stanley, C++ Primer, Addison-Wesley Publishing Company, Reading, MA(1991)

[LIPP94a] Lippman, Stanley, "Default Constructor Synthesis", C++ Report (January 1994)

[LIPP94b] Lippman, Stanley, "Applying The Copy Constructor, Part1: Synthesis", C++ Report (February 1994)

[LIPP94c] Lippman, Stanley, "Applying The Copy Constructor, Part2", C++ Report (March/April 1994)

[LIPP94d] Lippman, Stanley, "Objects and Datum", C++ Report (June 1994)

[METAW94] MetaWare High C/C++ Language Reference Manual, Metaware Inc., Santa Crus, CA(1994)

[MACRO92] Jones, David and Martin J. O'Riordan, The Microsoft Object Mapping, Microsoft Corporation, 1992

[MOWBRAY95] Mowbray, Thomas J. and Ron Zahavi, The Essential Corba, John Wiley & Sons, Inc. (1995)

[NACK94] Nackman, Lee R., and John J. Barton Scientific and Engineering C++, An Introduction with Advanced Techniques and Examples, Addison-Wesley Publishing Company, Reading, MA(1994)

[PALAY92] Palay, Andrew J., "C++ in a Changing Environment", Usenix C++ Conference Proceedings, Portland, OR(1992)

[POKOR94] Pokorny, Cornel, Computer Graphics, Franklin, Beedle & Associates, Inc. (1994)

[PUGH90] Pugh, William and Grant Weddell, "Two-directional Record Layout for Multiple Inheritance", ACM SIGPLAN '90 Conference, White Plains, New York(1990)

[SCHMIDT94a] Schmidt, Douglas C., "A Domain Analysis of Network Daemon Design Dimensions", C++ Report (March/April 1994)

[SCHMIDT94b] Schmidt, Douglas C., "A Case Study of C++ Design Evolution", C++ Report (July/August 1994)

[SCHWARZ89] Schwarz, Jerry, "Initializing Static Variables in C++ Libraries", C++ Report (February 1989)

[STROUP82] Stroustrup, Bjarne, "Adding Classes to C: An Exercise in Language Evolution", Software: Practices & Experience, Vol.13 (1983)

[STROUP94] Stroustrup, Bjarne, "The Design and Evolution of C++", Addison-Wesley Publishing Company, Reading, MA(1994)

[SUN94a] The C++ Application Binary Interface, SunPro, Sun Microsystems, Inc.

[SUN94b] The C++ Application Binary Interface Rationale, SunPro, Sun Microsystems, Inc.

[VELD95] Veldhuizen, Todd, "Using C++ Template Metaprograms", C++ Report (May 1995)

[VINOS93] Vinoski, Steve, "Distributed Object Computing with CORBA", C++ Report (July/August 1993)

[VINOS94] Vinoski, Steve, "Mapping CORBA IDL into C++", C++ Report (September 1994)

[YOUNG95] Young, Douglas, Object-Oriented Programming with C++ and OSF/Motif, 2d ed., Prentice-Hall(1995)

第 0 章

导 读
（译者的话）

读者对象

很不容易三言两语就说明此书的适当读者。作者 Lippman 参与设计了全世界第一套 C++编译器 cfront，本书就是一位伟大的 C++编译器设计者向你阐述他如何处理各种 explicit（明确出现于 C++程序代码）和 implicit（隐藏于程序代码背后）的 C++语意。

对于 C++程序老手，这必然是一本让你大呼过瘾的绝妙好书。

C++老手分两类：一种人把语言用得烂熟，OO 观念也有；另一种人不但如此，还对于台面下的机制，如编译器合成的 default constructor、object 的内存布局等有莫大的兴趣。本书对于第二类老手的吸引力自不待言；至于第一类老手，或许你没那么大的刨根究底的兴趣，不过我还是非常推荐你阅读此书。了解 C++对象模型，绝对有助于你在语言本身以及面向对象观念两方面的层次提升。

你需要细细推敲每一个句子、每一个例子，囫囵吞枣是完全没有用的。作者是C++大师级人物，并且参与开发了第一套 C++编译器，他的解说以及诠释鞭辟入里，你务必在看过每一小段之后，融会贯通，把思想观念化为己有，再接续另一小节。但阅读顺序并不需要按照书中的章节排列。

阅读顺序

我个人认为，第 1、3、4 章最能带给读者迅速而最大的帮助，这些都是经常引起程序员困惑的主题。作者在这些章节中有不少示意图（我自己也加了不少）。你或许可以从这三章挑着看起。

其他章节比较晦涩一些（我的感觉），不妨"视可而择之"。

当然，这都是十分主观的认定。客观的意见只有一个：你可以随你的兴趣与需求，从任一章开始看起。各章之间没有必然关联性。

翻译风格

太多朋友告诉我，他们阅读中文计算机书籍，不论是著作或译作，最大的阅读困难在于一大堆没有标准译名的技术名词或习惯用语（至于那些误谬不知所云的奇怪作品当然本就不在考虑之列）。其实，就算国家相关机构指定了统一译名（或曾有过，谁知道？），流通于工业界与学术界之间的还是原文名词与术语。

对于工程师，我希望我所写的书和我所译的书能够让各位读来通体顺畅；对于学生，我还希望多发挥一点引导的力量，引导各位多使用、多认识原文术语和专有名词，不要说出像"无模式对话盒（modeless dialog）"这种奇怪的话。

由于本书读者定位之故，我决定保留大量的原文技术名词与术语。我清楚地知道，在我们的技术领域里，研究人员或工程师如何使用这些语汇。

当然，有些中文译名应用较普遍，也较贴切，我并不排除使用。其间的挑选与决定，不可避免地带了点个人色彩。

下面是本书出现的原文名词（按字母排序）及其意义：

英文名词	中文名词或（及）其意义
access level	访问级，存取级。就是 C++的 public、private、protected 三种等级
access section	访问区段，存取区段。就是 class 中的 public、private、protected 三种段落
alignment	边界调整，调整至某些 bytes 的倍数。其结果视不同的机器而定。例如 32 位机器通常调整至 4 的倍数
bind	绑定，将程序中的某个符号真正附着（决议）至一块实例上
chain	串链
class	类
class hierarchy	class 体系，class 层次结构
composition	组合。通常与继承（inheritance）一同讨论
concrete inheritance	具体继承（相对于抽象继承）
constructor	构造函数
data member	数据成员（或被称为 member variable）
declaration，declare	声明
definition，define	定义（通常附带“在内存中挖一块空间”的行为）
derived	派生
destructor	析构函数
encapsulation	封装
explicit	显式的（通常指 C++程序代码中明确出现的）
hierarchy	体系，层次结构
implement	实现（动词）
implementation	实现品、实现物。本书有时候指 C++编译器。大部分时候是指 class member function 的内容

英文名词	中文名词或（及）其意义
implicit	隐式的、暗喻的（通常指未出现在 C++程序代码中的）
inheritance	继承
inline	内联（C++的一个关键词）
instance	实例（有些书籍译为“案例”，极不妥当）
layout	布局。本书常常出现这个字，意指 object 在内存中的数据分布情况
mangle	名称切割重组（C++对于函数名称的一种处理方式）
member function	成员函数。或被称为 function member
members	成员，泛指 data members 和 member functions
object	对象（根据 class 的声明而完成的一份占有内存的实例）
offset	偏移位置
operand	操作数
operator	运算符
overhead	额外负担（因某种设计，而导致的额外成本）
overload	重载
overloaded function	多载函数
override	改写（对 virtual function 的重新设计）
paradigm	范式（请参考第 1 章第 22 页）
pointer	指针
polymorphism	多态（“面向对象”最重要的一个性质）
programming	程序设计、程序化
reference	参考、引用（动词）
reference	C++的&运算符所代表的东西。当做名词解
resolve	决议。函数调用时链接器所进行的一种操作，将符号与函数实例产生关联。如果你调用 *func()*而链接时找不到 *func()*实例，就会出现“unresolved externals”链接错误
slot	表格中的一格（一个元素），条孔，条目，条格
subtype	子类型

英文名词	中文名词或（及）其意义
type	类型，类别（指的是 int、float 等内建类型，或 C++ classes 等自定类型）
virtual	虚拟
virtual function	虚拟函数
virtual inheritance	虚拟继承
virtual table	虚拟表格（为实现虚拟机制而设计的一种表格，内放 virtual functions 的地址）

有时候考虑到上下文的因素，面对同一个名词，在译与不译之间，我可能会有不同的选择。例如，面对“pointer”，我会译为“指针”，但由于我并未将 reference 译为“参考”（实在不对味），所以如果原文是“the manipulation of a pointer or reference in C++……”，为了中英对等或平衡的缘故，我不会把它译为“C++中对于指针和 reference 的操作行为……”，我会译为“C++中对于 pointer 和 reference 的操作行为……”。

译注

书中有一些译注。大部分译注，如果比较短的话，会被我直接放在括号之中，接续本文。较长的译注，则被我安排在被注文字的段落下面（紧临，并加标示）。

原书错误

这本书虽说质地极佳，但制作的严谨度却不及格！有损 Lippman 的大师地位。

属于“作者笔误”之类的错误，比较无伤大雅，例如少了一个；符号，或是多了一个；符号，或是少了一个}符号，或是多了一个）符号，等等。比较严重的错误，是程序代码变量名称或函数名称或 class 名称与文字叙述不一致，甚或是图片中对于 object 布局的画法，与程序代码中的声明不一致。这两种错误都会严重耗费读者的心神。

只要是被我发现的错误，都已被我修正。以下是错误更正列表。

◆ 示例：L5 表示第 5 行，L-9 表示倒数第 9 行。页码所示为原书页码。

页码	原文位置	原文内容	应修改为
p.35	最后一行	Bashful(),	Bashful();
p.57	表格第二行	1.32.36	1:32.36
p.61	L1	memcpy...程序代码最后少了一个）	
p.61	L10	Shape()...程序代码最后少了一个}	
p.64	L-9	程序代码最后多了一个 ;	
p.78	最后四行码	==	似乎应为 =
p.84	图 3.1b 说明	struct Point3d	class Point3d
p.87	L-2	virtual...程序代码最后少了一个;	
p.87	全页多处	pc2_2（不符合命名意义）	pc1_2（符合命名意义）
p.90	图 3.2a 说明	Vptr placement and end of class	Vptr placement at end of class
p.91	图 3.2b	__vptr__has_vrts	__vptr__has_virts
p.92	码 L-7	class Vertex2d	class Vertex3d
p.92	码 L-6	public Point2d	public Point3d
p.93	图 3.4 说明	Vertex2d 的对象布局	Vertex3d 的对象布局
p.92~p.94		符号名称混乱，前后误谬不符	已全部更改过
p.97	码 L2	public Point3d, public Vertex	配合图 3.5a 和图 3.5b，应调整顺序为 public Vertex, public Point3d
p.99	图 3.5a	符号与书中程序代码多处不符	已全部更改过
p.100	图 3.5b	符号与书中程序代码多处不符	已全部更改过
p.100	L-2	? pv3d + ...最后多了一个)	
p.106	L16	pt1d::y	pt2d::_y
p.107	L10	& 3d_point::z;	&Point3d::z;

页码	原文位置	原文内容	应修改为
p.108	L6	& 3d_point::z;	&Point3d::z;
p.108	L-6	int d::*dmp, d *pd	int Derived::*dmp, Derived *pd
p.109	L1	d *pd	Derived *pd
p.109	L4	int b2::*bmp = &b2::val2;	int Base2::*bmp = &Base2::val2;
p.110	L2	不符合稍早出现的程序代码	把 pt3d 改为 Point3d
p.115	L1	magnitude()	magnitude3d()
p.126	L12	Point2d pt2d = new Point2d;	ptr = new Point2d;
p.136	图 4.2 右下	Derived::~close()	Derived::close()
p.138	L-12	class Point3d...最后少了一个{	
p.140	程序代码	没有与文字中的 class 命名一致	所有的 pt3d 改为 Point3d
p.142	L-7	if (this ...程序代码最右边少了一个)	
p.143	程序代码	没有与文字中的 class 命名一致	所有的 pt3d 改为 Point3d
p.145	L-6	pointer::z()	Point::z()
p.147	L1	pointer::*pmf	Point::*pmf
p.147	L5	point::x()	Point::x()
p.147	L6	point::z()	Point::z()
p.147	中段码 L-1	程序代码最后缺少一个）	
p.148	中段码 L1	（ptr->*pmf）函数最后少了一个；	
p.148	中段码 L-1	（*ptr->vptr[..函数最后少了一个）	
p.150	程序代码	没有与文字中的 class 命名一致	所有的 pt3d 改为 Point3d
p.150	L-7	pA.__vptr__pt3d...最后少了一个；	
p.152	L4	point new_pt;	Point new_pt;
p.156	L7	{	}
p.160	L11, L12	Abstract_Base	Abstract_base
p.162	L-3	Abstract_base 函数最后少了一个；	
p.166	中，码 L3	Point1 local1 = ...	Point local1 = ...
p.166	中，码 L4	Point2 local2;	Point local2;

页码	原文位置	原文内容	应修改为
p.174	中，码 L-1	Line::Line()函数最后多了一个;	
p.174	中下，码 L-1	Line::Line()函数最后多了一个;	
p.175	中上，码 L-1	Line::~Line()函数最后多了一个;	
p.182	中下，码 L6	Point3d::Point3d()	PVertex::PVertex()
p.183	上，码 L9	Point3d::Point3d()	PVertex::PVertex()
p.185	上，码 L3	y = 0.0 之前缺少 float	
p.186	中下，码 L6	缺少一个 return	
p.187	中，码 L3	const Point3d &p	const Point3d &p3d
p.204	下，码 L3	缺少一个 return 1;	
p.208	中下，码 L2	new Pvertex;	new PVertex;
p.219	上，码 L1	__nw(5*sizeof(int));	__new(5*sizeof(int));
p.222	上，码 L8	// new (ptr_array...程序代码少了一个;	
p.224	中，码 L1	Point2w ptw = ...	Point2w *ptw = ...
p.224	下，码 L5	operator new()函数定义多了一个;	
p.225	上，码 L2	Point2w ptw = ...	Point2w *ptw = ...
p.226	下，码 L1	Point2w p2w = ...	Point2w *p2w = ...
p.229	中，码 L1	c.operator==(a + b);	c.operator=(a + b);
p.232	中下，码 L2	x xx;	X xx;
p.232	中下，码 L3	x yy;	X yy;
p.232	下，码 L2	struct x _1xx;	struct X _1xx;
p.232	下，码 L3	struct x _1yy;	struct X _1yy;
p.233	码 L2	struct x __0__Q1;	struct X __0__Q1;
p.233	码 L3	struct x __0__Q2;	struct X __0__Q2;
p.233	中，码	if 条件句的最后多了一个;	
p.253	码 L-1	foo()函数最后多了一个;	

推荐

我个人翻译过不少书籍，每一本都精挑细选后才动手。（品质不够的原文书，译它做啥?!）在这些译本当中，我从来不做直接而露骨的推荐。好的书籍自然而然会得到识者的欣赏。过去我译的那些明显具有实用价值的书籍，总有相当数量的读者有强烈的需求，所以我从不担心没有足够的人来为好书散播口碑。但 Lippman 的这本书不一样，它可能不会为你带来明显而立即的实用性，它可能因此在书店中蒙上一层灰（其原文书我就没听说多少人读过），枉费我从众多原文书中挑出这本好书。我担心听到这样的话：

对象模型？呵，我会写 C++程序，写得一级棒，这些属于编译器层面的东西，于我何有哉！

对象模型是深层结构的知识，关系到“与语言无关、与平台无关、跨网络可执行”软件组件（software component）的基础原理。也因此，了解 C++对象模型，是学习目前软件组件三大规格（COM、CORBA、SOM）的技术基础。

如果你对软件组件（software component）没有兴趣，C++对象模型也能够使你对虚拟函数、虚拟继承、虚拟接口有脱胎换骨的新认知，或是对于各种 C++写法所带来的效率利益有通盘的认识。

我因此要大声地说：有经验的 C++ programmer 都应该看看这本书。

如果你对 COM 有兴趣，我也要同时推荐你看另一本书：***Essential COM***，Don Box 著，Addison Wesley 公司 1998 年出版（《**COM** 本质论》，侯捷译，碁峰 1998）。这也是一本论述非常清楚的书籍，把 COM 的由来（为什么需要 COM、如何使用 COM）以循序渐进的方式阐述得非常深刻，是我所看过的最理想的一本 COM 基础书籍。

看 ***Essential COM*** 之前，你最好有这本 ***Inside The C++ Object Model*** 的基础。

第 1 章

关于对象
（Object Lessons）

在 C 语言中，“数据”和“处理数据的操作（函数）”是分开来声明的，也就是说，语言本身并没有支持“数据和函数”之间的关联性。我们把这种程序方法称为程序性的（procedural），由一组“分布在各个以功能为导向的函数中”的算法所驱动，它们处理的是共同的外部数据。举个例子，如果我们声明一个 struct *Point3d*，像这样：

```
typedef struct point3d
{
   float x;
   float y;
   float z;
} Point3d;
```

欲打印一个 *Point3d*，可能就得定义一个像这样的函数：

```
void
Point3d_print( const Point3d *pd )
{
   printf("(%g, %g, %g )", pd->x, pd->y, pd->z );
}
```

或者，如果要更有效率一些，就定义一个宏：

```
#define Point3d_print( pd ) \
  printf("(%g, %g, %g )", pd->x, pd->y, pd->z );
```

抑或是直接在程序中完成其操作：

```
void
my_foo()
{
  Point3d *pd = get_a_point();
  ...
  /* 直接打印出 point ... */
  printf("(%g, %g, %g )", pd->x, pd->y, pd->z );
}
```

同样的道理，某个点的特定坐标值可以直接存取：

```
Point3d pt;
pt.x = 0.0;
```

也可以经由一个前置处理宏来完成：

```
#define X( p, xval )  (p.x) = (xval);
...
X( pt, 0.0 );
```

在 C++中，*Point3d* 有可能采用独立的“抽象数据类型（abstract data type，ADT）”来实现：

```
class Point3d
{
public:
  Point3d( float x = 0.0, float y = 0.0, float z = 0.0 )
    : _x( x ), _y( y ),  _z( z ) { }

  float x() { return _x; }
  float y() { return _y; }
  float z() { return _z; }

  void x( float xval ) { _x = xval; }
```

```
   // ... etc ...
private:
   float _x;
   float _y;
   float _z;
};

inline ostream&
operator<<( ostream &os, const Point3d &pt )
{
   os << "(" << pt.x() << ", "
      << pt.y() << ", " << pt.z() << " )";
};
```

或是以一个双层或三层的 class 层次结构完成：

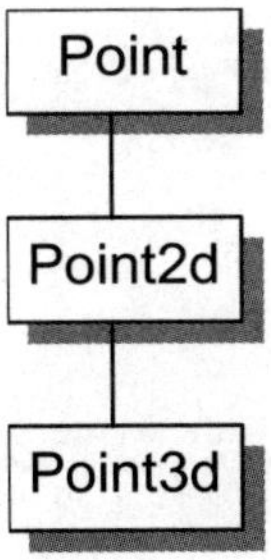


```
class Point {
public:
   Point( float x = 0.0 ) : _x( x ) { }

   float x() { return _x; }
   void x( float xval ) { _x = xval; }
   // ...
protected:
   float _x;
};

class Point2d : public Point {
public:
   Point2d( float x = 0.0, float y = 0.0 )
      : Point( x ), _y( y ) { }

   float y() { return _y; }
   void y( float yval ) { _y = yval; }
   // ...
protected:
   float _y;
};

class Point3d : public Point2d {
public:
   Point3d( float x = 0.0, float y = 0.0, float z = 0.0 )
      : Point2d( x, y ), _z( z ) { }
   float z() { return _z; }
   void z( float zval ) { _z = zval; }
```

```
    // ...
protected:
    float _z;
};
```

更进一步来说，不管哪一种形式，它们都可以被参数化。可以是坐标类型的参数化：

```
template < class type >
class Point3d
{
public:
    Point3d( type x = 0.0, type y = 0.0, type z = 0.0 )
        : _x( x ), _y( y ), _z( z ) { }

    type x() { return _x; }
    void x( type xval ) { _x = xval; }

    // ... etc ...
private:
    type _x;
    type _y;
    type _z;
};
```

也可以是坐标类型和坐标个数两者都参数化：

```
template < class type, int dim >
class Point
{
public:
    Point();
    Point( type coords[ dim ] ) {
        for ( int index = 0; index < dim; index++ )
            _coords[ index ] = coords[ index ];
    }

    type& operator[]( int index ) {
        assert( index < dim && index >= 0 );
        return _coords[ index ]; }

    type operator[]( int index ) const
        {   /* same as non-const instance */   }

    // ... etc ...
```

```
private:
   type _coords[ dim ];
};

inline
template < class type, int dim >
ostream&
operator<<( ostream &os, const Point< type, dim > &pt )
{
   os << "( ";
   for ( int ix = 0; ix < dim-1; ix++ )
      os << pt[ ix ] << ", ";
   os << pt[ dim-1 ];
   os << " )";
}
```

很明显，不只在程序风格上有显著的不同，在程序的思考上也有明显的差异。有许多令人信服的讨论告诉我们，从软件工程的眼光来看，为什么“一个 ADT 或 class hierarchy 的数据封装”比“在 C 程序中程序性地使用全局数据”好。但是这些讨论往往被那些“被要求快速让一个应用程序上马应战，并且执行起来又快又有效率”的程序员所忽略。毕竟 C 的吸引力就在于它的精瘦和简易（相对于 C++而言）。

在 C++中实现 3D 坐标点，比在 C 中复杂，尤其是使用 template 的情况下。但这并不意味着 C++就不更有威力，或是（唔，从软件工程的眼光来看）更好。当然啦，更有威力或是更好，也不意味着使用上就更容易。

加上封装后的布局成本（Layout Costs for Adding Encapsulation）

程序员看到 *Point3d* 转换到 C++之后，第一个可能会问的问题就是：加上了封装之后，布局成本增加了多少？答案是 class *Point3d* 并没有增加成本。三个 data members 直接内含在每一个 class object 之中，就像 C struct 的情况一样。而 member functions 虽然含在 class 的声明之内，却不出现在 object 之中。每一个 non-inline member function 只会诞生一个函数实例。至于每一个“拥有零个或一个定义”的 inline function 则会在其每一个使用者（模块）身上产生一个函数实例。*Point3d* 支持封装性质，这一点并未带给它任何空间或执行期的不良后果。你即将看到，C++在布局以及存取时间上主要的额外负担是由 virtual 引起的，包括：

- **virtual function** 机制　用以支持一个有效率的“执行期绑定”（runtime binding）。
- **virtual base class**　用以实现“多次出现在继承体系中的 base class，有一个单一而被共享的实例”。

此外还有一些多重继承下的额外负担，发生在“一个 derived class 和其第二或后继之 base class 的转换”之间。然而，一般而言，并没有什么天生的理由说 C++程序一定比其 C 兄弟庞大或迟缓。

1.1　C++对象模式（The C++ Object Model）

在 C++中，有两种 class data members：static 和 nonstatic，以及三种 class member functions：static、nonstatic 和 virtual。已知下面这个 class *Point* 声明：

```
class Point {
public:
   Point( float xval );
   virtual ~Point();

   float x() const;
   static int PointCount();

protected:
   virtual ostream&
      print( ostream &os ) const;

   float _x;
   static int _point_count;
};
```

这个 class *Point* 在机器中将会被怎么样表现呢？也就是说，我们如何模塑（*modeling*）出各种 data members 和 function members 呢？

简单对象模型（A Simple Object Model）

我们的第一个模型十分简单。它可能是为了尽量减低 C++编译器的设计复杂度而开发出来的，赔上的则是空间和执行期的效率。在这个简单模型中，一个 object 是一系列的 slots，每一个 slot 指向一个 members。Members 按其声明顺序，各被指定一个 slot。每一个 data member 或 function member 都有自己的一个 slot。图 **1.1** 可以说明这种模型。

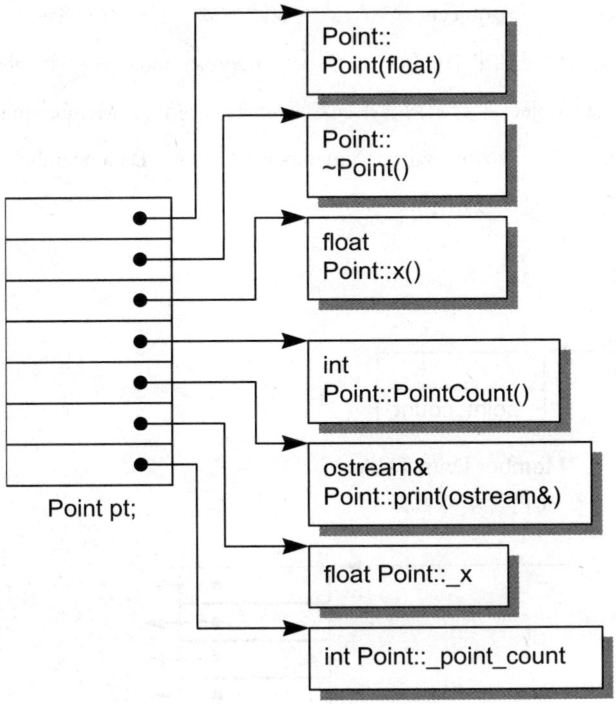

图 1.1　简单对象模型（Simple Object Model）

在这个简单模型下，members 本身并不放在 object 之中。只有"指向 member 的指针"才放在 object 内。这么做可以避免"members 有不同的类型，因而需要不同的存储空间”所招致的问题。Object 中的 members 是以 slot 的索引值来寻址的，本例之中_*x* 的索引是 6，_*point_count* 的索引是 7。一个 class object 的大小很容易计算出来：“指针大小，乘以 class 中所声明的 members 个数”便是。

虽然这个模型并没有被应用于实际产品上，不过关于索引或 slot 个数的观念，倒是被应用到 C++的“指向成员的指针”（pointer-to-member）观念之中。

表格驱动对象模型（A Table-driven Object Model）

为了对所有 classes 的所有 objects 都有一致的表达方式，另一种对象模型是把所有与 members 相关的信息抽出来，放在一个 data member table 和一个 member function table 之中，class object 本身则内含指向这两个表格的指针。Member function table 是一系列的 slots，每一个 slot 指出一个 member function；Data member table 则直接持有 data 本身，如图 **1.2** 所示。

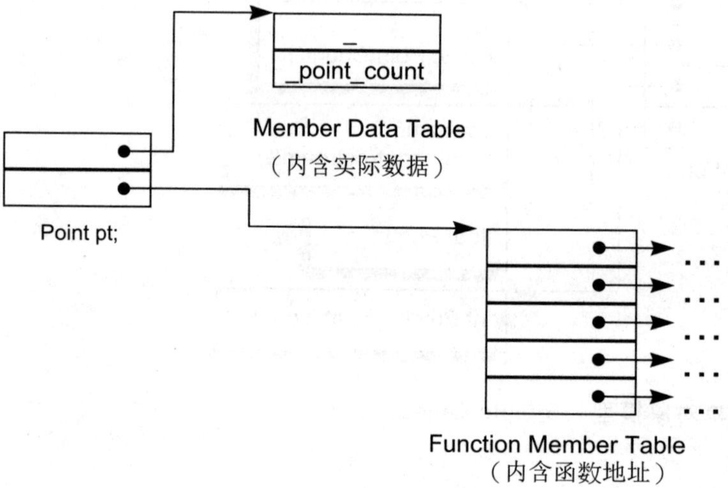

图 1.2 Member Table 对象模型（Member Table Object Model）

虽然这个模型也没有实际应用于真正的 C++编译器身上，但 member function table 这个观念却成为支持 virtual functions 的一个有效方案[1]。

C++ 对象模型（The C++ Object Model）

Stroustrup 当初设计（目前仍占有优势）的 C++对象模型是从简单对象模型派生而来的，并对内存空间和存取时间做了优化。在此模型中，Nonstatic data members 被配置于每一个 class object 之内，static data members 则被存放在个别的 class object 之外。Static 和 nonstatic function members 也被放在个别的 class object 之外。Virtual functions 则以两个步骤支持之：

1. 每一个 class 产生出一堆指向 virtual functions 的指针，放在表格之中。这个表格被称为 virtual table（**vtbl**）。
2. 每一个 class object 被安插一个指针，指向相关的 virtual table。通常这个指针被称为 **vptr**。vptr 的设定（setting）和重置（resetting）都由每一个 class 的 constructor、destructor 和 copy assignment 运算符自动完成（我将在第 5 章讨论这个问题）。每一个 class 所关联的 *type_info* object（用以支持 runtime type identification，RTTI）也经由 virtual table 被指出来，通常放在表格的第一个 slot。

---

1 至少有一个 CORBA ORB 实际产品使用了这种“双表格模型”。SOM 对象模型也依赖这种“双表格模型”[HAM95]。

图 1.3 说明 C++对象模型如何应用于前面所说的 *Point* class 身上。这个模型的主要优点在于它的空间和存取时间的效率；主要缺点则是，如果应用程序代码本身未曾改变，但所用到的 class objects 的 nonstatic data members 有所修改（可能是增加、移除或更改），那么那些应用程序代码同样得重新编译。关于此点，前述的双表格模型就提供了较大的弹性，因为它多提供了一层间接性，不过它也因此付出了空间和执行效率两方面的代价。

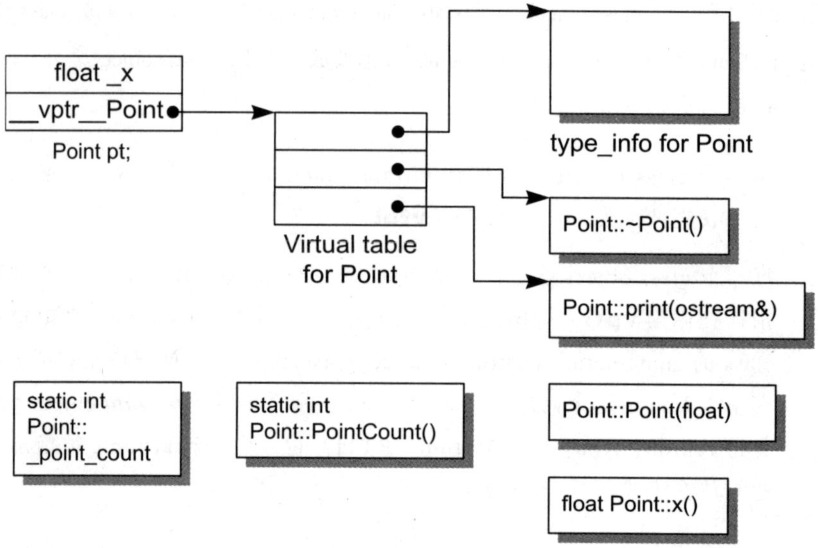

图 1.3　C++对象模型（C++ Object Model）

加上继承（Adding Inheritance）

C++支持单一继承：

```
class Library_materials { ... };
class Book : public Library_materials { ... };
class Rental_book : public Book { ... };
```

C++也支持多重继承：

```
// 原本的（更早于标准版的）iostream 实现方式
```

```
class iostream:
  public istream,
  public ostream { ... };
```

甚至，继承关系也可以指定为虚拟（virtual，也就是共享的意思）：

```
class istream : virtual public ios { ... };
class ostream : virtual public ios { ... };
```

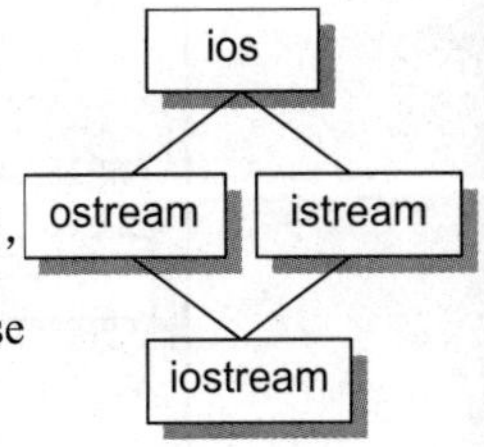

在虚拟继承的情况下，base class 不管在继承串链中被派生（derived）多少次，永远只会存在一个实例（称为 subobject）。例如 *iostream* 之中就只有 virtual *ios* base class 的一个实例。

一个 derived class 如何在本质上模塑其 base class 的实例呢？在“简单对象模型”中，每一个 base class 可以被 derived class object 内的一个 slot 指出，该 slot 内含 base class subobject 的地址。这个体制的主要缺点是，因为间接性而导致的空间和存取时间上的额外负担，优点则是 class object 的大小不会因其 base classes 的改变而受到影响。

当然啦，你也可以想象另一种所谓的 base table 模型。这里所说的 base class table 被产生出来时，表格中的每一个 slot 内含一个相关的 base class 地址，这很像 virtual table 内含每一个 virtual function 的地址一样。每一个 class object 内含一个 bptr，它会被初始化，指向其 base class table。这种策略的主要缺点是由于间接性而导致的空间和存取时间上的额外负担，优点则是在每一个 class object 中对于继承都有一致的表现方式：每一个 class object 都应该在某个固定位置上安放一个 base table 指针，与 base classes 的大小或个数无关。第二个优点是，无须改变 class objects 本身，就可以放大、缩小，或更改 base class table。

译注：我以下图表现 base class table 模型在虚拟多重继承中的应用（以稍早的 *iostream* 为例）：

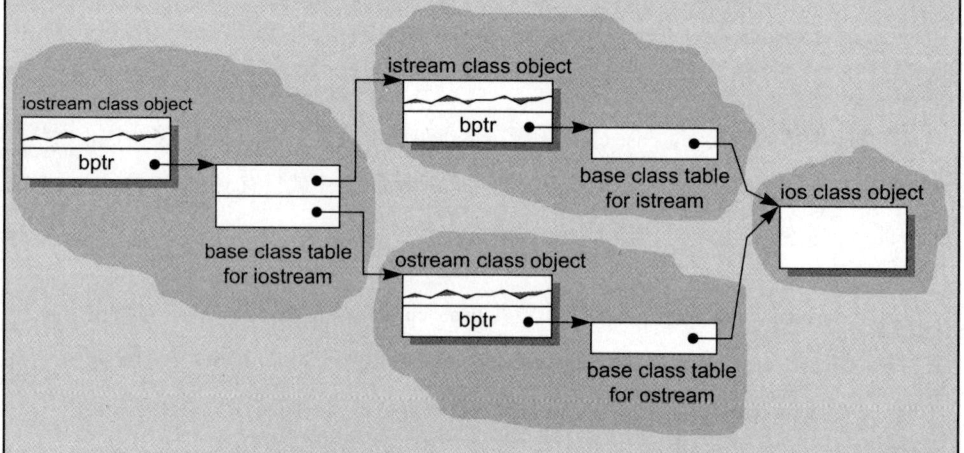

不管上述哪一种体制，"间接性"的级数将因为继承的深度而增加。例如，一个 *Rental_book* 需要两次间接存取才能够探取到继承自 *Library_materials* 的 members，而 *Book* 只需要一次。如果在 derived class 内复制一个指针，指向继承串链中的每一个 base class，倒是可以获得一个永远不变的存取时间。当然这必须付出代价，因为需要额外的空间来放置额外的指针。

C++最初采用的继承模型并不运用任何间接性：base class subobject 的 data members 被直接放置于 derived class object 中。这提供了对 base class members 最紧凑而且最有效率的存取。缺点呢？当然就是：base class members 的任何改变，包括增加、移除或改变类型等等，都使得所有用到"此 base class 或其 derived class 之 objects"者必须重新编译。

自 C++ 2.0 起才新导入的 virtual base class，需要一些间接的 base class 表现方法。Virtual base class 的原始模型是在 class object 中为每一个有关联的 virtual base class 加上一个指针。其他演化出来的模型则要不是导入一个 virtual base class table，

就是扩充原已存在的 virtual table，以便维护每一个 virtual base class 的位置。3.4 节有这方面的详细讨论。

对象模型如何影响程序（How the Object Model Effects Programs）

这对程序员带来什么意义呢？喔，不同的对象模型，会导致“现有的程序代码必须修改”以及“必须加入新的程序代码”两个结果。例如下面这个函数，其中 class *X* 定义了一个 copy constructor、一个 virtual destructor 和一个 virtual function *foo*：

```
X foobar()
{
   X xx;
   X *px = new X;

   // foo() 是一个 virtual function
   xx.foo();
   px->foo();

   delete px;
   return xx;
};
```

这个函数有可能在内部被转化为：

```
// 可能的内部转换结果
// 虚拟 C++代码
void foobar( X &_result )
{
   //构造_result
   // _result 用来取代 local xx ...
   _result.X::X();

   // 扩展 X *px = new X;
   px = _new( sizeof( X ) );
   if ( px != 0 )
       px->X::X();

   // 扩展 xx.foo() 但不使用 virtual 机制
   // 以 _result 取代 xx
   foo( &_result );
```

```
    // 使用 virtual 机制扩展 px->foo()
    ( *px->vtbl[ 2 ] )( px )

    // 扩展 delete px;
    if ( px != 0 ) {
       ( *px->vtbl[ 1 ] )( px );  // destructor
       _delete( px );
    }

    // 无须使用 named return statement
    // 无须摧毁 local object xx
    return;
};
```

喔，真是差异颇大，不是吗！当然，此刻你并不需要了解所有的转化过程及结果。我会在后继章节解释其中每一个操作的用意，以及为什么那么做。我想你会回头看，一边玩弄你的手指头，一边说“喔欧，是的，当然”，同时奇怪你怎么会曾经迷惘过。

译注：我可以先用这张图解除你的部分疑惑。由于 *X* 有两个 virtual functions，一个是 destructor，一个是 *foo*，所以 *X* object 布局如下：

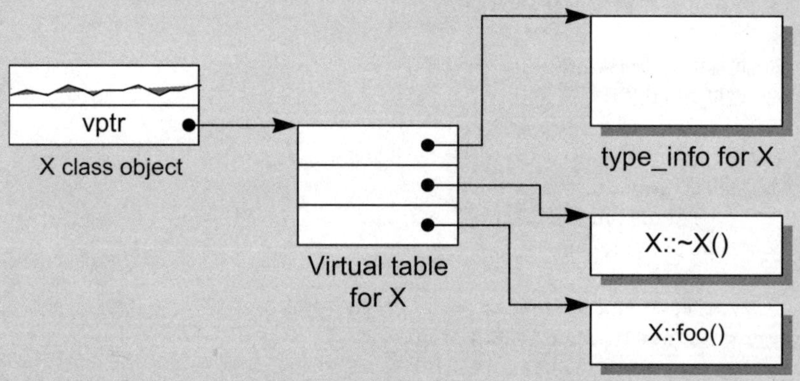

前述程序代码中的 `px->_vtbl[0]`指向 *X* 的 *type_info* object，`px->_vtbl[1]`指向 *X::~X()*，`px->_vtbl[2]`指向 *X::foo()*。

1.2 关键词所带来的差异（A Keyword Distinction）

如果不是为了努力维护与 C 之间的兼容性，C++远可以比现在更简单些。举个例子，如果没有 8 种整数需要支持的话，overloaded function 的解决方式将会简单得多。同样道理，如果 C++丢掉 C 的声明语法，就不需要花脑筋去判断下面这一行其实是 *pf* 的一个函数调用操作（invocation）而不是其声明：

```
// 不知道下面是个 declaration 还是 invocation
// 直到看到整数常量 1024 才能决定
int ( *pf )( 1024 );
```

而在下面这个声明中，像上面那样的“向前预览（lookahead）”甚至起不了作用：

```
// meta-language rule :
// pq 的一个 declaration，而不是 invocation
int ( *pq )( );
```

当语言无法区分那是一个声明还是一个表达式（expression）时，我们需要一个超越语言范围的规则，而该规则会将上述式子判断为一个“声明”。

同样地，如果 C++并不需要支持 C 原有的 **struct**，那么 class 的观念可以借由关键词 **class** 来支持。但绝对令你惊讶的是，从 C 迁徙到 C++，除了效率，另一个最常被程序员询问的问题就是：什么时候一个人应该在 C++程序中以 struct 取代 class？

如果是 1986 年，我的答案毫不拖泥带水：“绝不”！在我的 ***C++ Primer*** 第一版和第二版中（译注：第三版已于 1998 年 5 月出版），关键词 struct 并未出现在书籍本文，只出现在附录 C 中，而附录 C 用来讨论 C 语言。那时候，这是一个人非万不得已不会指出的一些小小哲学问题中的一个。然而如果能够指出这个问题，你可以获得一些小小（一般公认非常小）的满足。通常问题会被这样指出：“嘿，你知道吗，struct 那个关键词，其实没什么用……”。但就像贝尔实验室（译注：Bell Lab.，C++发源地）的一位同事婉转对我说的，即使是最小的哲学问题也有人需要解答。如果一个 C 程序员渴望学习 C++，当他发现我的书中没有提到 struct，一定会相当苦恼。很显然把这个主题含入，可以提供语言移转时的救生索，让程序员攀上高峰时少点折磨。呵，多么哲学啊！

关键词的困扰

那么，让我重新问一次：“什么时候一个人应该使用 struct 取代 class？”答案之一是：当它让一个人感觉比较好的时候。

虽然这个答案并没有达到高技术水平，但它的确指出了一个重要的特性：关键词 **struct** 本身并不一定要象征其后随之声明的任何东西。我们可以使用 **struct** 代替 **class**，但仍然声明 public、protected、private 等等存取区段与一个完全 public 的接口，以及 virtual functions 和单一继承、多重继承、虚拟继承……早期，似乎每个人都得在一小时的 C++简介中花费整整 10 分钟看清楚以下两者的相同：

```
class cplus_plus_keyword {
public:
   // mumble ...
};
```

和其 C 对等品：

```
struct c_keyword {
   // the same mumble
};
```

当人们以及在教科书中说到 **struct** 时，他们的意思是一个数据集合体，没有 private data，也没有 data 的相应操作（译注：指 member function）。亦即纯然的 C 用法。这种用途应该和 C++的“使用者自定义类型”（user-defined type）用法区别开来。在 C 这一边，这个关键词的设计理由因其用法而存在；而在 C++那一边，选择 **struct** 或 **class**“作为关键词，并用以导入 ADT”的理由，是希望从此比较健全。这远比讨论“函数需不需要一个大括号”，或是“要不要在变量名称和类型名称中使用下画线（例如 *IsRight* 或 *is_right*）”更具精神层次。

在 C 所支持的 struct 和 C++所支持的 class 之间，有一个观念上的重要差异。我的重点很简单：关键词本身并不提供这种差异。也就是说，如果一个人拥有下面的 C++使用者自定义类型，他可以说“喔，那是一个 class”：

```
// struct 名称（或 class 名称）暂时省略
{
public:
   operator int()
   virtual void foo();
   // ...
protected:
   static int object_count;
   // mumble
};
```

事实上你可以说上面那东西是个 struct，也可以说它是个 class。这两种声明的观念上的意义取决于对“声明”本身的检验。

举个例子，在 cfront（译注：第一个 C++实现品，由 Lippman 完成）之中，上述两个关键词在语意分析器（parser）中是以共享的“AGGR”替换的。而在 Foundation 项目中，Rob Murray 的 ALF 层次结构保留了程序员真正使用的关键词。然而这份信息并未在更内层的编译器中被使用，倒是可以被一个“unparser”工具用来还原程序的 ASCII 面貌。啊，是的，如果程序经过“unparser”工具处理过后，无法还原原本使用的关键词，程序员一定会很郁闷——即使程序在其他方面是相等的。

我第一次被我所谓的“关键词受难记”绊倒，是在大约 1988 年，当时我们测试小组中的一位成员对 cfront 发出一个“大难临头，即将完蛋”的“臭虫”报告。在 cfront 内部的类型层次结构的原始声明中，根节点（root node）和每一个派生下来的子类型（subtype）是以 **struct** 关键词来声明的，而在陆续修改的头文件（header files）中，某些派生子类型（derived subtypes）的前置声明（forward declaration）却使用了关键词 **class**：

```
// 不合法吗？不，只不过是不一致罢了
class node;
...
struct node { ... };
```

我们的测试员说这是一个粗野的错误，是一个 cfront 无法捕捉的问题，因为……呃……当然……cfront 用来编译它自己。

真正的问题并不在于所有“使用者自定义类型”的声明是否必须使用相同的关键词，问题在于使用 **class** 或 **struct** 关键词是否可以给予“类型的内部声明”以某种承诺。也就是说，如果 **struct** 关键词的使用实现了 C 的数据抽象观念，而 **class** 关键词实现的是 C++的 ADT（Abstract Data Type）观念，那么当然“不一致性”是一种错误的语言用法。就好像下面这种错误，一个 object 被矛盾地声明为 static 和 extern：

```
// 不合法吗？是的。
// 以下两个声明造成矛盾的存储空间
static int foo;
...
extern int foo;
```

这组声明对于 *foo* 的存储空间造成矛盾。然而，如你所见，**struct** 和 **class** 这两个关键词并不会造成这样的矛盾。class 的真正特性是由声明的本身（declarationbody）来决定的。“一致性的用法”只不过是一种风格上的问题而已。

我第二次触撞这个题目是在 C++ 3.0 所引入的“parameter lists of template”上头。Steve Burof，我的另一位贝尔实验室同事，有一天走进我的办公室并指出以下程序代码被语意分析器（parser）视为不合法：

```
// 最初始被标示为不合法的
template < struct Type >
struct mumble { ... };
```

然而下面的代码却是合法的：

```
// 没问题：它显式使用了 class 关键词
template < class Type >
struct mumble { ... };
```

“为什么？”他问道。

“为什么不？”我清楚地予以回击，然后详细说明 templates 并不打算与 C 兼容。我说让我们撇开 **struct** 不谈，然后再看看它做什么事。我想我大概一跃而过我的 Sun 3/60 机器并以最佳姿态挥舞鼠标——老实说我不记得了。不过我记得最终我更改了语意分析器（parser），使它同时接受两个关键词——在没有事先告知 Bjarne 和“少不更事”的 ANSI C++委员会的情形下。这是这个语言用词的诞生由来。

你可能会争辩说，如果这个语言只支持一个关键词，可以省掉许多混淆与迷惑。但你要知道，如果 C++要支持现存的 C 程序代码，它就不能不支持 **struct**。好的，那么它需要引入新的关键词 **class** 吗？真的需要吗？不！但引入它的确非常令人满意，因为这个语言所引入的不只是关键词，还有它所支持的封装和继承的哲学。你不妨发挥一下想象力，想想当谈论到一个抽象的 base struct（例如 *ZooAnimal* struct 层次结构）时，其中内含一个或更多 virtual base struct 的情形。

在前面的讨论中，我区分了“**struct** 关键词的使用”和“一个 struct 声明的逻辑意义”。你也可以主张说这个关键词的使用伴随着一个 public 接口的声明，就好像在公开演讲中使用暗语或昵称一样。你甚至可以主张说它的用途只是为了方便 C 程序员迁徙至 C++部落。

策略性正确的 struct（The Politically Correct Struct）

C 程序员的巧计有时候却成为 C++程序员的陷阱。例如把单一元素的数组放在一个 struct 的尾端，于是每个 struct objects 可以拥有可变大小的数组：

```
struct mumble {
   /* stuff */
```

```
    char pc[ 1 ];
};

// 从文件或标准输入装置中取得一个字符串，
// 然后为 struct 本身和该字符串配置足够的内存

struct mumble *pmumb1 = ( struct mumble* )
    malloc( sizeof( struct mumble ) + strlen( string ) + 1 );

strcpy( &mumble.pc, string );
```

如果我们改用 class 来声明，而该 class 是：

- 指定多个 access sections，内含数据；
- 从另一个 class 派生而来；
- 定义了一个或多个 virtual functions。

那么或许可以顺利转化，但也许不行！

C++中凡处于同一个 access section 的数据，必定保证以其声明顺序出现在内存布局当中。然而被放置在多个 access sections 中的各笔数据，排列顺序就不一定了。在下面的声明中，前述的 C 伎俩或许可以有效运行，或许不能，需视 protected data members 被放在 private data members 的前面或后面而定（译注：放在前面才可以）：

```
class stumble {
public:
    // operations ...
protected:
    // protected stuff
private:
    /* private stuff */
    char pc[ 1 ];
};
```

同理，base classes 和 derived classes 的 data members 的布局也未有谁先谁后的强制规定，因而也就不保证前述的 C 伎俩一定有效。Virtual functions 的存在也会使前述伎俩的有效性成为一个问号。所以，最好的忠告就是：不要那么做（第 3 章会更详细地讨论相关的内存布局主题）。

如果一个程序员迫切需要一个相当复杂的 C++ class 的某部分数据，使他拥有 C 声明的那种模样，那么那一部分最好抽取出来成为一个独立的 struct 声明。将 C 与 C++（参考[KOENIG93]）组合在一起的做法就是，从 C struct 中派生 C++的部分：

```
struct C_point { ... };
class Point : public C_point { ... };
```

于是 C 和 C++两种用法都可获得支持：

```
extern void draw_line( Point, Point );
extern "C" void draw_rect( C_point, C_point );

draw_line( Point( 0, 0 ), Point( 100, 100 ));
draw_rect( Point( 0, 0 ), Point( 100, 100 ));
```

这种习惯用法现已不再被推荐，因为某些编译器（如 Microsoft C++）在支持 virtual function 的机制中对于 class 的继承布局做了一些变化（请看 3.4 节的讨论）。组合（composition），而非继承，才是把 C 和 C++结合在一起的唯一可行方法（conversion 运算符提供了一个十分便利的萃取方法）：

```
struct C_point { ... };

class Point {
public:
   operator C_point() { return _c_point; }
   // ...
private:
   C_point _c_point;
   // ...
```

C struct 在 C++中的一个合理用途，是当你要传递“一个复杂的 class object 的全部或部分”到某个 C 函数去时，struct 声明可以将数据封装起来，并保证拥有与 C 兼容的空间布局。然而这项保证只在组合（composition）的情况下才存在。如果是“继承”而不是“组合”，编译器会决定是否应该有额外的 data members 被安插到 base struct subobject 之中（再一次请你参考 3.4 节的讨论以及图 **3.2a** 和图 **3.2b**）。

1.3 对象的差异（An Object Distinction）

C++程序设计模型直接支持三种 programming paradigms（程序设计范式）：

> 译注：paradigm 这个字眼常被译为范式。但范式又是什么意思呢？下面是《牛津计算机辞典》中对 paradigm 这个词条的解释：
>
> A model or example of the environment and methodology in which systems and software are developed and operated. For one operational paradigm there could be several alternative development paradigms. Examples are functional programming, logic programming, semantic data modeling, algebraic computing, numerical computing, object oriented design, prototyping, and natural language dialogue.
>
> 一种环境设计和方法论的模型或范例；系统和软件以此模型来开发和运行。一个现役的范式可能会有数个开发中的替代范式。以下是一些大家比较熟悉的范式：函数化程序设计、逻辑程序设计、语意数据模型、几何计算、数值计算、面向对象设计、原型设计、自然语言。

1. 程序模型（**procedural model**）。就像 C 一样，C++当然也支持它。字符串的处理就是一个例子，我们可以使用字符数组以及 *str** 函数族群（定义在标准的 C 函数库中）：

```
char boy[] = "Danny";
char *p_son;
...
p_son = new char[ strlen( boy ) + 1 ];
strcpy( p_son, boy );
...
if ( !strcmp( p_son, boy ))
  take_to_disneyland( boy );
```

2. 抽象数据类型模型（**abstract data type model，ADT**）。此模型所谓的“抽象”是和一组表达式（public 接口）一起提供的，那时其运算定义仍然隐而未明。例如下面的 *String* class：

```
String girl = "Anna";
String daughter;
...
// String::operator=();
daughter = girl;
...
// String::operator==();
if ( girl == daughter )
   take_to_disneyland( girl );
```

3. 面向对象模型（**object-oriented model**）。在此模型中有一些彼此相关的类型，通过一个抽象的 base class（用以提供共同接口）被封装起来。*Library_materials* class 就是一个例子，真正的 subtypes 例如 *Book*、*Video*、*Compact_Disc*、*Puppet*、*Laptop* 等等都可以从那里派生而来：

```
void
check_in( Library_materials *pmat )
{
   if ( pmat->late() )
        pmat->fine();
   pmat->check_in();

   if ( Lender *plend = pmat->reserved() )
        pmat->notify( plend );
}
```

纯粹以一种 paradigm 写程序，有助于整体行为的良好稳固。然而如果混合了不同的 paradigms，就可能会带来让人吃惊的后果，特别是在没有谨慎处理的情况下。最常见的疏忽发生在当你以一个 base class 的具体实例，如：

```
Library_materials thing1;
```

来完成某种多态（polymorphism）局面时：

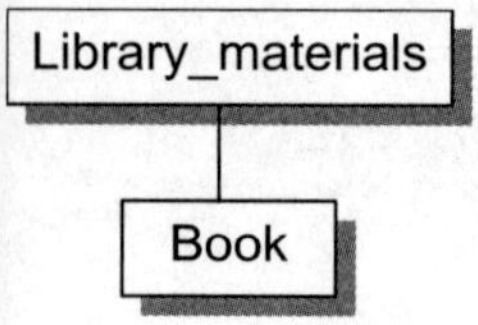


```
// class Book : public Library_materials { ... };
Book book;

// 喔欧，thing1 不是一个 Book！
// book 被裁切（sliced）了。
// 不过 thing1 仍保有一个 Library_materials。
thing1 = book;

// 喔欧，调用的是 Library_materials::check_in()
thing1.check_in();
```

而不是通过 base class 的 pointer 或 reference 来完成多态局面：

```
// OK: 现在 thing2 参考到 book
Library_materials &thing2 = book;

// OK: 现在引发的是 Book::check_in()
thing2.check_in();
```

虽然你可以直接或间接处理继承体系中的一个 base class object，但只有通过 pointer 或 reference 的间接处理，才支持 OO 程序设计所需的多态性质。上个例子中的 *thing2* 的定义和运用，是 OO paradigm 中一个良好的例证。*thing1* 的定义和运用则逸出了 OO 的习惯；它反映的是一个 ADT paradigm 的良好行为。*thing1* 的行为是好是坏，视程序员的意图而定。在此范例中，它的行为非常有可能不是你要的！

在 OO paradigm 之中，程序员需要处理一个未知实例，它的类型虽然有所界定，却有无穷可能。这组类型受限于其继承体系，然而该体系理论上没有深度和广度的限制。原则上，被指定的 object 的真实类型在每一个特定执行点之前，是无法解析的。在 C++中，只有通过 pointers 和 references 的操作才能够完成。相反地，在 ADT paradigm 中，程序员处理的是一个拥有固定而单一类型的实例，它在编译时期就已经完全定义好了。举个例子，下面这组声明：

```
// 描述 objects ：不确定类型
Librar_materials *px = retrieve_some_material();
Librar_materials &rx = *px;

// 描述已知物 ：不可能有令人惊讶的结果产生
Librar_materials dx = *px;
```

你绝对没有办法确定地说出 *px* 或 *rx* 到底指向何种类型的 objects，你只能够说它要么是一个 *Library_materials* object，要么就是后者的一个子类型（subtype）。不过，我们倒是可以确定，*dx* 只能是 *Library_materials* class 的一个 object。本节稍后，我会讨论为什么这样的行为虽然或许未如你所预期，却是良好的行为。

虽然“对于 object 的多态操作”要求此 object 必须可以经由一个 pointer 或 reference 来存取，然而 C++中的 pointer 或 reference 的处理却不是多态的必要结果。想想下面的情况：

```
// 没有多态（译注：因为操作对象不是 class object）
int *pi;

// 没有语言所支持的多态（译注：因为操作对象不是 class object）
void *pvi;

// ok ：class x 视为一个 base class（译注：可以有多态的效果）
x *px;
```

在 C++，多态只存在于一个个的 public class 体系中。举个例子，*px* 可能指向某个类型的 object，或指向根据 public 继承关系派生而来的一个子类型（请不要把不良的转换操作考虑在内）。Nonpublic 的派生行为以及类型为 *void**的指针可以说是多态的，但它们并没有被语言明确地支持，也就是说它们必须由程序员通过显式的转换操作来管理（你或许可以说它们并不是多态对象的一线选手）。

C++以下列方法支持多态：

1. 经由一组隐式的转化操作。例如把一个 derived class 指针转化为一个指向其 public base type 的指针：

```
shape *ps = new circle();
```

2. 经由 virtual function 机制：

```
ps->rotate();
```

3. 经由 *dynamic_cast* 和 *typeid* 运算符：

```
if ( circle *pc = dynamic_cast< circle* >( ps ) ) ...
```

多态的主要用途是经由一个共同的接口来影响类型的封装，这个接口通常被定义在一个抽象的 base class 中。例如 *Library_materials* class 就为 *Book*、*Video*、*Puppet* 等 subtype 定义了一个接口。这个共享接口是以 virtual function 机制引发的，它可以在执行期根据 object 的真正类型解析出到底是哪一个函数实例被调用。经由这样的操作：

```
Library_material->check_out();
```

我们的代码可以避免由于“借助某一特定 library 的 materials”而导致变动无常。这不只使得“当类型有所增加、修改或删减时，我们的程序代码无须改变”，而且也使一个新的 *Library_materials* subtype 的供应者不需要重新写出“对继承体系中的所有类型都共通”的行为和操作。

考虑以下这样的代码：

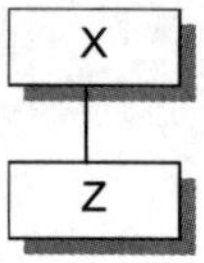


```
void rotate(
   X datum,
   const X *pointer,
   const X &reference )
{
   // 在执行期之前，无法决定到底调用哪一个 rotate() 实例
   (*pointer).rotate();
   reference.rotate();

   // 下面这个操作总是调用 X::rotate()
   datum.rotate();
}

main() {
```

```
    Z z; // Z 是 X 的一个子类型

    rotate( z, &z, z );
    return 0;
}
```

经由 pointer 和 reference 完成的两个“函数调用操作”会被动态完成！此例中它们都调用 *Z::rotate()*。经由 *datum* 完成的“函数调用操作”则可能（或可能不）经由 virtual 机制。不过，它反正总是调用 *X::rotate()*就是了（这就是所谓的“编译素养”问题：不管经由 *datum* 所调用的 virtual function 采不采用 virtual 机制，从语意来说，结果都是相同的。4.2 节对此有更详细的讨论）。

需要多少内存才能够表现一个 class object？一般而言要有：

- 其 nonstatic data members 的总和大小。
- 加上任何由于 alignment（译注）的需求而填补（*padding*）上去的空间（可能存在于 members 之间，也可能存在于集合体边界）。

> 译注：alignment 就是将数值调整到某数的倍数。在 32 位计算机上，通常 alignment 为 4 bytes（32 位），以使 bus 的“运输量”达到最高效率。

- 加上为了支持 virtual 而由内部产生的任何额外负担（overhead）。

一个指针[2]，不管它指向哪一种数据类型，指针本身所需的内存大小是固定的。举个例子，下面有一个 *ZooAnimal* 声明：

```
class ZooAnimal {
public:
   ZooAnimal();
   virtual ~ZooAnimal();
```

2 或是一个 reference。本质上，一个 reference 通常是以一个指针来实现的，而 object 语法如果转换为间接手法，就需要一个指针。

```
    // ...
    virtual void rotate();

protected:
    int loc;
    String name;
};

ZooAnimal za( "Zoey" );
ZooAnimal *pza = &za;
```

其中的 class object *za* 和指针 *pza* 的可能布局如图 **1.4** 所示。我将在第 3 章再回到“data members 的布局”这个主题上。

指针的类型（The Type of a Pointer）

但是，一个指向 *ZooAnimal* 的指针是如何地与一个指向整数的指针或一个指向 template Array（如下，与一个 *String* 一并产生）的指针有所不同呢？

```
ZooAnimal *px;
int *pi;
Array< String > *pta;
```

以内存需求的观点来说，没有什么不同！它们三个都需要有足够的内存来放置一个机器地址（通常是个 word，译注）。“指向不同类型之各指针”间的差异，既不在其指针表示法不同，也不在其内容（代表一个地址）不同，而是在其所寻址出来的 object 类型不同。也就是说，“指针类型”会教导编译器如何解释某个特定地址中的内存内容及其大小：

> 译注：Lippman 视“不同机器上的 word 为可变大小，*int* 则固定是 16-bits”，但另有一种说法是，“不同机器上的 *int* 为可变大小，word 固定为 16-bits”，不可不察！

- 一个指向地址 1000 的整数指针，在 32 位机器上，将涵盖地址空间 1000~1003（译注：因为 32 位机器上的整数是 4-bytes）。
- 如果 *String* 是传统的 8-bytes（包括一个 4-bytes 的字符指针和一个用来表示字符串长度的整数），那么一个 *ZooAnimal* 指针将横跨地址空间 1000~1015（译注：4+8+4，如图 **1.4** 所示）。

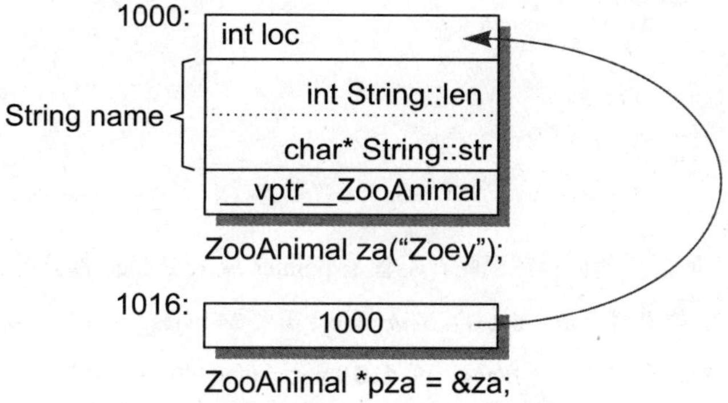

图 1.4　独立（非派生）class 的 object 布局和 pointer 布局

嗯，那么，一个指向地址 1000 而类型为 *void**的指针，将涵盖怎样的地址空间呢？是的，我们不知道！这就是为什么一个类型为 *void**的指针只能够持有一个地址，而不能够通过它操作所指之 object 的缘故。

所以，转换（cast）其实是一种编译器指令。大部分情况下它并不改变一个指针所含的真正地址，它只影响"被指出之内存的大小和其内容"的解释方式。

加上多态之后（Adding Polymorphism）

现在，让我们定义一个 *Bear*，作为一种 *ZooAnimal*。当然，经由"public 继承"可以完成这项任务：

```
class Bear : public ZooAnimal {
public:
   Bear();
```

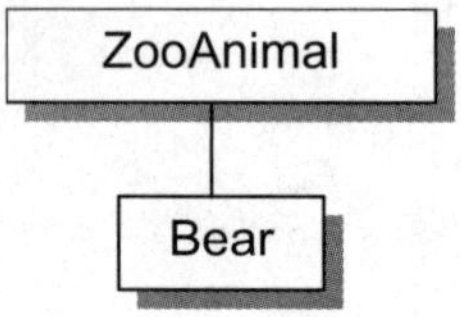


```
   ~Bear();
   // ...
   void rotate();
   virtual void dance();
   // ...
protected:
   enum  Dances { ... };

   Dances dances_known;
   int cell_block;
};

Bear b( "Yogi" );
Bear *pb = &b;
Bear &rb = *pb;
```

b、*pb*、*rb* 会有怎样的内存需求呢？不管是 pointer 或 reference 都只需要一个 word 的空间（在 32 位机器上是 4-bytes）。*Bear* object 需要 24 bytes，也就是 *ZooAnimal* 的 16 bytes 加上 *Bear* 所带来的 8 bytes。图 **1.5** 展示了可能的内存布局。

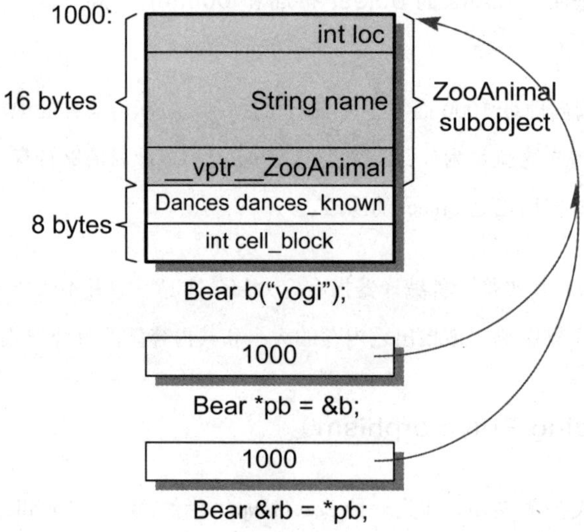

图 1.5　Derived class 的 object 和 pointer 布局

好，假设我们的 *Bear* object 放在地址 1000 处，一个 *Bear* 指针和一个 *ZooAnimal* 指针有什么不同？

```
Bear b;
ZooAnimal *pz = &b;
Bear *pb = &b;
```

它们每个都指向 *Bear* object 的第一个 byte。其间的差别是，*pb* 所涵盖的地址包含整个 *Bear* object，而 *pz* 所涵盖的地址只包含 *Bear* object 中的 *ZooAnimal* subobject。

除了 *ZooAnimal* subobject 中出现的 members，你不能够使用 *pz* 来直接处理 *Bear* 的任何 members。唯一例外是通过 virtual 机制：

```
// 不合法：cell_block 不是 ZooAnimal 的一个 member，
// 虽然我们知道 pz 目前指向一个 Bear object。
pz->cell_block;

// ok：经过一个显式的 downcast 操作就没有问题！
(static_cast< Bear* >( pz ))->cell_block;

// 下面这样更好，但它是一个 run-time operation（译注：成本较高）
if ( Bear* pb2 = dynamic_cast< Bear* >( pz ))
  pb2->cell_block;

// ok：因为 cell_block 是 Bear 的一个 member。
pb->cell_block;
```

当我们写：

```
pz->rotate();
```

时，*pz* 的类型将在编译时期决定以下两点：

- 固定的可用接口。也就是说，*pz* 只能够调用 *ZooAnimal* 的 public 接口。
- 该接口的 access level（例如 *rotate()*是 *ZooAnimal* 的一个 public member）。

在每一个执行点，*pz* 所指的 object 类型可以决定 *rotate()*所调用的实例。类型信息的封装并不是维护于 *pz* 之中，而是维护于 link 之中，此 link 存在于“object 的 vptr”和“vptr 所指的 virtual table”之间（4.2 节对于 virtual functions 有一个完整的讨论）。

现在，请看以下这种情况：

```
Bear b;
ZooAnimal za = b;  // 译注：这会引起切割（sliced）

// 调用 ZooAnimal::rotate()
za.rotate();
```

为什么 *rotate()*所调用的是 *ZooAnimal* 实例而不是 *Bear* 实例？此外，如果初始化函数（译注：应用于上述 assignment 操作发生时）将一个 object 内容完整拷贝到另一个 object 去，为什么 *za* 的 vptr 不指向 *Bear* 的 virtual table？

第二个问题的答案是，编译器在（**1**）初始化及（**2**）指定（assignment）操作（将一个 class object 指定给另一个 class object）之间做出了仲裁。编译器必须确保如果某个 object 含有一个或一个以上的 vptrs，那些 vptrs 的内容不会被 base class object 初始化或改变。

至于第一个问题的答案是：*za* 并不是（而且也绝不会是）一个 *Bear*，它是（并且只能是）一个 *ZooAnimal*。多态所造成的“一个以上的类型”的潜在力量，并不能够实际发挥在“直接存取 objects”这件事情上。有一个似是而非的观念：OO 程序设计并不支持对 object 的直接处理。举个例子，下面这一组定义：

```
{
   ZooAnimal za;
   ZooAnimal *pza;

   Bear b;
   Panda *pp = new Panda;

   pza = &b;
}
```

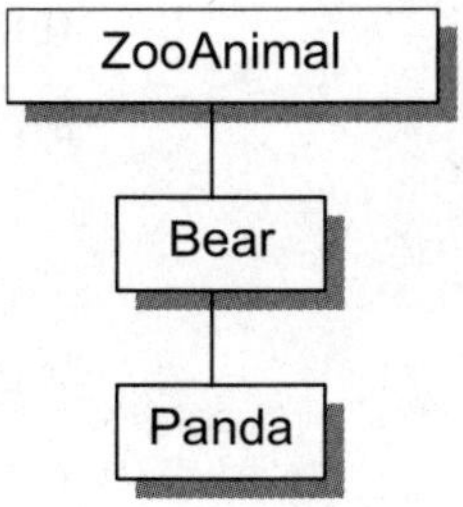

其可能的内存布局如图 **1.6** 所示。

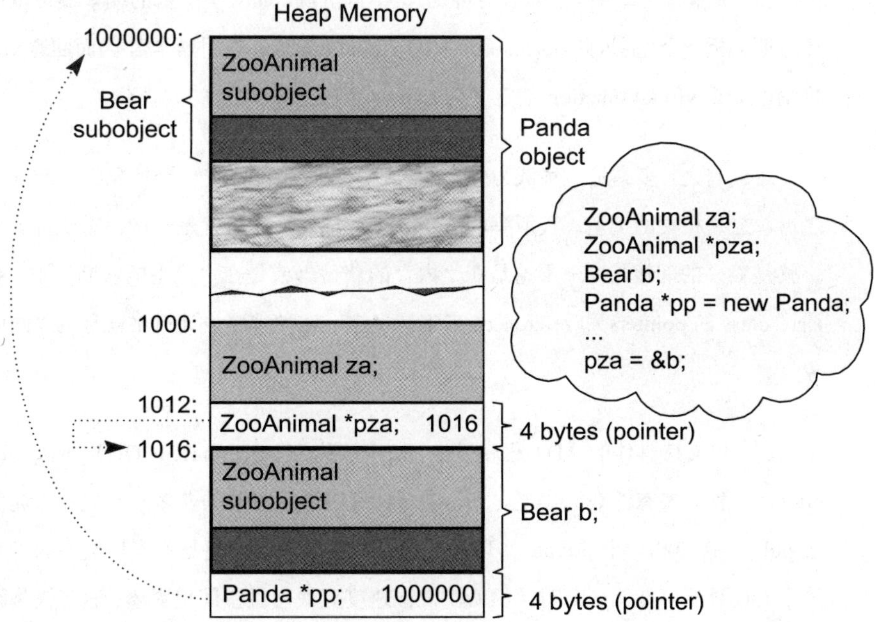

图 1.6　依序定义下的内存布局

将 *za* 或 *b* 的地址，或 *pp* 所含的内容（也是个地址），指定给 *pza*，显然不是问题。一个 pointer 或一个 reference 之所以支持多态，是因为它们并不引发内存中任何“与类型有关的内存委托操作（type-dependent commitment）”；会受到改变的，只有它们所指向的内存的“大小和内容解释方式”而已。

然而，任何人如果企图改变 object *za* 的大小，会违反其定义中受契约保护的“资源需求量”。如果把整个 *Bear* object 指定给 *za*，则会溢出它所配置得到的内存。执行结果当然也就不对了。

当一个 base class object 被直接初始化为（或是被指定为）一个 derived class object 时，derived object 就会被切割（sliced）以塞入较小的 base type 内存中，derived type 将没有留下任何蛛丝马迹。多态于是不再呈现，而一个严格的编译器可以在编译时期解析一个“通过此 object 而触发的 virtual function 调用操作”，因而回避 virtual 机制。如果 virtual function 被定义为 inline，则更有效率上的大收获。

总而言之，多态是一种威力强大的设计机制，允许你继一个抽象的 public 接口之后，封装相关的类型。我所举的 *Library_materials* 体系就是一例。需要付出的代价就是额外的间接性——不论是在“内存的获得”或是在“类型的决断”上。C++通过 class 的 pointers 和 references 来支持多态，这种程序设计风格就称为“面向对象”。

C++也支持具体的 ADT 程序风格，如今被称为 object-based（OB）。例如 *String* class，一种非多态的数据类型。*String* class 可以展示封装的非多态形式；它提供一个 public 接口和一个 private 实现品，包括数据和算法，但是不支持类型的扩充。一个 OB 设计可能比一个对等的 OO 设计速度更快而且空间更紧凑。速度快是因为所有的函数调用操作都在编译时期解析完成，对象建构起来时不需要设置 virtual 机制；空间紧凑则是因为每一个 class object 不需要负担传统上为了支持 virtual 机制而需要的额外负荷。不过，OB 设计比较没有弹性。

OO 和 OB 设计策略都有它们的拥护者和批评者。你可以在[BOOCH93]、[CARROLL93]和[LEA93]找到一些有趣的正反两方面论点的讨论。这些论文所讨论的，是 C++ Booch Components library、Bell Laboratories' Standard C++ Components library，以及 GNU g++library 的设计决策。在弹性（OO）和效率（OB）之间常常存在着取与舍。一个人能够有效选择其一之前，必须先清楚了解两者的行为和应用领域的需求。

第 2 章

构造函数语意学

（The Semantics of Constructors）

译注：本章大量出现以下英文术语。

implicit	：	暗中的、隐式的（通常意指并非在程序源代码中出现的）
explicit	：	显式的（通常意指程序源代码中所出现的）
trivial	：	没有用的
nontrivial	：	有用的
memberwise	：	对每一个 member 施以……
bitwise	：	对每一个 bit 施以……
semantics	：	语意

关于 C++，最常听到的一个抱怨就是，编译器背着程序员做了太多事情。Conversion 运算符就是最常被引用的一个例子。Jerry Schwarz，iostream 函数库的建筑师，就曾经说过一个故事。他说他最早的意图是支持一个 iostream class object 的标量测试（scalar test），像这样：

```
if ( cin ) ...
```

为了让 cin 能够求得一个真假值，Jerry 首先为它定义一个 conversion 运算符：*operator int()*。在良好行为如上者，这的确可以正确运行。但是在下面这种错误的程序设计中，它的行为就势必令人大吃一惊了：

```
// 喔欧：应该是 cout，而不是 cin
cin << intVal;
```

这个粗心的程序员要的应该是 *cout* 而不是 *cin*。Class 层次结构的“type-safe”天性应该能够捕捉这类输出运算符的错误运用。然而，带有几分唯物主义色彩的编译器，比较喜欢找到一个正确的诠释（如果有的话），而不只是把程序标示为错误就算了！在此例中，内建的左移位运算符（left shift operator，<<）只有在“*cin* 可改变为和一个整数值同义”时才适用。编译器会检查可以使用的各个 conversion 运算符，然后它找到了 *operator int()*，那正是它要的东西。左移位运算符现在可以操作了；如果没有成功，至少也是合法的：

```
// 喔欧：不完全是程序员想要的
int temp = cin.operator int();
temp << intVal;
```

Jerry 如何解决这个意想不到的行为？他以 *operator void*()*取代 *operator int()*。这种错误有时候被戏称为“Schwarz Error”。虽然这种错误只能算是一种“不足”，但缺乏一个 implicit class conversion 机制却实在是强烈的败笔。*String* class 的最初实例（引述于[STROUP94] p.83）可说是一种推动力量：如果没有 implicit conversion 的支持，*String* 函数库必须将每一个拥有字符串参数的 C runtime library 函数都复制一份[1]。

在不少程序员之间，存在一种忐忑不安的情绪，认为一个被编译器暗中施行的

[1] 有趣的是，标准的 C++ library string class 并不提供一个 implicit conversion 运算符；它提供的是一个具名实例（named instance），使用者必须显式调用才行。

“user-defined convertion 运算符”可能不会导致 Schwarz Error。事实上关键词 **explicit** 之所以被导入这个语言，就是为了给程序员提供一种方法，使他们能够制止“单一参数的 constructor”被当做一个 conversion 运算符。虽然他们很容易从 Schwarz Error 的故事中获得安慰，但是 conversion 运算符实际上很难在一种可预期的良好行为模式下使用。Conversion 运算符的引入应该是明智的，而其测试应该是严酷的，并且在程序一出现不寻常活动的第一个症候时，就发出疑问。

问题出在编译器太过按照字面意义来解释你的意图，而没有在背后为你多做点什么事情——虽然，要让程序员相信他们被 Schwarz Error 盯上是颇为困难的。“背后活动”比较可能发生在“memberwise initialization”或是所谓的“named return value optimization”（NRV）身上。在这一章中，我要挖掘编译器对于“对象构造过程”的干涉，以及对于“程序形式”和“程序效率”上的冲击。

2.1　Default Constructor 的构造操作

C++ Annotated Reference Manual（ARM）[ELLIS90]中的 Section 12.1 告诉我们：“default constructors……在需要的时候被编译器产生出来”。关键字眼是“在需要的时候”。被谁需要？做什么事情？看看下面这段程序代码：

```
class Foo { public: int val; Foo *pnext; };

void foo_bar()
{
   // 喔欧：程序要求 bar's members 都被清为 0。
   Foo bar;
   if ( bar.val || bar.pnext )
      // ... do something
   // ...
}
```

> 译注：以下文字的原文多次使用 implementation 这个字眼，许多时候它是指“C++实现品”，也就是指 C++编译器，这种情况下我会将它直接译为编译器。

在这个例子中，正确的程序语意是要求 *Foo* 有一个 default constructor，可以将它的两个 members 初始化为 0。上面这段代码可曾符合 ARM 所说的“在需要的时候”？答案是 no。其间的差别在于一个是程序的需要，一是编译器的需要。程序如果有需要，那是程序员的责任；本例要承担责任的是设计 class *Foo* 的人[2]。是的，上述程序片段并不会合成出一个 default constructor。

那么，什么时候才会合成出一个 default constructor 呢？当编译器需要它的时候！此外，被合成出来的 constructor 只执行编译器所需的行动。也就是说，即使有需要为 class *Foo* 合成一个 default constructor，那个 constructor 也不会将两个 data members *val* 和 *pnext* 初始化为 0。为了让上一段代码正确执行，class *Foo* 的设计者必须提供一个显式的 default constructor，将两个 members 适当地初始化。

C++ Standard 已经修改了 ARM 中的说法，虽然其行为事实上仍然是相同的。C++ Standard [ISO-C++95]的 Section 12.1 这么说：

> 对于 class *X*，如果没有任何 user-declared constructor，那么会有一个 default constructor 被隐式（implicitly）声明出来……一个被隐式声明出来的 default constructor 将是一个 trivial（浅薄而无能，没啥用的）constructor……

C++ Standard 然后开始一一叙述什么样情况下这个 implicit default constructor 会被视为 trivial。一个 nontrivial default constructor 在 ARM 的术语中就是编译器所需要的那种，必要的话会由编译器合成出来。下面 4 小节分别讨论 nontrivial default constructor 的 4 种情况。

---

2 Global objects 的内存保证会在程序启动的时候被清为 0。Local objects 配置于程序的堆栈中，heap objects 配置于自由空间中，都不一定会被清为 0，它们的内容将是内存上次被使用后的遗迹。

“带有 Default Constructor”的 Member Class Object

如果一个 class 没有任何 constructor，但它内含一个 member object，而后者有 default constructor，那么这个 class 的 implicit default constructor 就是“nontrivial”，编译器需要为该 class 合成出一个 default constructor。不过这个合成操作只有在 constructor 真正需要被调用时才会发生。

于是出现了一个有趣的问题：在 C++各个不同的编译模块中（译注：原文为 compilation model，是否为 compilation module 之误？不同的编译模块意指不同的文件），编译器如何避免合成出多个 default constructor（比如说一个是为 A.C 文件合成，另一个是为 B.C 文件合成）呢？解决方法是把合成的 default constructor、copy constructor、destructor、assignment copy operator 都以 inline 方式完成。一个 inline 函数有静态链接（static linkage），不会被文件以外者看到。如果函数太复杂，不适合做成 inline，就会合成出一个 explicit non-inline static 实例（inline 函数将在 4.5 节有比较详细的说明）。

举个例子，在下面的程序片段中，编译器为 class *Bar* 合成一个 default constructor：

```
class Foo { public: Foo(), Foo( int ) ... };
class Bar { public: Foo foo; char *str; }; // 译注：不是继承，是内含！

void foo_bar()
{
   Bar bar;  // Bar::foo 必须在此处初始化。
             // 译注：Bar::foo 是一个 member object，而其 class Foo
             //       拥有 default constructor，符合本小节主题。
   if ( str ) {  } ...
}
```

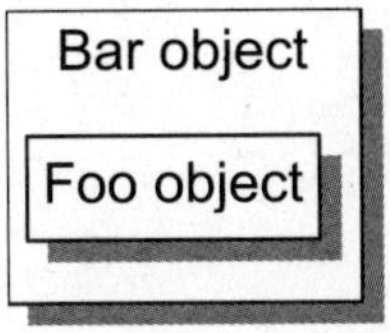

被合成的 *Bar* default constructor 内含必要的代码，能够调用 class *Foo* 的 default constructor 来处理 member object *Bar::foo*，但它并不产生任何代码来初始化 *Bar::str*。是的，将 *Bar::foo* 初始化是编译器的责任，将 *Bar::str* 初始化则是程序员

的责任。被合成的 default constructor 看起来可能像这样[3]：

```
// Bar 的 default constructor 可能会被这样合成
// 为 member foo 调用 class Foo 的 default constructor
inline
Bar::Bar()
{
   // C++ 伪码
   foo.Foo::Foo();
}
```

再一次请你注意，被合成的 default constructor 只满足编译器的需要，而不是程序的需要。为了让这个程序片段能够正确执行，字符指针 *str* 也需要被初始化。让我们假设程序员经由下面的 default constructor 提供了 *str* 的初始化操作：

```
// 程序员定义的 default constructor
Bar::Bar() { str = 0; }
```

现在程序的需求获得满足了，但是编译器还需要初始化 member object *foo*。由于 default constructor 已经被显式地定义出来，编译器没办法合成第二个。"噢，伤脑筋。"你可能会这样说。编译器会采取什么行动呢？

编译器的行动是："如果 class *A* 内含一个或一个以上的 member class objects，那么 class *A* 的每一个 constructor 必须调用每一个 member classes 的 default constructor"。编译器会扩张已存在的 constructors，在其中安插一些代码，使得 user code 被执行之前，先调用必要的 default constructors。延续前一个例子，扩张后的 constructors 可能像这样：

```
// 扩张后的 default constructor
// C++ 伪码
Bar::Bar()
{
   foo.Foo::Foo();      // 附加上的 compiler code
   str = 0;             // explicit user code
}
```

---

3 为了简化我们的讨论，这些例子都省略掉隐含的 this 指针。

如果有多个 class member objects 都要求 constructor 初始化操作，将如何？C++ 语言要求以“member objects 在 class 中的声明顺序”来调用各个 constructors。这一点由编译器完成，它为每一个 constructor 安插程序代码，以“member 声明顺序”调用每一个 member 所关联的 default constructors。这些代码将被安插在 explicit user code 之前。举个例子，假设我们有以下三个 classes：

```
class Dopey    { public: Dopey(); ... };
class Sneezy   { public: Sneezy( int ); Sneezy(); ... };
class Bashful  { public: Bashful(); ... };
```

以及一个 class *Snow_White*：

```
class Snow_White {
public:
   Dopey dopey;   // 译注：dopey、sneezy 和 bashful 是三个 member objects
   Sneezy sneezy;
   Bashful bashful;
   // ...
private:
   int mumble;
};
```

如果 *Snow_White* 没有定义 default constructor，就会有一个 nontrivial constructor 被合成出来，依序调用 *Dopey*、*Sneezy*、*Bashful* 的 default constructors。然而如果 *Snow_White* 定义了下面这样的 default constructor：

```
// 程序员所写的 default constructor
Snow_White::Snow_White() : sneezy( 1024 )
{
   mumble = 2048;
}
```

它会被扩张为：

```
// 编译器扩张后的 default constructor
// C++ 伪码
Snow_White::Snow_White() : sneezy( 1024 )
{
   // 插入 member class object
```

```
    // 调用其 constructor
    dopey.Dopey::Dopey();
    sneezy.Sneezy::Sneezy(1024);
    bashful.Bashful::Bashful();

    // explicit user code
    mumble = 2048;
}
```

2.4 节将讨论“调用 implicit default constructors”和“调用显式条列于 member initialization list 中的 constructors”之间的互动关系。

“带有 Default Constructor”的 Base Class

类似的道理，如果一个没有任何 constructors 的 class 派生自一个“带有 default constructor”的 base class，那么这个 derived class 的 default constructor 会被视为 nontrivial，并因此需要被合成出来。它将调用上一层 base classes 的 default constructor（根据它们的声明顺序）。对一个后继派生的 class 而言，这个合成的 constructor 和一个“被显式提供的 default constructor”没有什么差异。

如果设计者提供多个 constructors，但其中都没有 default constructor 呢？编译器会扩张现有的每一个 constructors，将“用以调用所有必要之 default constructors”的程序代码加进去。它不会合成一个新的 default constructor，因为其他“由 user 所提供的 constructors”存在的缘故。如果同时亦存在着“带有 default constructors”的 member class objects，那些 default constructor 也会被调用——在所有 base class constructor 都被调用之后。

“带有一个 Virtual Function”的 Class

另有两种情况，也需要合成出 default constructor：

1. class 声明（或继承）一个 virtual function。
2. class 派生自一个继承串链，其中有一个或更多的 virtual base classes。

不管哪一种情况，由于缺乏由 user 声明的 constructors，编译器会详细记录合成一个 default constructor 的必要信息。以下面这个程序片段为例：

```
class Widget {
public:
   virtual void flip() = 0;
   // ...
};

void flip( const Widget& widget ) { widget.flip(); }

// 假设 Bell 和 Whistle 都派生自 Widget
void foo()
{
   Bell b;
   Whistle w;

   flip( b );
   flip( w );
}
```

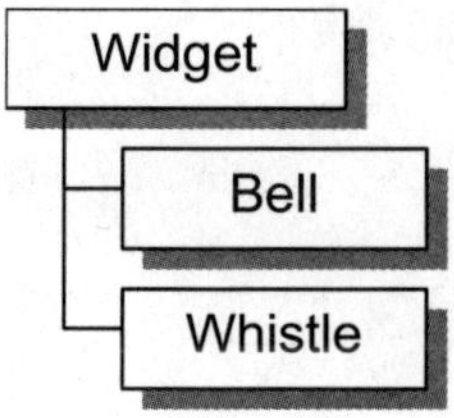

下面两个扩张行动会在编译期间发生：

1. 一个 virtual function table（在 cfront 中被称为 vtbl）会被编译器产生出来，内放 class 的 virtual functions 地址。
2. 在每一个 class object 中，一个额外的 pointer member（也就是 vptr）会被编译器合成出来，内含相关之 class vtbl 的地址。

此外，*widget.flip()*的虚拟调用操作（virtual invocation）会被重新改写，以使用 *widget* 的 vptr 和 vtbl 中的 *flip()*条目：

```
// widget.flip() 的虚拟调用操作（virtual invocation）的转变
( *widget.vptr[ 1 ] )( &widget )
```

其中：

- 1 表示 *flip()*在 virtual table 中的固定索引；
- &*widget* 代表要交给“被调用的某个 *flip()*函数实例”的 **this** 指针。

为了让这个机制发挥功效，编译器必须为每一个 *Widget*(或其派生类的)object 的 vptr 设定初值，放置适当的 virtual table 地址。对于 class 所定义的每一个 constructor，编译器会安插一些代码来做这样的事情（请看 5.2 节）。对于那些未声明任何 constructors 的 classes，编译器会为它们合成一个 default constructor，以便正确地初始化每一个 class object 的 vptr。

"带有一个 Virtual Base Class" 的 Class

Virtual base class 的实现法在不同的编译器之间有极大的差异。然而，每一种实现法的共同点在于必须使 virtual base class 在其每一个 derived class object 中的位置，能够于执行期准备妥当。例如在下面这段程序代码中：

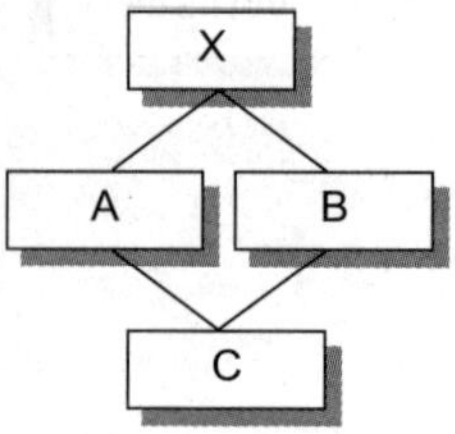


```
class X { public: int i; };
class A : public virtual X { public: int j; };
class B : public virtual X { public: double d; };
class C : public A, public B    { public: int k; };

// 无法在编译时期决定（resolve）出 pa->X::i 的位置
void foo( const A* pa )  {  pa->i = 1024;  }

main()
{
   foo( new A );
   foo( new C );
   // ...
}
```

编译器无法固定住 *foo()*之中"经由 *pa* 而存取的 *X::i*"的实际偏移位置，因为 *pa* 的真正类型可以改变。编译器必须改变"执行存取操作"的那些代码，使 *X::i* 可以延迟至执行期才决定下来。原先 cfront 的做法是靠"在 derived class object 的每一个 virtual base classes 中安插一个指针"完成。所有"经由 reference 或 pointer 来存取一个 virtual base class"的操作都可以通过相关指针完成。在我的例子中，*foo()* 可以被改写如下，以符合这样的实现策略：

```
// 可能的编译器转变操作
void foo( const A* pa ) { pa->__vbcX->i = 1024; }
```

其中 __*vbcX* 表示编译器所产生的指针，指向 virtual base class X。

正如你所揣测的那样，__*vbcX*（或编译器所做出的某个什么东西）是在 class object 构造期间被完成的。对于 class 所定义的每一个 constructor，编译器会安插那些“允许每一个 virtual base class 的执行期存取操作”的代码。如果 class 没有声明任何 constructors，编译器必须为它合成一个 default constructor。

总结

有 4 种情况，会造成“编译器必须为未声明 constructor 的 classes 合成一个 default constructor”。C++ Standard 把那些合成物称为 implicit nontrivial default constructors。被合成出来的 constructor 只能满足编译器（而非程序）的需要。它之所以能够完成任务，是借着“调用 member object 或 base class 的 default constructor”或是“为每一个 object 初始化其 virtual function 机制或 virtual base class 机制”而完成的。至于没有存在那 4 种情况而又没有声明任何 constructor 的 classes，我们说它们拥有的是 implicit trivial default constructors，它们实际上并不会被合成出来。

在合成的 default constructor 中，只有 base class subobjects 和 member class objects 会被初始化。所有其他的 nonstatic data member（如整数、整数指针、整数数组等等）都不会被初始化。这些初始化操作对程序而言或许有需要，但对编译器则非必要。如果程序需要一个“把某指针设为 0”的 default constructor，那么提供它的人应该是程序员。

C++新手一般有两个常见的误解：

1. 任何 class 如果没有定义 default constructor，就会被合成出一个来。
2. 编译器合成出来的 default constructor 会显式设定“class 内每一个 data member 的默认值”。

如你所见，没有一个是真的！

2.2 Copy Constructor 的构造操作

有三种情况，会以一个 object 的内容作为另一个 class object 的初值。最明显的一种情况当然就是对一个 object 做显式的初始化操作，像这样：

```
class X { ... };
X x;

// 显式地以一个 object 的内容作为另一个 class object 的初值
X xx = x;
```

另两种情况是当 object 被当做参数交给某个函数时，例如：

```
extern void foo( X x );

void bar()
{
   X xx;

  // 以 xx 作为 foo() 第一个参数的初值（隐式的初始化操作）
  foo( xx );

  // ...
}
```

以及当函数传回一个 class object 时，例如：

```
X
foo_bar()
{
   X xx;
   // ...
   return xx;
}
```

假设 class 设计者显式定义了一个 copy constructor（这是一个 constructor，有一个参数的类型是其 class type），像下面这样：

```
// user-defined copy constructor 的实例
// 可以是多参数形式，其第二参数及后继参数以一个默认值供应之。

X::X( const X& x );
Y::Y( const Y& y, int = 0 );
```

那么在大部分情况下，当一个 class object 以另一个同类实例作为初值，上述的 constructor 会被调用。这可能会导致一个临时性 class object 的产生或导致程序代码的蜕变（或两者都有）。

Default Memberwise Initialization

如果 class 没有提供一个 explicit copy constructor 又当如何？当 class object 以“相同 class 的另一个 object”作为初值，其内部是以所谓的 default memberwise initialization 手法完成的，也就是把每一个内建的或派生的 data member（例如一个指针或一个数组）的值，从某个 object 拷贝一份到另一个 object 身上。不过它并不会拷贝其中的 member class object，而是以递归的方式施行 memberwise initialization。例如，考虑下面这个 class 声明：

```
class String {
public:
   // ... 没有 explicit copy constructor
private:
   char *str;
   int  len;
};
```

一个 *String* object 的 default memberwise initialization 发生在这种情况之下：

```
String noun( "book" );
String verb = noun;
```

其完成方式就好像个别设定每一个 members 一样：

```
// 语意相等
verb.str = noun.str;
verb.len = noun.len;
```

如果一个 *String* object 被声明为另一个 class 的 member，像这样：

```
class Word {
public:
   //……没有 explicit copy constructor
private:
   int    _occurs;
   String _word;  // 译注：String object 成为 class Word 的一个 member!
};
```

那么一个 *Word* object 的 default memberwise initialization 会拷贝其内建的 member *_occurs*，然后再于 *String* member object *_word* 身上递归实施 memberwise initialization。

这样的操作实际上如何完成？ARM 告诉我们：

> 概念上而言，对于一个 class *X*，这个操作是被一个 copy constructor 实现出来的……

其中主要的字眼是“概念上”。这个注释又紧跟着一些解释：

> 一个良好的编译器可以为大部分 class objects 产生 bitwise copies，因为它们有 bitwise copy semantics……

也就是说，“如果一个 class 未定义出 copy constructor，编译器就自动为它产生出一个”这句话不对，而是应该像 ARM 所说：

> Default constructors 和 copy constructors 在必要的时候才由编译器产生出来。

这个句子中的“必要”意指当 class 不展现 bitwise copy semantics 时。C++ Standard 仍然保留了 ARM 的意义，但是将相关讨论更形式化如下（其中括号内是我的批注）：

> 一个 class object 可用两种方式复制得到，一种是被初始化（也就是我们这里所关心的），另一种是被指定（assignment，第 5 章讨论）。从概念上而言，这两个操作分别是以 copy constructor 和 copy assignment operator 完成的。

就像 default constructor 一样，C++ Standard 上说，如果 class 没有声明一个 copy constructor，就会有隐式的声明（implicitly declared）或隐式的定义（implicitly defined）出现。和以前一样，C++ Standard 把 copy constructor 区分为 trivial 和 nontrivial 两种。只有 nontrivial 的实例才会被合成于程序之中。决定一个 copy constructor 是否为 trivial 的标准在于 class 是否展现出所谓的“bitwise copy semantics”。下一节我将说明“class 展现出 bitwise copy semantics”这句话是什么意思。

Bitwise Copy Semantics（位逐次拷贝）

在下面的程序片段中：

```
#include "Word.h"

Word noun( "book" );

void foo()
{
   Word verb = noun;
   // ...
}
```

很明显 *verb* 是根据 *noun* 来初始化的。但是在尚未看过 class *Word* 的声明之前，我们不可能预测这个初始化操作的程序行为。如果 class *Word* 的设计者定义了一个 copy constructor，*verb* 的初始化操作会调用它。但如果该 class 没有定义 explicit copy constructor，那么是否会有一个编译器合成的实例被调用？这就得视该 class 是否展现“bitwise copy semantics”而定了。举个例子，已知下面的 class *Word* 声明：

```
// 以下声明展现了 bitwise copy semantics
class Word {
public:
   Word( const char* );
   ~Word() { delete [] str; }
   // ...
private:
   int  cnt;
   char *str;
};
```

这种情况下并不需要合成出一个 default copy constructor，因为上述声明展现了“default copy semantics”，而 *verb* 的初始化操作也就不需要以一个函数调用收场[4]。然而，如果 class *Word* 是这样声明的：

```
// 以下声明并未展现出 bitwise copy semantics
class Word {
public:
   Word( const String& );
   ~Word();
   // ...
private:
   int   cnt;
   String str;
};
```

其中 *String* 声明了一个 explicit copy constructor：

```
class String {
public:
   String( const char * );
   String( const String& );
   ~String();
   // ...
};
```

4 当然，程序的执行将因为 class *Word* 如此声明而灾情惨重。如今 local object *verb* 和 global object *noun* 都指向相同的字符串。在退出 *foo()* 之前，local object *verb* 会执行 destructor，于是字符串被删除，global object *noun* 从此指向一堆无意义之物。member *str* 的问题只能够靠“由 class 设计者实现出一个 explicit copy constructor 以改写 default memberwise initialization”或是靠“不允许完全拷贝”来解决。不过这和“是否有一个 copy constructor 被编译器合成出来”没有关系。

这种情况下，编译器必须合成出一个 copy constructor，以便调用 member class *String* object 的 copy constructor：

```
// 一个被合成出来的 copy constructor
// C++ 伪码
inline Word::Word( const Word& wd )
{
   str.String::String( wd.str );
   cnt = wd.cnt;
}
```

有一点很值得注意：在这被合成出来的 copy constructor 中，如整数、指针、数组等等的 nonclass members 也都会被复制，正如我们所期待的一样。

不要 Bitwise Copy Semantics！

什么时候一个 class 不展现出“bitwise copy semantics”呢？有 4 种情况：

1. 当 class 内含一个 member object 而后者的 class 声明有一个 copy constructor 时（不论是被 class 设计者显式地声明，就像前面的 *String* 那样；或是被编译器合成，像 class *Word* 那样）。
2. 当 class 继承自一个 base class 而后者存在一个 copy constructor 时（再次强调，不论是被显式声明或是被合成而得）。
3. 当 class 声明了一个或多个 virtual functions 时。
4. 当 class 派生自一个继承串链，其中有一个或多个 virtual base classes 时。

在前两种情况中，编译器必须将 member 或 base class 的“copy constructors 调用操作”安插到被合成的 copy constructor 中。前一节 class *Word* 的“合成而得的 copy constructor”正足以说明情况 1。情况 3 和 4 有点复杂，是我接下来要讨论的题目。

重新设定 Virtual Table 的指针

回忆编译期间的两个程序扩张操作（只要有一个 class 声明了一个或多个 virtual functions 就会如此）：

- 增加一个 virtual function table（vtbl），内含每一个有作用的 virtual function 的地址。
- 一个指向 virtual function table 的指针（vptr），安插在每一个 class object 内。

很显然，如果编译器对于每一个新产生的 class object 的 vptr 不能成功而正确地设好其初值，将导致可怕的后果。因此，当编译器导入一个 vptr 到 class 之中时，该 class 就不再展现 bitwise semantics 了。现在，编译器需要合成出一个 copy constructor 以求将 vptr 适当地初始化，下面是个例子。

首先，我定义两个 classes，*ZooAnimal* 和 *Bear*：

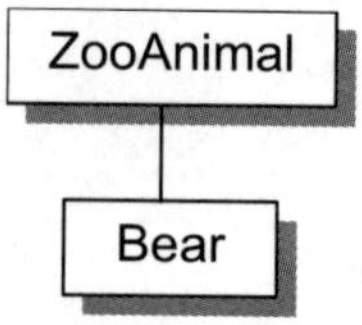


```
class ZooAnimal {
public:
   ZooAnimal();
   virtual ~ZooAnimal();

   virtual void animate();
   virtual void draw();
   // ...
private:
   // ZooAnimal 的 animate() 和 draw()
   // 所需要的数据
};

class Bear : public ZooAnimal {
public:
   Bear();
   void animate();      // 译注：虽未明写 virtual，但它其实是 virtual
   void draw();         // 译注：虽未明写 virtual，但它其实是 virtual
   virtual void dance();
   // ...
private:
```

```
    // Bear 的 animate()、draw() 和 dance()
    // 所需要的数据
};
```

ZooAnimal class object 以另一个 *ZooAnimal* class object 作为初值，或 *Bear* class object 以另一个 *Bear* class object 作为初值，都可以直接靠“bitwise copy semantics”完成（除了可能会有的 pointer member 之外。为了简化，这种情况被我革除）。举个例子：

```
Bear yogi;
Bear winnie = yogi;
```

yogi 会被 default *Bear* constructor 初始化。而在 constructor 中，*yogi* 的 vptr 被设定指向 *Bear* class 的 virtual table（靠编译器安插的代码完成）。因此，把 *yogi* 的 vptr 值拷贝给 *winnie* 的 vptr 是安全的。

译注：让我以下面这张图来补充说明 *yogi* 和 *winnie* 的关系：

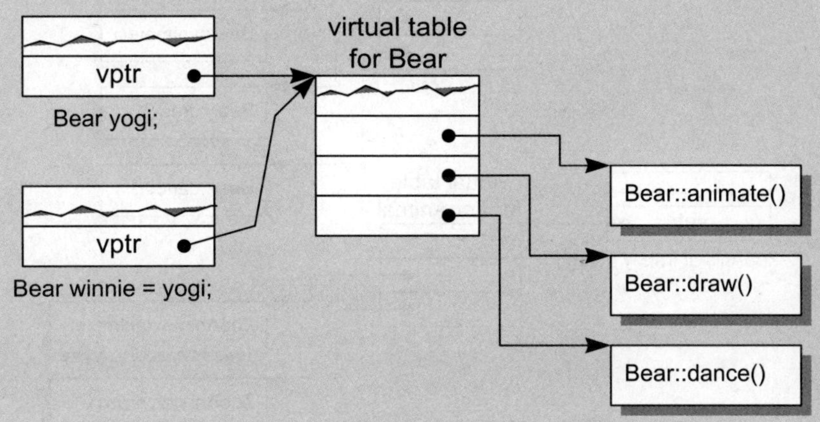

当一个 base class object 以其 derived class 的 object 内容做初始化操作时，其 vptr 复制操作也必须保证安全，例如：

```
ZooAnimal franny = yogi;  // 译注：这会发生切割（sliced）行为。
```

franny 的 vptr 不可以被设定指向 *Bear* class 的 virtual table（但如果 *yogi* 的 vptr 被直接"bitwise copy"的话，就会导致此结果），否则当下面程序片段中的 *draw()* 被调用而 *franny* 被传进去时，就会"炸毁"（blow up）[5]：

```
void draw( const ZooAnimal& zoey ) { zoey.draw(); }
void foo() {
   // franny 的 vptr 指向 ZooAnimal 的 virtual table，
   // 而非 Bear 的 virtual table（它由 yogi 的 vptr 指出）
   ZooAnimal franny = yogi;

   draw( yogi );     // 调用 Bear::draw()
   draw( franny );   // 调用 ZooAnimal::draw()
}
```

译注：让我再以下面这张图来补充说明 *yogi* 和 *franny* 的关系：

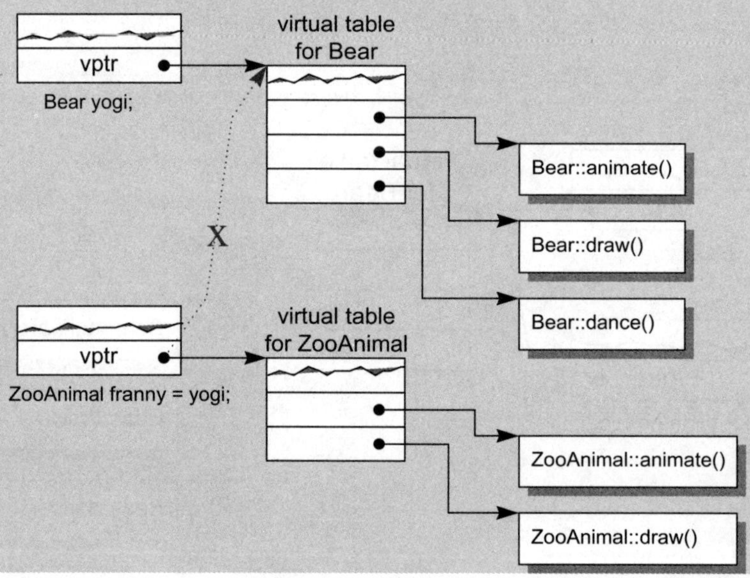

---

5 通过 *franny* 调用 virtual function *draw()*，调用的是 *ZooAnimal* 实例而非 *Bear* 实例（甚至虽然 *franny* 是以 *Bear* object *yogi* 作为初值），因为 *franny* 是一个 *ZooAnimal* object。事实上，*yogi* 中的 *Bear* 部分已经在 *franny* 初始化时被切割（sliced）掉了。如果 *franny* 被声明为一个 reference（或如果它是一个指针，而其值为 *yogi* 的地址），那么经由 *franny* 所调用的 *draw()* 才会是 *Bear* 的函数实例。这已在 1.3 节讨论过。

也就是说，合成出来的 *ZooAnimal* copy constructor 会显式设定 object 的 vptr 指向 *ZooAnimal* class 的 virtual table，而不是直接从右手边的 class object 中将其 vptr 现值拷贝过来。

处理 Virtual Base Class Subobject

Virtual base class 的存在需要特别处理。一个 class object 如果以另一个 object 作为初值，而后者有一个 virtual base class subobject，那么也会使"bitwise copy semantics"失效。

每一个编译器对于虚拟继承的支持承诺，都代表必须让"derived class object 中的 virtual base class subobject 位置"在执行期就准备妥当。维护"位置的完整性"是编译器的责任。"Bitwise copy semantics"可能会破坏这个位置，所以编译器必须在它自己合成出来的 copy constructor 中做出仲裁。举个例子，在下面的声明中，*ZooAnimal* 成为 *Raccoon* 的一个 virtual base class：

```
class Raccoon : public virtual ZooAnimal {  // 译注：raccoon，浣熊
public:
   Raccoon() { /* 设定 private data 初值 */ }
   Raccoon( int val ) { /* 设定 private data 初值 */ }
   // ...
private:
   // 所有必要的数据
};
```

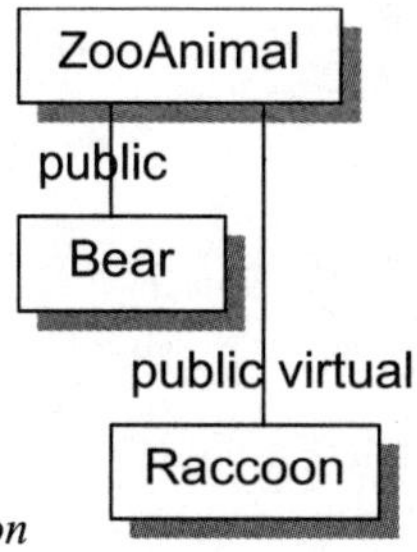

编译器所产生的代码（用以调用 *ZooAnimal* 的 default constructor、将 *Raccoon* 的 vptr 初始化，并定位出 *Raccoon* 中的 *ZooAnimal* subobject）被安插在两个 *Raccoon* constructors 之内，成为其"先头部队"。

那么"memberwise 初始化"呢？噢，一个 virtual base class 的存在会使 bitwise copy semantics 无效。再则，问题并不发生于"一个 class object 以另一个同类的 object 作为初值"之时，而是发生于"一个 class object 以其 derived classes 的某个 object 作为初值"之时。例如，让 *Raccoon* object 以一个 *RedPanda* object 作为初值，而

RedPanda 声明如下：

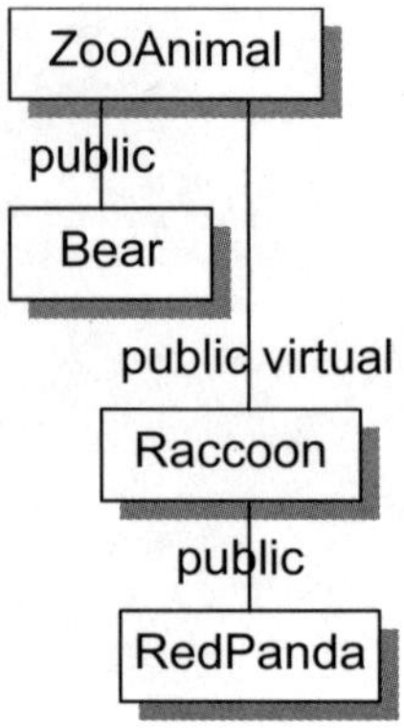


```
class RedPanda : public Raccoon { // 译注：RedPanda，大熊猫
public:
   RedPanda() { /* 设定 private data 初值 */ }
   RedPanda( int val ) { /* 设定 private data 初值 */ }
   // ...
private:
   // 所有必要的数据
};
```

我再强调一次，如果以一个 *Raccoon* object 作为另一个 *Raccoon* object 的初值，那么“bitwise copy”就绰绰有余了：

```
// 简单的 bitwise copy 就足够了
Raccoon rocky;
Raccoon little_critter = rocky;
```

然而如果企图以一个 *RedPanda* object 作为 *little_critter* 的初值，编译器必须判断“后续当程序员企图存取其 *ZooAnimal* subobject 时是否能够正确地执行”（这是一个理性的程序员所期望的）：

```
// 简单的 bitwise copy 还不够，
// 编译器必须显式地将 little_critter 的
// virtual base class pointer/offset 初始化。

RedPanda little_red;
Raccoon  little_critter = little_red;
```

在这种情况下，为了完成正确的 *little_critter* 初值设定，编译器必须合成一个 copy constructor，安插一些代码以设定 virtual base class pointer/offset 的初值（或只是简单地确定它没有被抹消），对每一个 members 执行必要的 memberwise 初始化操作，以及执行其他的内存相关工作（3.4 节对于 virtual base classes 有更详细的讨论）。

译注：让我以下面这张图来补充说明 *little_red* 和 *little_critter* 的关系：

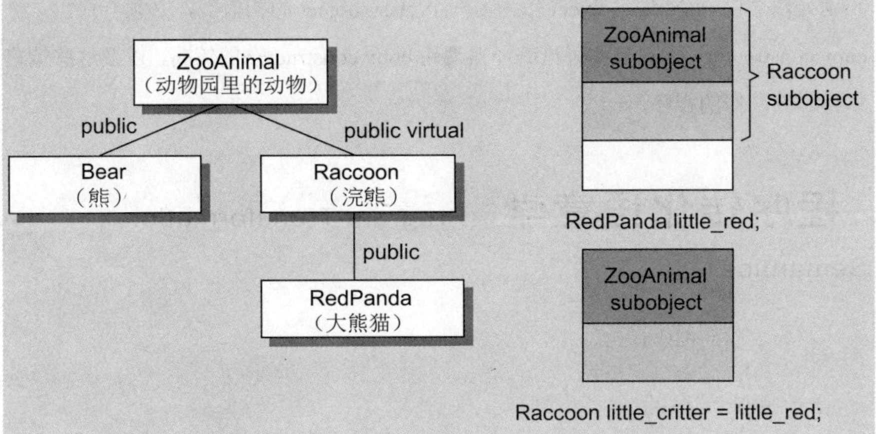

在下面的情况下，编译器无法知道“bitwise copy semantics”是否还保持着，因为它无法知道（没有流程分析）*Raccoon* 指针是否指向一个真正的 *Raccoon* object，或是指向一个 derived class object：

```
// 简单的 bitwise copy 可能够用，也可能不够
Raccoon *ptr;
Raccoon little_critter = *ptr;
```

这里有一个有趣的问题：当一个初始化操作存在并保持着“bitwise copy semantics”的状态时，如果编译器能够保证 object 有正确而相等的初始化操作，它是否应该压抑 copy constructor 的调用，以使其所产生的程序代码优化？至少在合成的 copy constructor 之下，程序副作用的可能性是零，所以优化似乎是合理的。如果 copy constructor 是由 class 设计者提供的呢？这是一个颇有争议的题目，我将在下一节结尾前讨论它。

让我做个总结：我们已经看过 4 种情况，在那些情况下 class 不再保持“bitwise copy semantics”，而且 default copy constructor 如果未被声明的话，会被视为

nontrivial。在这 4 种情况下，如果缺乏一个已声明的 copy constructor，编译器为了正确处理“以一个 class object 作为另一个 class object 的初值”，必须合成出一个 copy constructor。下一节将讨论编译器调用 copy constructor 的策略，以及这些策略如何影响我们的程序。

2.3 程序转化语意学（Program Transformation Semantics）

已知下面的程序片段：

```
#include "X.h"

X foo()
{
   X xx;
   // ...
   return xx;
}
```

一个人可能会做出以下假设：

1. 每次 *foo()*被调用，就传回 *xx* 的值。
2. 如果 class *X* 定义了一个 copy constructor，那么当 *foo()*被调用时，保证该 copy constructor 也会被调用。

第一个假设的真实性，必须视 class *X* 如何定义而定。第二个假设的真实性，虽然也部分地必须视 class *X* 如何定义而定，但最主要的还是视你的 C++编译器所提供的进取性优化层级（degree of aggressive optimization）而定。一个人甚至可以假设在一个高质量的 C++编译器中，上述两点对于 class *X* 的 nontrivial definitions 都不正确。以下小节将讨论其原因。

显式的初始化操作（Explicit Initialization）

已知有这样的定义：

```
X x0;
```

下面的三个定义，每一个都明显地以 *x0* 来初始化其 class object：

```
void foo_bar() {
   X x1( x0 );          // 译注：定义了 x1
   X x2 = x0;           // 译注：定义了 x2
   X x3 = X( x0 );      // 译注：定义了 x3
   // ...
}
```

必要的程序转化有两个阶段：

1. 重写每一个定义，其中的初始化操作会被剥除。（译注：这里所谓的“定义”是指上述的 *x1*, *x2*, *x3* 三行；在严谨的 C++用词中，“定义”是指“占用内存”的行为。）
2. class 的 copy constructor 调用操作会被安插进去。

举个例子，在明确的双阶段转化之后，*foo_bar()*可能看起来像这样：

```
// 可能的程序转换
// C++ 伪码
void foo_bar() {
   X x1;   // 译注：定义被重写，初始化操作被剥除
   X x2;   // 译注：定义被重写，初始化操作被剥除
   X x3;   // 译注：定义被重写，初始化操作被剥除

   // 编译器安插 X copy construction 的调用操作
   x1.X::X( x0 );
   x2.X::X( x0 );
   x3.X::X( x0 );
   // ...
}
```

其中的：

```
x1.X::X( x0 );
```

就表现出对以下的 copy constructor 的调用：

```
X::X( const X& xx );
```

参数的初始化（Argument Initialization）

C++ Standard（Section 8.5）说，把一个 class object 当做参数传给一个函数（或是作为一个函数的返回值），相当于以下形式的初始化操作：

```
X xx = arg;
```

其中 *xx* 代表形式参数（或返回值）而 *arg* 代表真正的参数值。因此，若已知这个函数：

```
void foo( X x0 );
```

下面这样的调用方式：

```
X xx;
// ...
foo( xx );
```

将会要求局部实例（local instance）x0 以 memberwise 的方式将 xx 当做初值。在编译器实现技术上，有一种策略是导入所谓的临时性 object，并调用 copy constructor 将它初始化，然后将此临时性 object 交给函数。例如将前一段程序代码转换如下：

```
// C++ 伪码
// 编译器产生出来的临时对象
X __temp0;

// 编译器对 copy constructor 的调用
__temp0.X::X( xx );
```

```
// 重新改写函数调用操作，以便使用上述的临时对象
foo( __temp0 );
```

然而这样的转换只做了一半功夫而已。你看出遗留问题了吗？问题出在 *foo()* 的声明上。临时性 object 先以 class *X* 的 copy constructor 正确地设定了初值，然后再以 bitwise 方式拷贝到 *x0* 这个局部实例中。噢，真讨厌，*foo()*的声明因而也必须被转化，形式参数必须从原先的一个 class *X* object 改变为一个 class *X* reference，像这样：

```
void foo( X& x0 );
```

其中 class *X* 声明了一个 destructor，它会在 *foo()*函数完成之后被调用，对付那个临时性的 object。

另一种实现方法是以“拷贝建构”（copy construct）的方式把实际参数直接建构在其应该的位置上，此位置视函数活动范围的不同，记录于程序堆栈中。在函数返回之前，局部对象（local object）的 destructor（如果有定义的话）会被执行。Borland C++编译器就是使用此法，但它也提供一个编译选项，用以指定前一种做法，以便和其早期版本兼容。

返回值的初始化（Return Value Initialization）

已知下面这个函数定义：

```
X bar()
{
   X xx;
   // 处理 xx ...
   return xx;
}
```

你可能会问 *bar()*的返回值如何从局部对象 *xx* 中拷贝过来？Stroustrup 在 cfront 中的解决做法是一个双阶段转化：

1. 首先加上一个额外参数，类型是 class object 的一个 reference。这个参数

将用来放置被“拷贝建构（copy constructed）”而得的返回值。

2. 在 *return* 指令之前安插一个 copy constructor 调用操作，以便将欲传回之 object 的内容当做上述新增参数的初值。

真正的返回值是什么？最后一个转化操作会重新改写函数，使它不传回任何值。根据这样的算法，*bar()*转换如下：

```
// 函数转换
// 以反映出 copy constructor 的应用。
// C++ 伪码
void
bar( X& __result ) // 译注：加上一个额外参数
{
   X xx;

   // 编译器所产生的 default constructor 调用操作
   xx.X::X();

   //……处理 xx

   // 编译器所产生的 copy constructor 调用操作
   __result.X::XX( xx );

   return;
}
```

现在编译器必须转换每一个 *bar()*调用操作，以反映其新定义。例如：

```
X xx = bar();
```

将被转换为下列两个指令句：

```
// 注意，不必施行 default constructor
X xx;
bar( xx );
```

而：

```
bar().memfunc(); // 译注：执行 bar() 所传回之 X class object 的 memfunc()
```

可能被转化为：

```
// 编译器所产生的临时性对象
X __temp0;
( bar( __temp0 ), __temp0 ).memfunc();
```

同理，如果程序声明了一个函数指针，像这样：

```
X ( *pf )();
pf = bar;
```

它也必须被转化为：

```
void ( *pf )( X& );
pf = bar;
```

在使用者层面做优化（Optimization at the User Level）

我相信始作俑者是 Jonathan Shopiro！他对于像 *bar()*这样一个函数，最先提出"程序员优化"的观念：定义一个"计算用"的 constructor。换句话说程序员不再写：

```
X bar( const T &y, const T &z )
{
  X xx;
  //……以 y 和 z 来处理 xx
  return xx;
}
```

那会要求 *xx* 被"memberwise"地拷贝到编译器所产生的 *__result* 之中。Jonathan 定义另一个 constructor，可以直接计算 *xx* 的值：

```
X bar( const T &y, const T &z )
{
  return X( y, z );
}
```

于是当 *bar()*的定义被转换之后，效率会比较高：

```
// C++ 伪码
void
bar( X &__result )
// 译注：上行是否应为 bar( X &__result, const T &y, const T &z )
{
   __result.X::X( y, z );
   return;
}
```

__result 被直接计算出来，而不是经由 copy constructor 拷贝而得！不过，这种解决方法受到某种批评，怕那些特殊计算用途的 constructor 可能会大量扩散。在这个层面上，class 的设计是以效率考虑居多，而不是以"支持抽象化"为优先。

在编译器层面做优化（Optimization at the Compiler Level）

在一个像 *bar()*这样的函数中，所有的 *return* 指令传回相同的具名数值（译注：named value，我想作者意指第 64 页的 *xx*），因此编译器有可能自己做优化，方法是以 *result* 参数取代 named return value。例如下面的 *bar()*定义：

```
X bar()
{
   X xx;
   //……处理 xx
   return xx;
}
```

编译器把其中的 *xx* 以*__result* 取代：

```
void
bar( X &__result )
{
   // default constructor 被调用
   // C++ 伪码
   __result.X::X();

   //……直接处理 __result

   return;
}
```

这样的编译器优化操作，有时候被称为 Named Return Value（NRV）优化，在 ARM Section 12.1.1.c（300~303 页）中有所描述。NRV 优化如今被视为标准 C++ 编译器的一个义不容辞的优化操作——虽然其需求其实超越了正式标准之外。为了对效率的改善有所感觉，请你想想下面的代码：

```
class test {
   friend test foo( double );
public:
   test()
      { memset( array, 0, 100*sizeof( double )); }
private:
   double array[ 100 ];
};
```

同时请考虑以下函数，它产生、修改并传回一个 *test* class object：

```
test
foo( double val )
{
   test local;

   local.array[ 0 ] = val;
   local.array[ 99 ] = val;

   return local;
}
```

有一个 *main()*函数调用上述 *foo()*函数 1000 万次：

```
main()
{
   for ( int cnt = 0; cnt < 10000000; cnt++ )
       { test t = foo( double( cnt ) ); }
   return 0;
}
// 译注：整个程序的意义是：重复循环 10 000 000 次，每次产生一个 test object；
// 每个 test object 配置一个拥有 100 个 double 的数组；所有的元素都设
// 初值为 0，只有#0 和#99 元素以循环计数器的值作为初值
```

这个程序的第一个版本不能实施 NRV 优化，因为 *test* class 缺少一个 copy constructor。第二个版本加上一个 inline copy constructor 如下：

```
inline
test::test( const test &t )
{
  memcpy( this, &t, sizeof( test ) );
}
// 译注，别忘了在 class test 的声明中加一个 member function 如下：
// public:
// inline test( const test &t );
```

这个 copy constructor 的出现激活了 C++编译器中的 NRV 优化。NRV 优化的执行并不通过另外独立的优化工具完成。下面是测试时间表（除了效率的改善，另一个值得注意的或许是不同编译器间的效率差异）：

Named Return Value（NRV）优化

	未实施 NRV	实施 NRV	实施 NRV + -O（译注：-O 表示优化）
CC	1:48.52	46.73	46.05
NCC	3:00.57	1:33.48	1:32.36

虽然 NRV 优化提供了重要的效率改善，但它还是饱受批评。其中一个原因是，优化由编译器默默完成，而它是否真的被完成，并不十分清楚（因为很少有编译器会说明其实现程度，或是否实现）（译注见下页）。第二个原因是，一旦函数变得比较复杂，优化也就变得比较难以施行。在 cfront 中，只有当所有的 named return 指令句发生于函数的 top level，优化才施行。如果导入“a nested local block with a return statement”，cfront 就会静静地将优化关闭。许多程序员主张像这种情况应该以“特殊化的 constructor”策略取代之。

译注：我猜或许 Microsoft Visual C++就是 Lippman 所说的那种编译器。我把前述的程序范例以 VC++ 5.0 编译后执行，在 Pentium 133，96 MB RAM 的机器上的结果如下。加上 inline copy constructor 之后，按理应实施 NRV 优化，结果效率反而较差。由于不知 Lippman 在何种硬设备上测试 CC 和 NCC，所以我的这些数据不应该拿来和上一页的测试结果比较，只宜就 NRV 的实施与未实施两种情况比较之。

Named Return Value（NRV）优化

	未实施 NRV	实施 NRV	实施 NRV + -O（译注：-O 表示优化）
VC	2:21	2:26.4	2:20.8

译注：欲得知程序所费时间，可在 *main()*的 for loop 前后调用 *printlocaltime()*，而 *printlocaltime()*可设计如下（应用了 C Runtime Library 中的时间函数）：

```
#include <stdio.h>   // for printf()
#include <time.h>    // for time() and localtime()
void printlocaltime(void)
{
struct tm  *timeptr;
time_t     secsnow;

  time(&secsnow);
  timeptr = localtime(&secsnow);
  printf("The date is %d-%d-19%02d\n", // 进入 21 世纪，这招就不行了☺
        (timeptr->tm_mon) + 1,
        (timeptr->tm_mday),
        (timeptr->tm_year));

  printf("Local time is %02d:%02d:%02d\n",
        timeptr->tm_hour,
        timeptr->tm_min,
        timeptr->tm_sec );
}
```

上述两个批评主要关心的是编译器可能在施行优化时失败。第三个批评则是从相反的方向出发。某些程序员真的不喜欢应用程序被优化，你知道他们抱怨什么吗？想象你已经摆好了你的 copy constructor 的阵势，使你的程序“以 copying 方式产生出一个 object 时”，对称地调用 destructor，例如：

```
void foo()
{
   // 这里希望有一个 copy constructor
   X xx = bar();
   // ...
   // 这里调用 destructor
}
```

在此情况下，对称性被优化给打破了；程序虽然比较快，却是错误的。难道编译器因为压抑了 copy constructor 的调用而在这里出毛病吗？也就是说，难道 copy constructor 在“object 是经由 copy 而完成其初始化”的情况下，一定要被调用吗？

这样的需求在许多程序中可能会被征以严格的“效率税”。例如，虽然下面三个初始化操作在语意上相等：

```
X xx0( 1024 );
X xx1 = X( 1024 );
X xx2 = ( X ) 1024;
```

但是在第二行和第三行中，语法明显地提供了两个步骤的初始化操作：

1. 将一个临时性的 object 设以初值 1024；
2. 将临时性的 object 以拷贝构造的方式作为 explicit object 的初值。

换句话说，*xx0* 是被单一的 constructor 操作设定初值：

```
// C++ 伪码
xx0.X::X( 1024 );
```

而 *xx1* 或 *xx2* 却调用两个 constructor，产生一个临时性 object，并针对该临时性 object

调用 class *X* 的 destructor：

```
// C++ 伪码
X __temp0;
__temp0.X::X( 1024 );
xx1.X::X( __temp0 );
__temp0.X::~X();
```

C++标准委员会已经讨论过“剔除 copy constructor 调用操作”的合法性。在我下笔之际，委员会还没有最后的决议。然而，依照 Josee Lajoie（委员会副主席，同时也是 Core Language group 主席）的看法，NRV 优化非常重要，不应该驳回。很明显这项讨论已经逐渐导致多少带点神秘气息的两种情况：是否 copy constructor 的剔除在“拷贝 static object 和 local object”时也应该成立？例如，已知下面的程序片段：

```
Thing outer;
{
   //可以不考虑 inner 吗？
   Thing inner( outer );
}
```

inner 应该从 *outer* 中拷贝构造起来，或是 *inner* 可以简单地被忽略？这样的问题可以很类似地套问在有关 static extern objects 拷贝构造操作身上。依照 Josee 的看法，要消除 static objects 的 copy constructor，几乎可确定是不被允许的。至于 automatic objects（如 *inner*），则尚未决议。

一般而言，面对“以一个 class object 作为另一个 class object 的初值”的情形，语言允许编译器有大量的自由发挥空间。其利益当然是导致机器码产生时有明显的效率提升。缺点则是你不能够安全地规划你的 copy constructor 的副作用，必须视其执行而定。

Copy Constructor：要还是不要？

已知下面的 3D 坐标点类：

```
class Point3d {
public:
  Point3d( float x, float y, float z );
  // ...
private:
  float _x, _y, _z;
};
```

这个 class 的设计者应该提供一个 explicit copy constructor 吗？

上述 class 的 default copy constructor 被视为 trivial。它既没有任何 member（或 base）class objects 带有 copy constructor，也没任何的 virtual base class 或 virtual function。所以，默认情况下，一个 *Point3d* class object 的“memberwise”初始化操作会导致“bitwise copy”。这样的效率很高，但安全吗？

答案是 yes。三个坐标成员是以数值来存储的。bitwise copy 既不会导致 memory leak，也不会产生 address aliasing。因此，它既快速，又安全。

那么，这个 class 的设计者应该提供一个 explicit copy constructor 吗？你将如何回答这个问题？答案当然很明显是 no。没有任何理由要你提供一个 copy constructor 函数实例，因为编译器自动为你实施了最好的行为。比较难以回答的是，如果你被问及是否预见 class 需要大量的 memberwise 初始化操作，例如以传值（by value）的方式传回 objects？如果答案是 yes，那么提供一个 copy constructor 的 explicit inline 函数实例就非常合理——在“你的编译器提供 NRV 优化”的前提下。

例如，*Point3d* 支持下面一组函数：

```
Point3d operator+( const Point3d&, const Point3d& );
Point3d operator-( const Point3d&, const Point3d& );
Point3d operator*( const Point3d&, int );
...
```

所有那些函数都能够良好地符合 NRV template：

```
{
  Point3d result;
  // 计算 result
  return result;
}
```

实现 copy constructor 的最简单方法像这样：

```
Point3d::Point3d( const Point3d &rhs )
{
  _x = rhs._x;
  _y = rhs._y;
  _z = rhs._z;
};
```

这没问题，但使用 C++ library 的 *memcpy()*会更有效率：

```
Point3d::Point3d( const Point3d &rhs )
{
  memcpy( this, &rhs, sizeof( Point3d ) );
};
```

然而不管使用 *memcpy()*还是 *memset()*，都只有在“classes 不含任何由编译器产生的内部 members”时才能有效运行。如果 *Point3d* class 声明一个或一个以上的 virtual functions，或内含一个 virtual base class，那么使用上述函数将会导致那些“被编译器产生的内部 members”的初值被改写。例如，已知下面的声明：

```
class Shape {
public:
  // 喔欧：这会改变内部的 vptr
  Shape() { memset( this, 0, sizeof( Shape ) ); }
  virtual ~Shape();
  // ...
}
```

编译器为此 constructor 扩张的内容看起来像这样：

```
// 扩张后的 constructor
// C++ 伪码
Shape::Shape()
{
   // vptr 必须在使用者的代码执行之前先设定妥当
   __vptr__Shape = __vtbl__Shape;

   // 喔欧：memset 会将 vptr 清为 0
   memset( this, 0, sizeof( Shape ) );
};
```

如你所见，若要正确使用 *memset()*和 *memcpy()*，则需要掌握某些 C++ Object Model 的语意学知识！

摘要

copy constructor 的应用，迫使编译器多多少少对你的程序代码做部分转化。尤其是当一个函数以传值（by value）的方式传回一个 class object，而该 class 有一个 copy constructor（不论是显式定义出来的，或是合成的）时。这将导致深奥的程序转化——不论在函数的定义上还是在使用上。此外，编译器也将 copy constructor 的调用操作优化，以一个额外的第一参数（数值被直接存放于其中）取代 NRV。程序员如果了解那些转换，以及 copy constructor 优化后的可能状态，就比较能够控制其程序的执行效率。

2.4 成员们的初始化队伍（Member Initialization List）

当你写下一个 constructor 时，就有机会设定 class members 的初值。要不是经由 member initialization list，就是在 constructor 函数本体之内。除了 4 种情况，你的任何选择其实都差不多。

本节之中，我首先要澄清何时使用 initialization list 才有意义，然后解释 list 内部的真正操作是什么，然后我们再来看看一些微妙的陷阱。

在下列情况下，为了让你的程序能够被顺利编译，你必须使用 member initialization list：

1. 当初始化一个 reference member 时；

2. 当初始化一个 const member 时；

3. 当调用一个 base class 的 constructor，而它拥有一组参数时；

4. 当调用一个 member class 的 constructor，而它拥有一组参数时。

在这 4 种情况下，程序可以被正确编译并执行，但是效率不高。例如：

```
class Word {
  String _name;
  int    _cnt;
public:
  // 没有错误，只不过太天真……
  Word() {
    _name = 0;
    _cnt = 0;
  }
};
```

在这里，*Word* constructor 会先产生一个临时性的 *String* object，然后将它初始化，之后以一个 assignment 运算符将临时性 object 指定给 *_name*，随后再摧毁那个临时性 object。这是故意的吗？不大可能。编译器会产生一个警告吗？我不知道！以下是 constructor 可能的内部扩张结果：

```
// C++ 伪码
Word::Word( /* this pointer goes here */ )
{
  // 调用 String 的 default constructor
  _name.String::String();

  // 产生临时性对象
  String temp = String( 0 );

  // "memberwise" 地拷贝 _name
  _name.String::operator=( temp );

  //摧毁临时性对象
  temp.String::~String();

  _cnt = 0;
}
```

对代码反复审查并修正，得到一个明显更有效率的实现方法：

```
// 较佳的方式
Word::Word : _name( 0 )
{
   _cnt = 0;
}
```

它会被扩张成这个样子：

```
// C++ 伪码
Word::Word( /* this pointer goes here */ )
{
   // 调用 String( int ) constructor
   _name.String::String( 0 );
   _cnt = 0;
}
```

顺带一提，陷阱最有可能发生在这种形式的 template code 中：

```
template < class type >
foo< type >::foo( type t )
{
   // 可能是（也可能不是）个好主意
   // 视 type 的真正类型而定
   _t = t;
}
```

这会引导某些程序员十分积极进取地坚持所有的 member 初始化操作必须在 member initialization list 中完成，甚至即使是一个行为良好的 member，如 *_cnt*：

```
// 坚持此种编码风格
Word::Word()
   : _cnt( 0 ), _name( 0 )
{ }
```

在这里我们不禁要提出一个合理的问题：member initialization list 中到底会发生什么事情？许多 C++新手对于 list 的语法感到迷惑，他们误以为它是一组函数调用。当然它不是！

编译器会一一操作 initialization list，以适当顺序在 constructor 之内安插初始化操作，并且在任何 explicit user code 之前。例如，先前的 *Word* constructor 被扩充为：

```
// C++ 伪码
Word::Word( /* this pointer goes here */ )
{
   _name.String::String( 0 );
   _cnt = 0;
}
```

嗯……嗯，它看起来很像是在 constructor 中指定 *_cnt* 的值。事实上，有一些微妙的地方要注意：list 中的项目顺序是由 class 中的 members 声明顺序决定的，不是由 initialization list 中的排列顺序决定的。在本例的 *Word* class 中，*_name* 被声明于 *_cnt* 之前，所以它的初始化也比较早。

"初始化顺序"和"initialization list 中的项目排列顺序"之间的外观错乱，会导致下面意想不到的危险：

```
class X {
   int i;
   int j;
public:
   // 喔欧，你看出问题了吗？（译注）
   X( int val )
      : j( val ), i( j )
   { }
   ...
};
```

译注：上述程序代码看起来像是要把 *j* 设初值为 *val*，再把 *i* 设初值为 *j*。问题在于，由于声明顺序的缘故，initialization list 中的 *i*(*j*)其实比 *j*(*val*)更早执行。但因为 *j* 一开始未有初值，所以 *i* (*j*) 的执行结果导致 *i* 无法预知其值。稍后我会列出一个完整的范例。

这个“臭虫”的困难度在于它很不容易被观察出来。编译器应该发出一个警告消息，但是到目前为止我只知道有一个编译器（g++，GNU C++编译器[6]）做到了这一点。我建议你总是把一个 member 的初始化操作和另一个放在一起（如果你真觉得必要的话），放在 constructor 之内，像下面这样：

```
// 比较受到喜爱的方式
X::X( int val )
   : j( val )
{
i = j;
}
```

译注：现在我把有陷阱的写法和更改后的写法放到一个程序去，检验其结果：

```
#include <stdio.h>

class X {
public:
   int i;
   int j;
public:
   // 喔欧，你看出问题了吗？
   X( int val )
      : j( val ), i( j )  // 有陷阱的写法
   { }
};

class Y {
public:
   int i;
   int j;
public:
   Y( int val )
     : j( val )
   { i = j; }     // 修改后的写法
};

```

6 不幸的是，写出这个警告消息的人告诉我，在看过上述一小段文字（首次出现在我所主持的 ***C++ Report*** 专栏）之前，他的团队中没有人了解那个警告消息的真正意义。

```
main()
{
X x(3);
Y y(5);

    printf("x.i = %d  x.j = %d \n", x.i, x.j);
    printf("y.i = %d  y.j = %d \n", y.i, y.j);

    return 0;
}
```

执行结果如下：

```
F:\lippman\prog\inilist.02>inilist
x.i = -2124198216  x.j = 3
y.i = 5  y.j = 5
```

果然 x.i 的值不是我们所期望的 3。

这里还有一个有趣的问题，initialization list 中的项目被安插到 constructor 中，会继续保存声明顺序吗？也就是说，已知：

```
// 一个有趣的问题：
X::X( int val )
   : j( val )
{
   i = j;
}
```

j 的初始化操作会被安插在 explicit user assignment 操作（*i* = *j*）之前还是之后？如果声明顺序继续被保存，则这份代码大大不妙（译注：因为势必要先将 *i* 初始化，再将 *j* 初始化）。然而这份代码其实是正确的，因为 initialization list 的项目被放在 explicit user code 之前。

另一个常见的问题是，你是否能够像下面这样，调用一个 member function 以设定一个 member 的初值：

```
// X::xfoo()被调用，这样好吗？
X::X( int val )
   : i( xfoo( val ) ), j( val )
{ }
```

其中 *xfoo()*是 *X* 的一个 member function。答案是 yes，但是……唔……之所以加上“但是”，是因为我要给你一个忠告：请使用“存在于 constructor 体内的一个 member”，而不要使用“存在于 member initialization list 中的 member”，来为另一个 member 设定初值。你并不知道 *xfoo()*对 *X* object 的依赖性有多高，如果你把 *xfoo()*放在 constructor 体内，那么对于“到底是哪一个 member 在 *xfoo()*执行时被设立初值”这件事，就可以确保不会发生模棱两可的情况。

Member function 的使用是合法的（当然，我们必须不考虑它所用到的 members 是否已初始化），这是因为和此 object 相关的 **this** 指针已经被建构妥当，而 constructor 大约被扩充为：

```
// C++ 伪码：constructor 被扩充后的结果
X::X( /* this pointer, */ int val )
{
   i = this->xfoo( val );
   j = val;
}
```

最后，如果一个 derived class member function 被调用，其返回值被当做 base class constructor 的一个参数，将会如何：

```
// 调用 FooBar::fval() 可以吗？
class FooBar : public X {          // 译注：base class 是 X
   int _fval;
public:
   int fval() { return _fval; } // 译注：derived class member function
   FooBar( int val )
      : _fval( val ),
        X( fval() )    // 译注：fval()作为 base class constructor 的参数
   { }
   ...
};
```

你认为如何？这是一个好主意吗？下面是它可能的扩张结果：

```
// C++ 伪码
FooBar::FooBar( /* this pointer goes here */ )
{
   // 喔欧：实在不是一个好主意

   X::X( this, this->fval() );
   _fval = val;
};
```

它的确不是一个好主意(后续数章对于 base class 和 virtual base class 在 member initialization list 中的初始化程序会有比较详细的说明）。

简略地说，编译器会对 initialization list 一一处理并可能重新排序，以反映出 members 的声明顺序。它会安插一些代码到 constructor 体内，并置于任何 explicit user code 之前。

第 3 章

Data 语意学
（The Semantics of Data）

前些时候我收到一封来自法国的电子邮件，发信人似乎有些迷惘，也有些烦乱。他志愿（要不就是被选派）为他的项目团队提供一个“永恒的” library。在做准备工作的时候，他写出以下的代码并打印出它们的 *sizeof* 结果：

```
class X { };
class Y : public virtual X { };
class Z : public virtual X { };
class A : public Y, public Z { };
```

译注：X、Y、Z、A 的继承关系如下图所示：

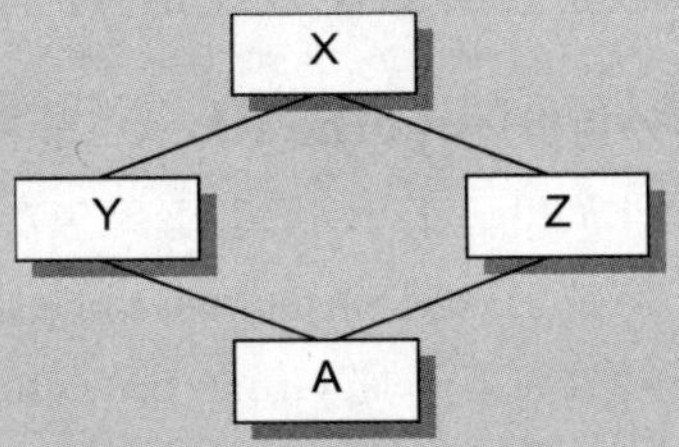

上述 *X*、*Y*、*Z*、*A* 中没有任何一个 class 内含明显的数据，其间只表示了继承关系。所以发信者认为每一个 class 的大小都应该是 0。当然不对！即使是 class *X* 的大小也不为 0：

```
sizeof X 的结果为 1
sizeof Y 的结果为 8
sizeof Z 的结果为 8
sizeof A 的结果为 12
```

译注：以下是我在 Visual C++ 5.0 上的执行结果

```
sizeof X 的结果为 1
sizeof Y 的结果为 4
sizeof Z 的结果为 4
sizeof A 的结果为 8
```

原因将在第 86 页的译注和第 87 页的正文中解释

让我们依序看看每一个 class 的声明，并看看它们为什么获得上述结果。

一个空的 class 如：

```
// sizeof X == 1
class X { };
```

事实上并不是空的，它有一个隐藏的 1 byte 大小，那是被编译器安插进去的一个 char。这使得这一 class 的两个 objects 得以在内存中配置独一无二的地址：

```
X a, b;
if (&a == &b) cerr << "yipes!" << endl;
```

令来信读者感到惊讶和沮丧的，我怀疑是 *Y* 和 *Z* 的 *sizeof* 结果：

```
// sizeof Y == sizeof Z == 8
class Y : public virtual X { };
class Z : public virtual X { };
```

在来信者的机器上，*Y* 和 *Z* 的大小都是 8。这个大小和机器有关，也和编译器有关。事实上 *Y* 和 *Z* 的大小受到三个因素的影响：

1. **语言本身所造成的额外负担（overhead）** 当语言支持 virtual base classes 时，就会导致一些额外负担。在 derived class 中，这个额外负担反映在某种形式的指针身上，它或者指向 virtual base class subobject，或者指向一个相关表格；表格中存放的若不是 virtual base class subobject 的地址，就是其偏移位置（offset）。在来信者的机器上，指针是 4 bytes（我将在 3.4

节讨论 virtual base class）。

2. **编译器对于特殊情况所提供的优化处理**　Virtual base class *X* subobject 的 1 bytes 大小也出现在 class *Y* 和 *Z* 身上。传统上它被放在 derived class 的固定（不变动）部分的尾端。某些编译器会对 empty virtual base class 提供特殊支持（以下第三点之后的一段文字对此有比较详细的讨论）。来信读者所使用的编译器，显然并未提供这项特殊处理。

3. **Alignment 的限制**　class *Y* 和 *Z* 的大小截至目前为 5 bytes。在大部分机器上，聚合的结构体大小会受到 alignment 的限制，使它们能够更有效率地在内存中被存取。在来信读者的机器上，alignment 是 4 bytes，所以 class *Y* 和 *Z* 必须填补 3 bytes。最终得到的结果就是 8 bytes。

> 译注：alignment 就是将数值调整到某数的整数倍。在 32 位计算机上，通常 alignment 为 4 bytes（32 位），以使 bus 的"运输量"达到最高效率。

译注：我以下图表现上述的 *X*、*Y*、*Z* 对象布局

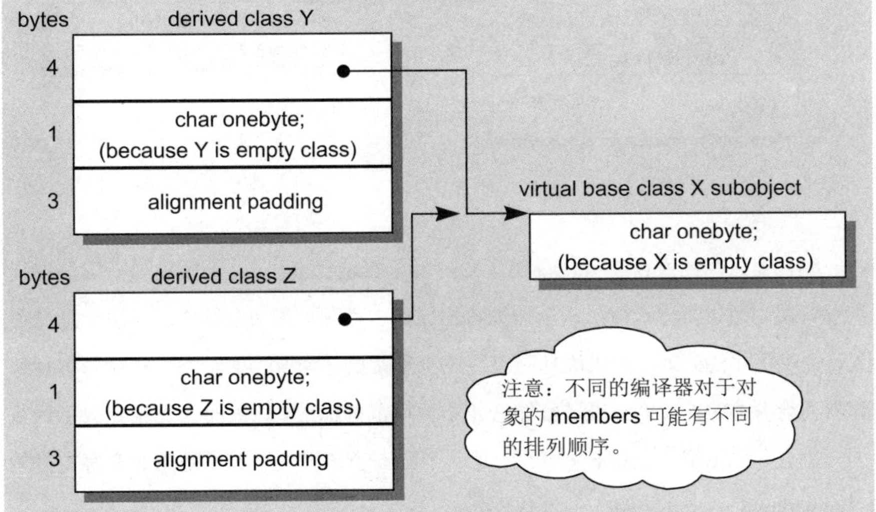

Empty virtual base class 已经成为 C++ OO 设计的一个特有术语了。它提供一个 virtual interface，没有定义任何数据。某些新近的编译器（译注）对此提供了特殊处理（请看[SUN94a]）。在这个策略之下，一个 empty virtual base class 被视为 derived class object 最开头的一部分，也就是说它并没有花费任何的额外空间。这就节省了上述第 2 点的 1 bytes（译注：因为既然有了 members，就不需要原本为了 empty class 而安插的一个 char），也就不再需要第 3 点所说的 3 bytes 的填补。只剩下第 1 点所说的额外负担。在此模型下，*Y* 和 *Z* 的大小都是 4 而不是 8。

译注：Visual C++就是上述这一类型的编译器。我以下图来表现 Visual C++ 对于 class *X*、*Y*、*Z* 的对象布局：

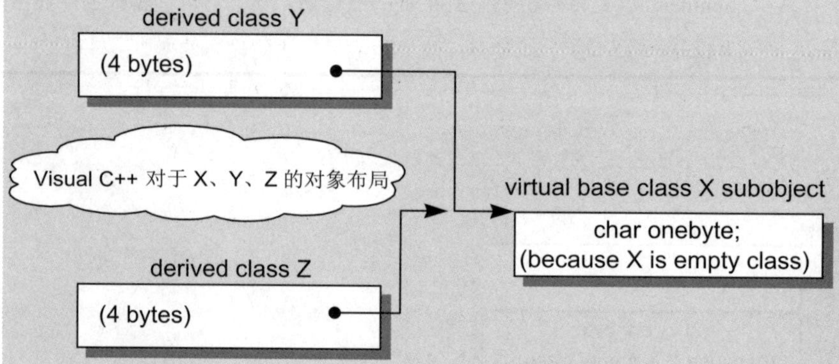

编译器之间的潜在差异正说明了 C++对象模型的演化。这个模型为一般情况提供了解决之道。当特殊情况逐渐被挖掘出来时，种种启发（尝试错误）法于是被引入，提供优化的处理。如果成功，启发法于是就提升为普遍的策略，并跨越各种编译器而合并。它被视为标准（虽然它并不被规范为标准），久而久之也就成了语言的一部分。Virtual function table 就是一个好例子，另一个例子是第 2 章讨论过的“named return value（NRV）优化”。

那么，你期望 class *A* 的大小是什么呢？很明显，某种程度上必须视你所使用的编译器而定。首先，请你考虑那种并未特别处理 empty virtual base class 的编译器。如果我们忘记 *Y* 和 *Z* 都是“虚拟派生”自 class *X*，我们可能会回答 16，毕竟 *Y* 和 *Z* 的大小都是 8。然而当我们对 class *A* 施以 *sizeof* 运算符时，得到的答案竟然是 12。到底是怎么回事呢？

记住，一个 virtual base class subobject 只会在 derived class 中存在一份实例，不管它在 class 继承体系中出现了多少次！class *A* 的大小由下列几点决定：

- 被大家共享的唯一一个 class *X* 实例，大小为 1 byte。
- Base class *Y* 的大小，减去“因 virtual base class *X* 而配置”的大小，结果是 4 bytes。Base class *Z* 的算法亦同。加起来是 8 bytes。
- class *A* 自己的大小：0 byte。
- class *A* 的 alignment 数量（如果有的话）。前述三项总和，表示调整前的大小是 9 bytes。class *A* 必须调整至 4 bytes 边界，所以需要填补 3 bytes。结果是 12 bytes。

现在如果我们考虑那种“特别对 empty virtual base class 做了处理”的编译器呢？一如前述，class *X* 实例的那 1 byte 将被拿掉，于是额外的 3 bytes 填补额也不必了，因此 class *A* 的大小将是 8 bytes。注意，如果我们在 virtual base class *X* 中放置一个（以上）的 data members，两种编译器（“有特殊处理”者和“没有特殊处理”者）就会产生出完全相同的对象布局。

C++ Standard 并不强制规定如“base class subobjects 的排列顺序”或“不同存取层级的 data members 的排列顺序”这种琐碎细节。它也不规定 virtual functions 或 virtual base classes 的实现细节。C++ Standard 只说：那些细节由各家厂商自定。我在本章以及书中其他各处，都会区分“C++ Standard”和“目前的 C++实现标准”两种讨论。

在这一章中，class 的 data members 以及 class hierarchy 是中心议题。一个 class 的 data members，一般而言，可以表现这个 class 在程序执行时的某种状态。Nonstatic data members 放置的是“个别的 class object”感兴趣的数据，static data members 则放置的是“整个 class”感兴趣的数据。

C++对象模型尽量以空间优化和存取速度优化的考虑来表现 nonstatic data members，并且保持和 C 语言 struct 数据配置的兼容性。它把数据直接存放在每一个 class object 之中。对于继承而来的 nonstatic data members（不管是 virtual 还是 nonvirtual base class）也是如此。不过并没有强制定义其间的排列顺序。至于 static data members，则被放置在程序的一个 global data segment 中，不会影响个别的 class object 的大小。在程序之中，不管该 class 被产生出多少个 objects（经由直接产生或间接派生），static data members 永远只存在一份实例（译注：甚至即使该 class 没有任何 object 实例，其 static data members 也已存在）。但是一个 template class 的 static data members 的行为稍有不同，7.1 节有详细的讨论。

每一个 class object 因此必须有足够的大小以容纳它所有的 nonstatic data members。有时候其值可能令你吃惊（如那位法国来信者），因为它可能比你想象的还大，原因是：

1. 由编译器自动加上的额外 data members，用以支持某些语言特性（主要是各种 virtual 特性）。
2. 因为 alignment（边界调整）的需要。

3.1 Data Member 的绑定（The Binding of a Data Member）

考虑下面这段程序代码：

```
// 某个 foo.h 头文件，从某处含入
extern float x;
```

```
// 程序员的 Point3d.h 文件
class Point3d
{
public:
    Point3d( float, float, float );
    // 问题：被传回和被设定的 x 是哪一个 x 呢？
    float X() const { return x; }
    void X( float new_x ) const { x =  new_x; }
    // ...
private:
    float x, y, z;
};
```

如果我问你 *Point3d::X()*传回哪一个 *x*？是 class 内部那个 *x*，还是外部（extern）那个 *x*？今天每个人都会回答我是内部那一个。这个答案是正确的，但并不是从过去以来一直都正确！

在 C++最早的编译器上，如果在 *Point3d::X()*的两个函数实例中对 *x* 做出参阅（取用）操作，该操作将会指向 global *x* object！这样的绑定结果几乎普遍地不在大家的预期之中，并因此导出早期 C++的两种防御性程序设计风格：

1. 把所有的 data members 放在 class 声明起头处，以确保正确的绑定：

```
class Point3d
{
    // 防御性程序设计风格 #1
    // 在 class 声明起头处先放置所有 data member
    float x, y, z;
public:
    float X() const { return x; }
    // ... etc. ...
};
```

2. 把所有的 inline functions，不管大小都放在 class 声明之外：

```
class Point3d
{
public:
    // 防御性程序设计风格 #2
    // 把所有的 inlines 都移到 class 之外
    Point3d();
```

```
    float X() const;
    void X( float ) const;
    // ... etc. ...
};

inline float
Point3d::
X() const
{
    return x;
}

// ... etc. ...
```

这些程序设计风格事实上到今天还存在，虽然它们的必要性自从 C++ 2.0 之后（伴随着 ***C++ Reference Manual*** 的修订）就消失了。这个古老的语言规则被称为“member rewriting rule”，大意是“一个 inline 函数实体，在整个 class 声明未被完全看见之前，是不会被评估求值（evaluated）的”。C++ Standard 以“member scope resolution rules”来精炼这个“rewriting rule”，其效果是，如果一个 inline 函数在 class 声明之后立刻被定义的话，那么就还是对其评估求值（evaluate）。也就是说，当一个人写下以下这样的代码：

```
extern int x;

class Point3d
{
public:
    ...
    // 对于函数本体的分析将延迟，直至
    // class 声明的右大括号出现才开始。
    float X() const { return x; }
    // ...
private:
    float x;
    ...
};

// 事实上，分析在这里进行
```

时，对 member functions 本体的分析，会直到整个 class 的声明都出现了才开始。因此在一个 inline member function 躯体之内的一个 data member 绑定操作，会在整个 class 声明完成之后才发生。

然而，这对于 member function 的 argument list 并不为真。Argument list 中的名称还是会在它们第一次遭遇时被适当地决议(resolved)完成。因此在 extern 和 nested type names 之间的非直觉绑定操作还是会发生。例如在下面的程序片段中，*length* 的类型在两个 member function signatures 中都决议（resolve）为 global typedef，也就是 int。当后续再有 *length* 的 nested typedef 声明出现时，C++ Standard 就把稍早的绑定标示为非法：

```
typedef int length;

class Point3d
{
public:
    // 喔欧： length 被决议（resolved）为 global
    // 没问题： _val 被决议（resolved）为 Point3d::_val
    void mumble( length val ) { _val = val; }
    length mumble() { return _val; }
    // ...

private:
    // length 必须在“本 class 对它的第一个参考操作”之前被看见。
    // 这样的声明将使先前的参考操作不合法。
    typedef float length;
    length _val;
    // ...
};
```

上述这个语言状况，仍然需要某种防御性程序风格：请总是把“nested type 声明”放在 class 的起始处。在上述例子中，如果把 *length* 的 nested typedef 定义于“在 class 中被参考”之前，就可以确保非直觉绑定的正确性。

3.2 Data Member 的布局（Data Member Layout）

已知下面一组 data members：

```
class Point3d {
public:
    // ...
private:
    float x;
    static List<Point3d*> *freeList;
    float y;
    static const int chunkSize = 250;
    float z;
};
```

Nonstatic data members 在 class object 中的排列顺序将和其被声明的顺序一样，任何中间介入的 static data members 如 *freeList* 和 *chunkSize* 都不会被放进对象布局之中。在上述例子里，每一个 *Point3d* 对象是由三个 float 组成的，顺序是 *x*、*y*、*z*。static data members 存放在程序的 data segment 中，和个别的 class objects 无关。

C++ Standard 要求，在同一个 access section（也就是 private、public、protected 等区段）中，members 的排列只需符合“较晚出现的 members 在 class object 中有较高的地址”这一条件即可（请看 C++ Standard 9.2 节）。也就是说，各个 members 并不一定得连续排列。什么东西可能会介于被声明的 members 之间呢？members 的边界调整（alignment）可能就需要填补一些 bytes。对于 C 和 C++而言这的确是真的，对目前的 C++编译器实现情况而言，这也是真的。

编译器还可能会合成一些内部使用的 data members，以支持整个对象模型。vptr 就是这样的东西，目前所有的编译器都把它安插在每一个“内含 virtual function 之 class”的 object 内。vptr 会被放在什么位置呢？传统上它被放在所有显式声明的 members 的最后。不过如今也有一些编译器把 vptr 放在一个 class object 的最前端。C++ Standard 秉承先前所说的“对于布局所持的放任态度”，允许编译器把那些内部产生出来的 members 自由地放在任何位置上，甚至放在那些被程序员声明出来的 members 之间。

C++ Standard 也允许编译器将多个 access sections 之中的 data members 自由排列，不必在乎它们出现在 class 声明中的顺序。也就是说，下面这样的声明：

```
class Point3d {
public:
    // ...
private:
    float x;
    static List<Point3d*> *freeList;
private:
    float y;
    static const int chunkSize = 250;
private:
    float z;
};
```

其 class object 的大小和组成都和我们先前声明的那个相同，但是 members 的排列顺序则视编译器而定。编译器可以随意把 *y* 或 *z* 或其他什么东西放在第一个，不过据我所知，目前没有任何编译器会这么做。

目前各家编译器都是把一个以上的 access sections 连锁在一起，依照声明的顺序，成为一个连续区块。Access sections 的多寡并不会招来额外负担。例如在一个 section 中声明 8 个 members，或是在 8 个 sections 中总共声明 8 个 members，得到的 object 大小是一样的。

下面这个 template function，接受两个 data members，然后判断谁先出现在 class object 之中。如果两个 members 都是不同的 access sections 中的第一个被声明者，此函数就可以用来判断哪一个 section 先出现（如果你对 class member 的指针并不熟悉，请参考 3.6 节）：

```
template< class class_type,
          class data_type1,
          class data_type2 >
char*
access_order(
   data_type1 class_type::*mem1,
   data_type2 class_type::*mem2 )
{
   assert (mem1 != mem2 );
   return
      mem1 < mem2
         ? "member 1 occurs first"
         : "member 2 occurs first";
}
```

上述函数可以这样被调用：

```
access_order( &Point3d::z, &Point3d::y);
```

于是 *class_type* 会被绑定为 *Point3d*，而 *data_type1* 和 *data_type2* 会被绑定为 float。

3.3 Data Member 的存取

已知下面这段程序代码：

```
Point3d origin;
origin.x = 0.0;
```

你可能会问 *x* 的存取成本是什么？答案视 *x* 和 *Point3d* 如何声明而定。*x* 可能是个 static member，也可能是个 nonstatic member。*Point3d* 可能是个独立（非派生）的 class，也可能是从另一个单一的 base class 派生而来；虽然可能性不高，但它甚至可能是从多重继承或虚拟继承而来的。下面几节将依次检验每一种可能性。

在开始之前，让我先抛出一个问题。如果我们有两个定义，*origin* 和 *pt*：

```
Point3d origin, *pt = &origin;
```

我用它们来存取 data members，像这样：

```
origin.x = 0.0;
pt->x = 0.0;
```

通过 *origin* 存取，和通过 *pt* 存取，有什么重大差异吗？如果你的回答是 yes，请你从 class *Point3d* 和 data member *x* 的角度来说明差异的发生因素。我会在这一节结束前重返这个问题并提出我的答案。

Static Data Members

Static data members，按其字面意义，被编译器提出于 class 之外，一如我在 1.1 节所说，并被视为一个 global 变量（但只在 class 生命范围之内可见）。每一个 member 的存取许可（译注：private、protected 或 public），以及与 class 的关联，并不会招致任何空间上或执行时间上的额外负担——不论是在个别的 class objects 还是在 static data member 本身。

每一个 static data member 只有一个实例，存放在程序的 data segment 之中。每次程序参阅（取用）static member 时，就会被内部转化为对该唯一 extern 实例的直接参考操作。例如：

```
// origin.chunkSize == 250;
Point3d::chunkSize == 250;          // 译注：我想作者的意思可能是要说
                                    //  Point3d::chunkSize = 250;

// pt->chunkSize == 250;
Point3d::chunkSize == 250;          // 译注：我想作者的意思可能是要说
                                    //  Point3d::chunkSize = 250;
```

从指令执行的观点来看，这是 C++语言中"通过一个指针和通过一个对象来存取 member，结论完全相同"的唯一一种情况。这是因为"经由 member selection operators（译注：也就是"."运算符）对一个 static data member 进行存取操作"只是文法上的一种便宜行事而已。member 其实并不在 class object 之中，因此存取 static members 并不需要通过 class object。

但如果 *chunkSize* 是一个从复杂继承关系中继承而来的 member，又当如何？或许它是一个“virtual base class 的 virtual base class”（或其他同等复杂的继承结构）的 member 也说不定。哦，那无关紧要，程序之中对于 static members 还是只有唯一一个实例，而其存取路径仍然是那么直接。

如果 static data member 是经由函数调用，或其他某些语法而被存取呢？举个例子，如果我们写：

```
foobar().chunkSize == 250;       // 译注：我想作者的意思可能是要说
                                 //  foobar().chunkSize = 250;
```

调用 *foobar()*会发生什么事情？在 C++的准标准（pre-Standard）规格中，没有人知道会发生什么事，因为 ARM 并未指定 *foobar()*是否必须被求值（evaluated）。cfront 的做法是简单地把它丢掉。但 C++ Standard 明确要求 *foobar()*必须被求值（evaluated），虽然其结果并无用处。下面是一种可能的转化：

```
// foobar().chunkSize == 250;  // 译注：我想作者的意思是要说
                               // foobar().chunkSize = 250;

// evaluate expression, discarding result
(void) foobar();
Point3d.chunkSize == 250;      // 译注：我想作者的意思是要说
                               // Point3d.chunkSize = 250;
```

若取一个 static data member 的地址，会得到一个指向其数据类型的指针，而不是一个指向其 class member 的指针，因为 static member 并不内含在一个 class object 之中。例如：

```
&Point3d::chunkSize;
```

会获得类型如下的内存地址：

```
const int*
```

如果有两个 classes，每一个都声明了一个 static member *freeList*，那么当它们都被放在程序的 data segment 时，就会导致名称冲突。编译器的解决方法是暗中对每一个 static data member 编码（这种手法有个很美的名称：name-mangling），以获得一个独一无二的程序识别代码。有多少个编译器，就有多少种 name-mangling 做法！通常不外乎是表格啦、文法措辞啦等。任何 name-mangling 做法都有两个重点：

1. 一个算法，推导出独一无二的名称。
2. 万一编译系统（或环境工具）必须和使用者交谈，那些独一无二的名称可以轻易被推导回到原来的名称。

Nonstatic Data Members

Nonstatic data members 直接存放在每一个 class object 之中。除非经由显式的（explicit）或隐式的（implicit）class object，否则没有办法直接存取它们。只要程序员在一个 member function 中直接处理一个 nonstatic data member，所谓“implicit class object”就会发生。例如下面这段代码：

```
Point3d
Point3d::translate( const Point3d &pt) {
   x += pt.x;
   y += pt.y;
   z += pt.z;
}
```

表面上所看到的对于 *x*、*y*、*z* 的直接存取，事实上是经由一个“implicit class object”（由 *this* 指针表达）完成的。事实上这个函数的参数是：

```
// member function 的内部转化
Point3d
Point3d::translate( Point3d *const this, const Point3d &pt) {
   this->x += pt.x;
   this->y += pt.y;
   this->z += pt.z;
}
```

Member functions 在本书第 4 章有比较详细的讨论。

欲对一个 nonstatic data member 进行存取操作，编译器需要把 class object 的起始地址加上 data member 的偏移位置（offset）。举个例子，如果：

```
origin._y = 0.0;
```

那么地址*&origin._y* 将等于：

```
&origin + (&Point3d::_y - 1);
```

请注意其中的–1 操作。指向 data member 的指针，其 offset 值总是被加上 1，这样可以使编译系统区分出“一个指向 data member 的指针，用以指出 class 的第一个 member”和“一个指向 data member 的指针，没有指出任何 member”两种情况。“指向 data members 的指针”将在 3.6 节有比较详细的讨论。

每一个 nonstatic data member 的偏移位置（offset）在编译时期即可获知，甚至如果 member 属于一个 base class subobject（派生自单一或多重继承串链）也是一样的。因此，存取一个 nonstatic data member，其效率和存取一个 C struct member 或一个 nonderived class 的 member 是一样的。

现在让我们看看虚拟继承。虚拟继承将为“经由 base class subobject 存取 class members”导入一层新的间接性，比如：

```
Point3d *pt3d;
pt3d->_x = 0.0
```

其执行效率在*_x* 是一个 struct member、一个 class member、单一继承、多重继承的情况下都完全相同。但如果*_x* 是一个 virtual base class 的 member，存取速度会稍慢一点。下一节我会验证“继承对于 member 布局的影响”。在我们尚未进行到那里之前，请回忆本节一开始的一个问题：以两种方法存取 *x* 坐标，像这样：

```
origin.x = 0.0;
pt->x = 0.0;
```

“从 *origin* 存取”和“从 *pt* 存取”有什么重大的差异？答案是“当 *Point3d* 是一个 derived class，而其继承结构中有一个 virtual base class，并且被存取的 member（如本例的 *x*）是一个从该 virtual base class 继承而来的 member”时，就会有重大的差异。这时候我们不能够说 *pt* 必然指向哪一种 class type（因此，我们也就不知道编译时期这个 member 真正的 offset 位置），所以这个存取操作必须延迟至执行期，经由一个额外的间接导引，才能够解决。但如果使用 *origin*，就不会有这些问题，其类型无疑是 *Point3d* class，而即使它继承自 virtual base class，members 的 offset 位置也在编译时期就固定了。一个积极进取的编译器甚至可以静态地经由 *origin* 就解决掉对 *x* 的存取。

3.4 “继承”与 Data Member

在 C++继承模型中，一个 derived class object 所表现出来的东西，是其自己的 members 加上其 base class(es) members 的总和。至于 derived class members 和 base class(es) members 的排列顺序，则并未在 C++ Standard 中强制指定；理论上编译器可以自由安排之。在大部分编译器上头，base class members 总是先出现，但属于 virtual base class 的除外（一般而言，任何一条通则一旦碰上 virtual base class 就没辙了，这里亦不例外）。

了解这种继承模型之后，你可能会问，如果我为 2D（二维）或 3D（三维）坐标点提供两个抽象数据类型如下：

```
// supporting abstract data types
class Point2d {
public:
    // constructor(s)
    // operations
    // access functions
private:
    float x, y;
};
```

Point2d

Point3d

```
class Point3d {
public:
    // constructor(s)
    // operations
    // access functions
private:
    float x, y, z;
};
```

这和“提供两层或三层继承结构，每一层（代表一个维度）是一个 class，派生自较低维层次”有什么不同？下面各小节的讨论将涵盖“单一继承且不含 virtual functions”、“单一继承并含 virtual functions”、“多重继承”、“虚拟继承”等 4 种情况。图 **3.1a** 就是 *Point2d* 和 *Point3d* 的对象布局图，在没有 virtual functions 的情况下（如本例），它们和 C struct 完全一样。

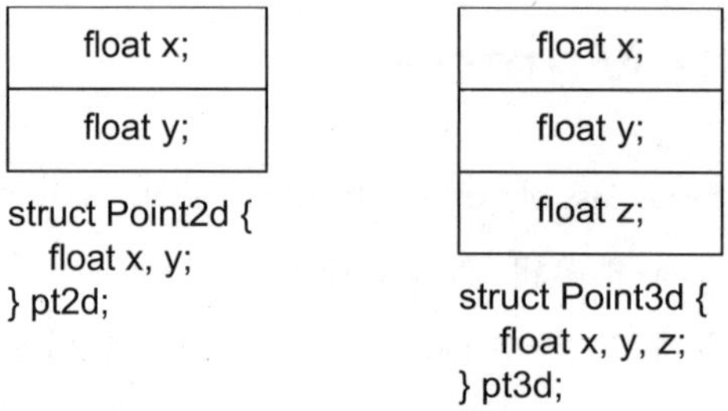

图 3.1a　个别 structs 的数据布局

只要继承不要多态（Inheritance without Polymorphism）

想象一下，程序员或许希望，不论是 2D 或 3D 坐标点，都能够共享同一个实例，但又能够继续使用“与类型性质相关（所谓 type-specific）”的实例。我们有一个设计策略，就是从 *Point2d* 派生出一个 *Point3d*，于是 *Point3d* 将继承 *x* 和 *y* 坐标的一切（包括数据实例和操作方法）。带来的影响则是可以共享“数据本身”以及“数据的处理方法”，并将之局部化。一般而言，具体继承（concrete inheritance，译注：相对于虚拟继承 virtual inheritance）并不会增加空间或存取时间上的额外负担。

```
class Point2d {
public:
   Point2d( float x = 0.0, float y = 0.0 )
      : _x( x ), _y( y ) { };

   float x() { return _x; }
   float y() { return _y; }

   void x( float newX ) { _x = newX; }
   void y( float newY ) { _y = newY; }

   void operator+=( const Point2d& rhs ) {
      _x += rhs.x();
      _y += rhs.y();
   }
   // ... more members

protected:
   float _x, _y;
};
```

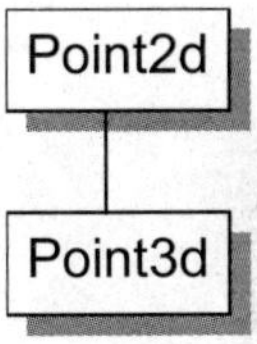


```
// inheritance from concrete class
class Point3d : public Point2d {
public:
   Point3d( float x = 0.0, float y = 0.0, float z = 0.0 )
      : Point2d( x, y ), _z( z ) { };

   float z() { return _z; }
   void z( float newZ ) { _z = newZ; }

   void operator+=( const Point3d& rhs ) {
      Point2d::operator+=( rhs );
      _z += rhs.z();
   }
   // ... more members

protected:
   float _z;
};
```

这样设计的好处就是可以把管理 x 和 y 坐标的程序代码局部化。此外，这个设计可以明显表现出两个抽象类之间的紧密关系。当这两个 classes 独立的时候，

Point2d object 和 *Point3d* object 的声明和使用都不会有所改变。所以这两个抽象类的使用者不需要知道 objects 是否为独立的 classes 类型，或是彼此之间有继承的关系。图 **3.1b** 显示 *Point2d* 和 *Point3d* 继承关系的实物布局，其间并没有声明 virtual 接口。

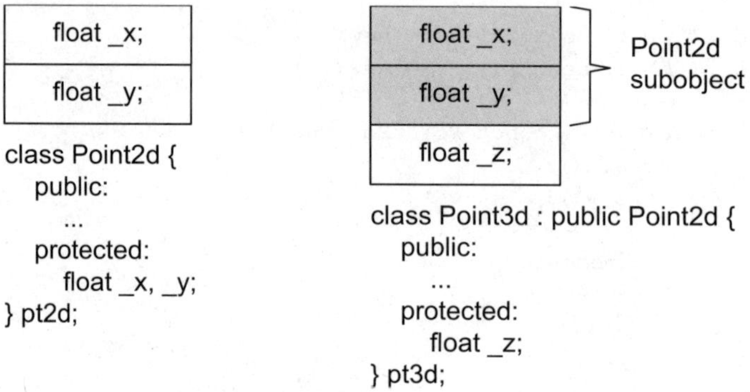

图 3.1b　单一继承而且没有 virtual function 时的数据布局

把两个原本独立不相干的 classes 凑成一对“type/subtype”，并带有继承关系，会有什么易犯的错误呢？经验不足的人可能会重复设计一些相同操作的函数。以我们例子中的 constructor 和 operator+=为例，它们并没有被做成 inline 函数（也可能是编译器为了某些理由没有支持 inline member functions）。*Point3d* object 的初始化操作或加法操作，将需要部分的 *Point2d* object 和部分的 *Point3d* object 作为成本。一般而言，选择某些函数做成 inline 函数，是设计 class 时的一个重要课题。

第二个易犯的错误是，把一个 class 分解为两层或更多层，有可能会为了“表现 class 体系之抽象化”而膨胀所需的空间。C++语言保证“出现在 derived class 中的 base class subobject 有其完整原样性”，正是重点所在。这似乎有点难以理解！最好的解释方法就是彻底了解一个实例，让我们从一个具体的 class 开始：

```
class Concrete {
public:
   // ...
private:
   int val;
   char c1;
   char c2;
   char c3;
};
```

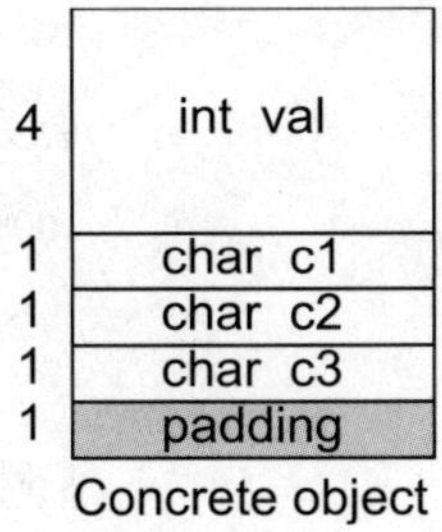

在一台 32 位机器中，每一个 *Concrete* class object 的大小都是 8 bytes，细分如下：

1. *val* 占用 4 bytes；
2. *c1*、*c2* 和 *c3* 各占用 1 bytes；
3. alignment（调整到 word 边界）需要 1 bytes。

现在假设，经过某些分析之后，我们决定了一个更逻辑的表达方式，把 *Concrete* 分裂为三层结构：

```
class Concrete1 {
public:
   // ...
private:
   int val;
   char bit1;
};

class Concrete2 : public Concrete1 {
public:
   // ...
private:
   char bit2;
};

class Concrete3 : public Concrete2 {
public:
   // ...
private:
   char bit3;
};
```

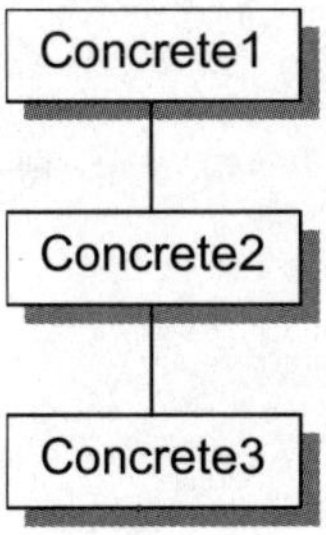

从设计的观点来看，这个结构可能比较合理。但从实现的观点来看，我们可能会受困于一个事实：现在 *Concrete3* object 的大小是 16 bytes，比原先的设计多了 100%。

怎么回事，还记得“base class subobject 在 derived class 中的原样性”吗？让我们踏遍这一继承结构的内存布局，看看到底发生了什么事。

Concrete1 内含两个 members：*val* 和 *bit1*，加起来是 5 bytes。而一个 *Concrete1* object 实际用掉 8 bytes，包括填补用的 3 bytes，以使 object 能够符合一台机器的 word 边界。不论是 C 或 C++都是这样。一般而言，边界调整（alignment）是由处理器（processor）来决定的。

到目前为止没什么需要抱怨的。但这种典型的布局会导致轻率的程序员犯下错误。*Concrete2* 加了唯一一个 nonstatic data member *bit2*，数据类型为 char。轻率的程序员以为它会和 *Concrete1* 捆绑在一起，占用原本用来填补空间的 1 bytes；于是 *Concrete2* object 的大小为 8 bytes，其中 2 bytes 用于填补空间。

然而 *Concrete2* 的 *bit2* 实际上却是被放在填补空间所用的 3 bytes 之后。于是其大小变成 12 bytes，不是 8 bytes。其中有 6 bytes 浪费在填补空间上。相同的道理使得 *Concrete3* object 的大小是 16 bytes，其中 9 bytes 用于填补空间。

“真是愚蠢。”我们那位纯真小甜甜这么说。许多读者以电子邮件、电话或是嘴巴对我也这么说过。可你了解为什么这个语言有这样的行为？

译注：下图可说明 *Concrete1*、*Concrete2*、*Concrete3* 的对象布局：

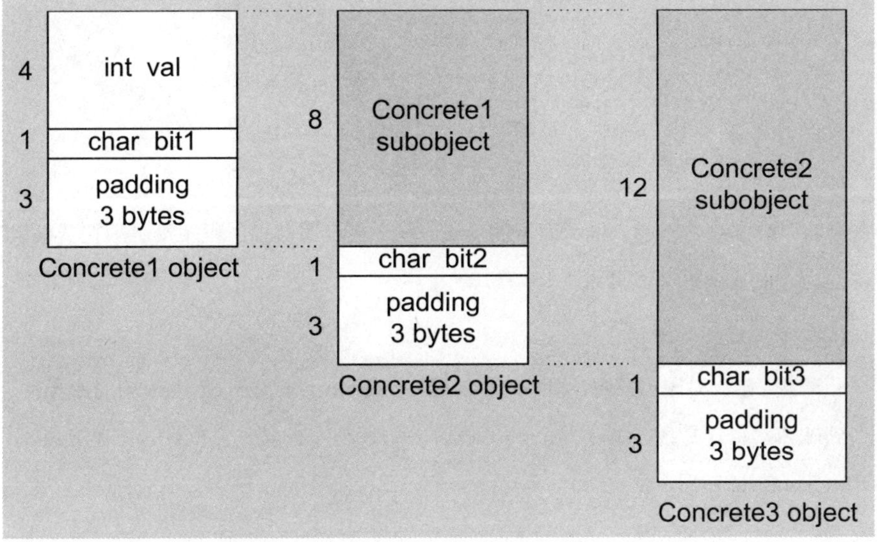

让我们声明以下一组指针：

```
Concrete2 *pc2;
Concrete1 *pc1_1, *pc1_2;
```

其中 *pc1_1* 和 *pc1_2* 两者都可以指向前述三种 classes objects。下面这个指定操作：

```
*pc1_2 = *pc1_1;
```

应该执行一个默认的“memberwise”复制操作（复制一个个的 members），对象是被指之 object 的 *Concrete1* 那一部分。如果 *pc1_1* 实际指向一个 *Concrete2* object 或 *Concrete3* object，则上述操作应该将复制内容指定给其 *Concrete1* subobject。

然而，如果 C++语言把 derived class members（也就是 *Concrete2::bit2* 或

Concrete3::*bit3*）和 *Concrete1* subobject 捆绑在一起，去除填补空间，上述那些语意就无法保留了，那么下面的指定操作：

```
pc1_1 = pc2;  // 译注：令 pc1_1 指向 Concrete2 对象

// 喔欧：derived class subobject 被覆盖掉，
// 于是其 bit2 member 现在有了一个并非预期的数值
*pc1_2 = *pc1_1;
```

就会将“被捆绑在一起、继承而得的”members 内容覆盖掉。程序员必须花费极大的心力才能找出这个“臭虫”！

译注：让我以图形解释。如果“base class subobject 在 derived class 中的原样性”受到破坏，也就是说，编译器把 base class object 原本的填补空间让出来给 derived class members 使用，像这样：

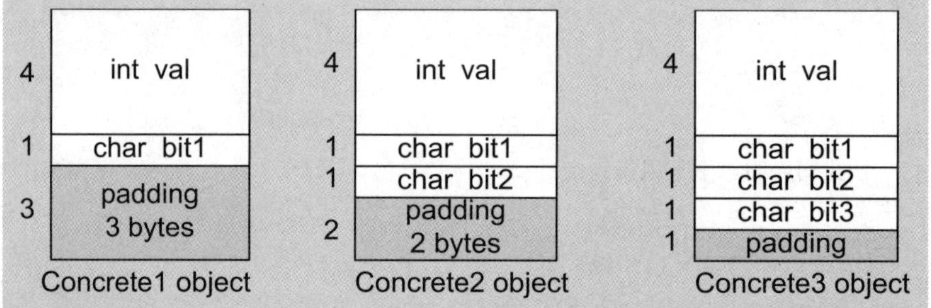

那么当发生 *Concrete1* subobject 的复制操作时，就会破坏 *Concrete2* members。

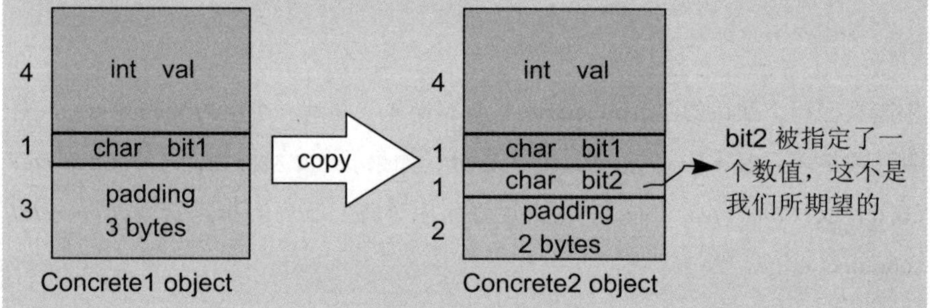

加上多态（Adding Polymorphism）

如果我要处理一个坐标点，而不打算在乎它是一个 *Point2d* 或 *Point3d* 实例，那么我需要在继承关系中提供一个 virtual function 接口。让我们看看如果这么做，情况会有什么改变：

```
// 译注：以下的 Point2d 声明请与第 101 页的声明进行比较
class Point2d {
public:
   Point2d( float x = 0.0, float y = 0.0 )
      : _x( x ), _y( y ) { };

   // x 和 y 的存取函数与前一版相同。
   // 由于对不同维度的点，这些函数操作固定不变，所以不必设计为 virtual

   // 加上 z 的保留空间（目前什么也没做）
   virtual float z() { return 0.0; }  // 译注：2d 点的 z 为 0.0 是合理的
   virtual void z( float ) { }

   // 设定以下的运算符为 virtual
   virtual void
   operator+=( const Point2d& rhs ) {
      _x += rhs.x();
      _y += rhs.y();
   }
   // ... more members

protected:
   float _x, _y;
};
```

只有当我们企图以多态的方式（polymorphically）处理 2d 或 3d 坐标点时，在设计之中导入一个 virtual 接口才显得合理。也就是说，写下这样的代码：

```
void foo( Point2d &p1, Point2d &p2 ) {
   // ...
   p1 += p2;
   // ...
}
```

其中，*p1* 和 *p2* 可能是 2d，也可能是 3d 坐标点。这并不是先前任何设计所能支持的。这样的弹性，当然正是面向对象程序设计的中心。支持这样的弹性，势必对我们的 *Point2d* class 带来空间和存取时间上的额外负担：

- 导入一个和 *Point2d* 有关的 virtual table，用来存放它所声明的每一个 virtual functions 的地址。这个 table 的元素个数一般而言是被声明的 virtualfunctions 的个数，再加上一个或两个 slots（用以支持 runtime type identification）。

- 在每一个 class object 中导入一个 vptr，提供执行期的链接，使每一个 object 能够找到相应的 virtual table。

- 加强 constructor，使它能够为 vptr 设定初值，让它指向 class 所对应的 virtual table。这可能意味着在 derived class 和每一个 base class 的 constructor 中，重新设定 vptr 的值。其情况视编译器优化的积极性而定。第 5 章对此有比较详细的讨论。

- 加强 destructor，使它能够抹消“指向 class 之相关 virtual table”的 vptr。要知道，vptr 很可能已经在 derived class destructor 中被设定为 derived class 的 virtual table 地址。记住，destructor 的调用顺序是反向的：从 derived class 到 base class。一个积极的优化编译器可以压抑那些大量的指定操作。

这些额外负担带来的冲击程度视“被处理的 *Point2d* objects 的个数和生命期”而定，也视“对这些 objects 做多态程序设计所得的利益”而定。如果一个应用程序知道它所能使用的 point objects 只限于二维坐标点或三维坐标点，则这种设计所带来的额外负担可能变得令人无法接受[1]。

以下是新的 *Point3d* 声明：

```
// 译注：以下的 Point3d 声明请与第 101 页的声明进行比较
class Point3d : public Point2d {
public:
```

1 我不知道是否有哪个产品系统真正使用了一个多态的 *Point* 层次结构。

```
    Point3d( float x = 0.0, float y = 0.0, float z = 0.0 )
        : Point2d( x, y ), _z( z ) { };

    float z() { return _z; }
    void z( float newZ ) { _z = newZ; }

    void operator+=( const Point2d& rhs ) {
        // 译注：注意上行是 Point2d& 而非 Point3d&
        Point2d::operator+=( rhs );
        _z += rhs.z();
    }
    // ... more members
protected:
    float _z;
};
```

> 译注：上述新的（与第 101 页比较）*Point2d* 和 *Point3d* 声明，最大的一个好处是，你可以把 operator+=运用在一个 *Point3d* 对象和一个 *Point2d* 对象身上：
>
> ```
> Point2d p2d(2.1, 2.2);
> Point3d p3d(3.1, 3.2, 3.3);
> p3d += p2d;
> ```
>
> 得到的 *p3d* 新值将是(5.2, 5.4, 3.3);

虽然 class 的声明语法没有改变，但每一件事情都不一样了：两个 *z()* member functions 以及 operator+=()运算符都成了虚拟函数；每一个 *Point3d* class object 内含一个额外的 vptr member（继承自 *Point2d*）；多了一个 *Point3d* virtual table；此外每一个 virtual member function 的调用也比以前复杂了（第 4 章对此有详细说明）。

目前在 C++编译器那个领域里有一个主要的讨论题目：把 vptr 放置在 class object 的哪里会最好？在 cfront 编译器中，它被放在 class object 的尾端，用以支持下面的继承类型，如图 **3.2a** 所示：

```
struct no_virts {
   int d1, d2;
};
```

```
class has_virts : public no_virts {
public:
   virtual void foo();
   // ...
private:
   int d3;
};

no_virts *p = new has_virts;
```

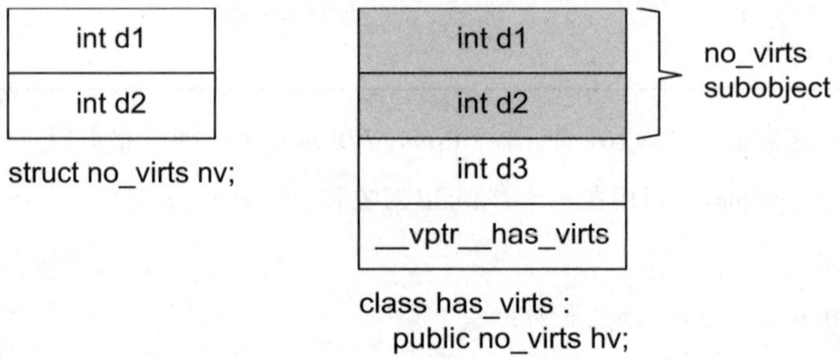

图 3.2a　Vptr 被放在 class 的尾端

把 vptr 放在 class object 的尾端，可以保留 base class C struct 的对象布局，因而允许在 C 程序代码中也能使用。这种做法在 C++最初问世时，被许多人采用。

到了 C++ 2.0，开始支持虚拟继承以及抽象基类，并且由于面向对象范式（OO paradigm）的兴起，某些编译器开始把 vptr 放到 class object 的起头处（例如 Martin O'Riordan，他领导 Microsoft 的第一个 C++编译器产品，就十分主张这种做法）。请看图 **3.2b** 的图解说明。

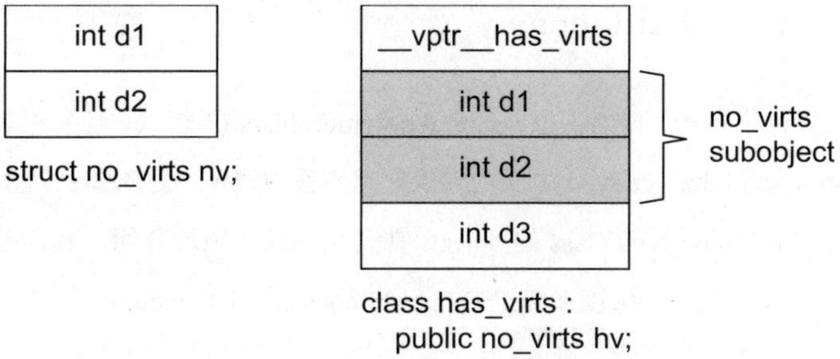

图 3.2b　Vptr 被放在 class 的前端

把 vptr 放在 class object 的前端，对于“在多重继承之下，通过指向 class members 的指针调用 virtual function”，会带来一些帮助（请参考 4.4 节）。否则，不仅“从 class object 起始点开始量起”的 offset 必须在执行期备妥，甚至与 class vptr 之间的 offset 也必须备妥。当然，vptr 放在前端，代价就是丧失了 C 语言兼容性。这种丧失有多少意义？有多少程序会从一个 C struct 派生出一个具有多态性质的 class 呢？目前我手上并没有什么统计数据可以告诉我这一点。

图 3.3 显示 *Point2d* 和 *Point3d* 加上了 virtual function 之后的继承布局。注意此图中把 vptr 放在 base class 的尾端。

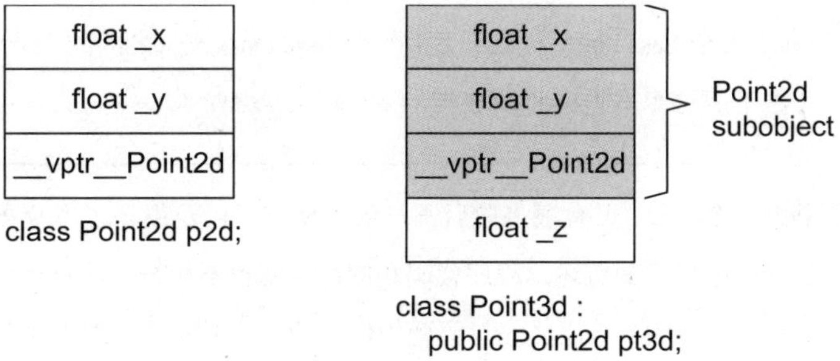

图 3.3　单一继承并含虚拟函数情况下的数据布局

多重继承（Multiple Inheritance）

单一继承提供了一种“自然多态（natural polymorphism）”形式，是关于 classes 体系中的 base type 和 derived type 之间的转换。请看图 **3.1b**、图 **3.2a** 或图 **3.3**，你会看到 base class 和 derived class 的 objects 都是从相同的地址开始，其间差异只在于 derived object 比较大，用以多容纳它自己的 nonstatic data members。下面这样的指定操作：

```
Point3d p3d;
Point2d *p = &p3d;
```

把一个 derived class object 指定给 base class（不管继承深度有多深）的指针或 reference。这个操作并不需要编译器去调停或修改地址。它很自然地可以发生，而且提供了最佳执行效率。

图 **3.2b** 把 vptr 放在 class object 的起始处。如果 base class 没有 virtual function 而 derived class 有（译注：正如图 **3.2b** 所示），那么单一继承的自然多态（natural polymorphism）就会被打破。这种情况下，把一个 derived object 转换为其 base 类型，就需要编译器的介入，用以调整地址（因 vptr 插入之故）。在既是多重继承又是虚拟继承的情况下，编译器的介入更有必要。

多重继承既不像单一继承，也不容易模塑出其模型。多重继承的复杂度在于 derived class 和其上一个 base class 乃至于上上一个 base class……之间的“非自然”关系。例如，考虑下面这个多重继承所获得的 class *Vertex3d*：

> 译注：原书的第 92～94 页有很多前后不一致的地方，以及很多“本身虽没有错误却可能误导读者思想”的叙述。程序代码和图片说明也不相符，简直一团乱！我已将其全部更正。如果您拿着原文书对照此中译本看，请不要乍见之下对我产生误会。

```
class Point2d {
public:
```

```
  // ... （译注：拥有 virtual 接口。所以 Point2d 对象之中会有 vptr）
protected:
  float _x, _y;
};

class Point3d : public Point2d {
public:
   // ...
protected:
   float _z;
};

class Vertex {
public:
  // ... （译注：拥有 virtual 接口。所以 Vertex 对象之中会有 vptr）
protected:
  Vertex *next;
};

class Vertex3d :  // 译注：原书误把 Vertex3d 写为 Vertex2d
  public Point3d, public Vertex {  // 译注：原书误把 Point3d 写为 Point2d
public:
  // ...
protected:
  float mumble;
};
```

译注：至此，*Point2d*、*Point3d*、*Vertex*、*Vertex3d* 的继承关系如下：

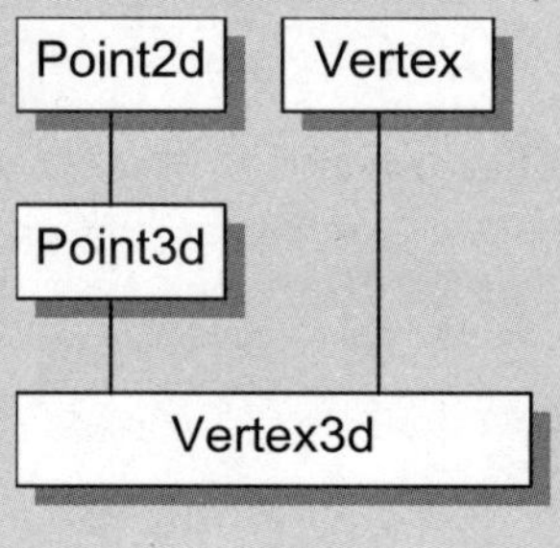

多重继承的问题主要发生于 derived class objects 和其第二或后继的 base class objects 之间的转换。不论是直接转换如下：

```
extern void mumble( const Vertex& );
Vertex3d v;
...
// 将一个 Vertex3d 转换为一个 Vertex。这是“不自然的”。
mumble( v );
```

或是经由其所支持的 virtual function 机制做转换。因支持“virtual function 的调用操作”而引发的问题将在 4.2 节讨论。

对一个多重派生对象，将其地址指定给“最左端（也就是第一个）base class 的指针”，情况将和单一继承时相同，因为二者都指向相同的起始地址。需付出的成本只有地址的指定操作而已（图 **3.4** 显示出多重继承的布局）。至于第二个或后继的 base class 的地址指定操作，则需要将地址修改过：加上（或减去，如果 downcast 的话）介于中间的 base class subobject(s)大小，例如：

```
Vertex3d v3d;
Vertex  *pv;
Point2d *p2d;   // 译注：原书命名为*pp，不符合命名原则。改为*p2d 较佳。
Point3d *p3d;   // 译注：Point3d 的定义请看图 3.3 和第 108 页
```

那么下面这个指定操作：

```
pv = &v3d;
```

需要这样的内部转化：

```
//虚拟 C++代码
pv = (Vertex*)(((char*)&v3d) + sizeof( Point3d ));
```

而下面的指定操作：

```
p2d = &v3d;
p3d = &v3d;
```

都只需要简单地拷贝其地址就好。如果有两个指针如下：

```
Vertex3d *pv3d; // 译注：原书命名为*p3d，不符合命名通则。改为*pv3d 较佳。
Vertex   *pv;
```

那么下面的指定操作：

```
pv = pv3d;
```

不能够只是简单地被转换为：

```
// 虚拟 C++代码
pv = (Vertex*)((char*)pv3d) + sizeof( Point3d );
```

因为如果 *pv3d* 为 0，*pv* 将获得 *sizeof(Point3d)*的值。这是错误的！所以，对于指针，内部转换操作需要有一个条件测试：

```
// 虚拟 C++代码
pv = pv3d
   ? (Vertex*)((char*)pv3d) + sizeof( Point3d )
   : 0;
```

至于 reference，则不需要针对可能的 0 值做防卫，因为 reference 不可能参考到“无物”（no object）。

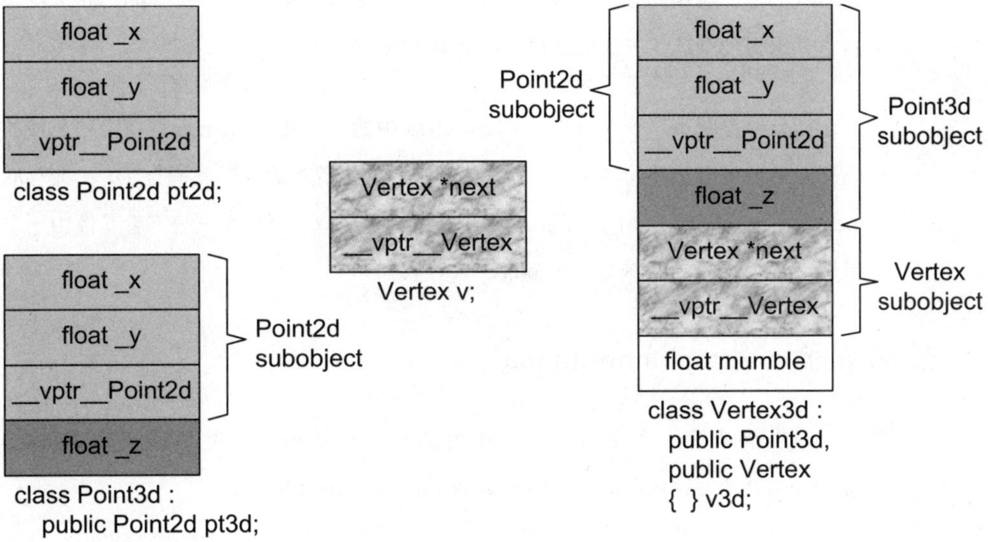

图 3.4　数据布局：多重继承（Multiple Inheritance）

> 译注：原书的**图 3.4** 只画出 *Vertex2d*，没有画出 *Vertex3d*。虽然其中的 *Vertex2d* 对象布局图“可能”是正确的（我们并没有在书中看到其声明码），但我相信这其实是 Lippman 的笔误，因为它与书中的许多讨论没有关系。所以我把真正与书中讨论有关的 *Vertex3d* 的对象布局画于译本的**图 3.4** 中，如上所示。

C++ Standard 并未要求 *Vertex3d* 中的 base classes *Point3d* 和 *Vertex* 有特定的排列顺序。原始的 cfront 编译器是根据声明顺序来排列它们的。因此 cfront 编译器制作出来的 *Vertex3d* 对象，将可被视为一个 *Point3d* subobject（其中又有一个 *Point2d* subobject）加上一个 *Vertex* subobject，最后再加上 *Vertex3d* 自己的部分。目前各编译器仍然以此方式完成多重 base classes 的布局（但如果加上虚拟继承，就不一样了）。

某些编译器（例如 MetaWare）设计了一种优化技术，只要第二个（或后继）base class 声明了一个 virtual function，而第一个 base class 没有，就把多个 base classes 的顺序调换。这样可以在 derived class object 中少产生一个 vptr。这项优化技术并未得到全球各厂商的认可，因此并不普及。

如果要存取第二个（或后继）base class 中的一个 data member，将会是怎样的情况？需要付出额外的成本吗？不，members 的位置在编译时就固定了，因此存取 members 只是一个简单的 offset 运算，就像单一继承一样简单——不管是经由一个指针、一个 reference 或是一个 object 来存取。

虚拟继承（Virtual Inheritance）

多重继承的一个语意上的副作用就是，它必须支持某种形式的“shared subobject 继承”。典型的一个例子是最早的 *iostream* library：

```
// pre-standard iostream implementation
class ios { ... };
class istream : public ios { ... };
class ostream : public ios { ... };
class iostream :
  public istream, public ostream { ... };
```

译注：下图可表现 iostream 的继承体系图。左为多重继承，右为虚拟多重继承。

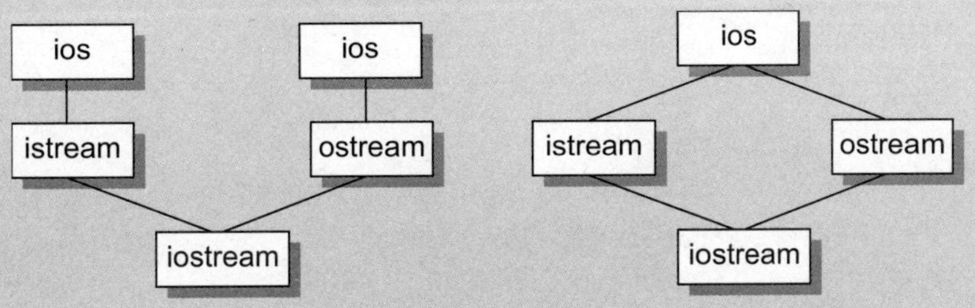

不论是 *istream* 还是 *ostream* 都内含一个 *ios* subobject。然而在 *iostream* 的对象布局中，我们只需要单一一份 *ios* subobject 就好。语言层面的解决办法是导入所谓的虚拟继承：

```
class ios { ... };
class istream : public virtual ios { ... };
class ostream : public virtual ios { ... };
class iostream :
  public istream, public ostream { ... };
```

一如其语意所呈现的复杂度，要在编译器中支持虚拟继承，实在是难度颇高。在上述 *iostream* 例子中，实现技术的挑战在于，要找到一个足够有效的方法，将 *istream* 和 *ostream* 各自维护的一个 *ios* subobject，折叠成为一个由 *iostream* 维护的单一 *ios* subobject，并且还可以保存 base class 和 derived class 的指针（以及 references）之间的多态指定操作（polymorphism assignments）。

一般的实现方法如下所述。Class 如果内含一个或多个 virtual base class subobjects，像 *istream* 那样，将被分割为两部分：一个不变区域和一个共享区域。

不变区域中的数据，不管后继如何衍化，总是拥有固定的 offset（从 object 的开头算起），所以这一部分数据可以被直接存取。至于共享区域，所表现的就是 virtual base class subobject。这一部分的数据，其位置会因为每次的派生操作而有变化，所以它们只可以被间接存取。各家编译器实现技术之间的差异就在于间接存取的方法不同。以下说明三种主流策略。下面是 *Vertex3d* 虚拟继承的层次结构[2]：

```
class Point2d {
public:
   ...
protected:
   float _x, _y;
};

class Vertex : public virtual Point2d {
public:
   ...
protected:
   Vertex *next;
};

class Point3d : public virtual Point2d {
public:
   ...
protected:
   float _z;
};

class Vertex3d :
   public Vertex, public Point3d
   // 译注：原书上一行的两个 classes 顺序相反。为与图 3.5ab 配合，故改之。
{
public:
   ...
protected:
   float mumble;
};
```

2 这个层次结构是[POKOR94]所倡议的，那是一本很好的 3D Graphics 教科书，使用 C++语言。

译注：下图可表现 *Point2d*、*Point3d*、*Vertex*、*Vertex3d* 的继承体系：

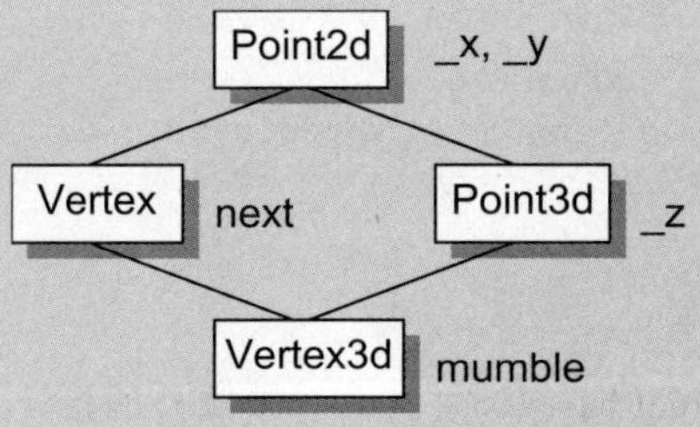

一般的布局策略是先安排好 derived class 的不变部分，然后再建立其共享部分。

然而，这中间存在着一个问题：如何能够存取 class 的共享部分呢？cfront 编译器会在每一个 derived class object 中安插一些指针，每个指针指向一个 virtual base class。要存取继承得来的 virtual base class members，可以通过相关指针间接完成。举个例子，如果我们有以下的 *Point3d* 运算符：

```
void
Point3d::
operator+=( const Point3d &rhs )
{
   _x += rhs._x;
   _y += rhs._y;
   _z += rhs._z;
};
```

在 cfront 策略之下，这个运算符会被内部转换为：

```
// 虚拟 C++代码
__vbcPoint2d->_x += rhs.__vbcPoint2d->_x; // 译注：vbc 意为：
__vbcPoint2d->_y += rhs.__vbcPoint2d->_y;  //virtual base class
_z += rhs._z;
```

而一个 derived class 和一个 base class 的实例之间的转换，像这样：

```
Point2d *p2d = pv3d; // 译注：原书为 Vertex *pv = pv3d; 恐为笔误
```

在 cfront 实现模型之下，会变成：

```
// 虚拟 C++代码
Point2d *p2d = pv3d ? pv3d->__vbcPoint2d : 0;
// 译注：原书为  Vertex *pv = pv3d ? pv3d->__vbcPoint2d : 0;
// 恐为笔误（感谢黄俊达先生与刘东岳先生来信指导）
```

这样的实现模型有两个主要的缺点：

1. 每一个对象必须针对其每一个 virtual base class 背负一个额外的指针。然而理想上我们却希望 class object 有固定的负担，不因为其 virtual base classes 的个数而有所变化。想想看这该如何解决？

2. 由于虚拟继承串链的加长，导致间接存取层次的增加。这里的意思是，如果我有三层虚拟派生，我就需要三次间接存取（经由三个 virtual base class 指针）。然而理想上我们却希望有固定的存取时间，不因为虚拟派生的深度而改变。

MetaWare 和其他编译器到今天仍然使用 cfront 的原始实现模型来解决第二个问题，它们经由拷贝操作取得所有的 nested virtual base class 指针，放到 derived class object 之中。这就解决了“固定存取时间”的问题，虽然付出了一些空间上的代价。MetaWare 提供一个编译时期的选项，允许程序员选择是否要产生双重指针。**图 3.5a** 说明这种“以指针指向 base class”的实现模型。

至于第一个问题，一般而言有两个解决方法。Microsoft 编译器引入所谓的 virtual base class table。每一个 class object 如果有一个或多个 virtual base classes，就会由编译器安插一个指针，指向 virtual base class table。至于真正的 virtual base class 指针，当然是被放在该表格中。虽然此法已行之有年，但我并不知道是否有其他任何编译器使用此法。说不定 Microsoft 对此法提出专利，以致别人不能使用它。

第二个解决方法，同时也是 Bjarne 比较喜欢的方法（至少当我还和他共事于 Foundation 项目时），是在 virtual function table 中放置 virtual base class 的 offset（而不是地址）。**图 3.5b** 显示这种 base class offset 实现模型。我在 Foundation 项目中

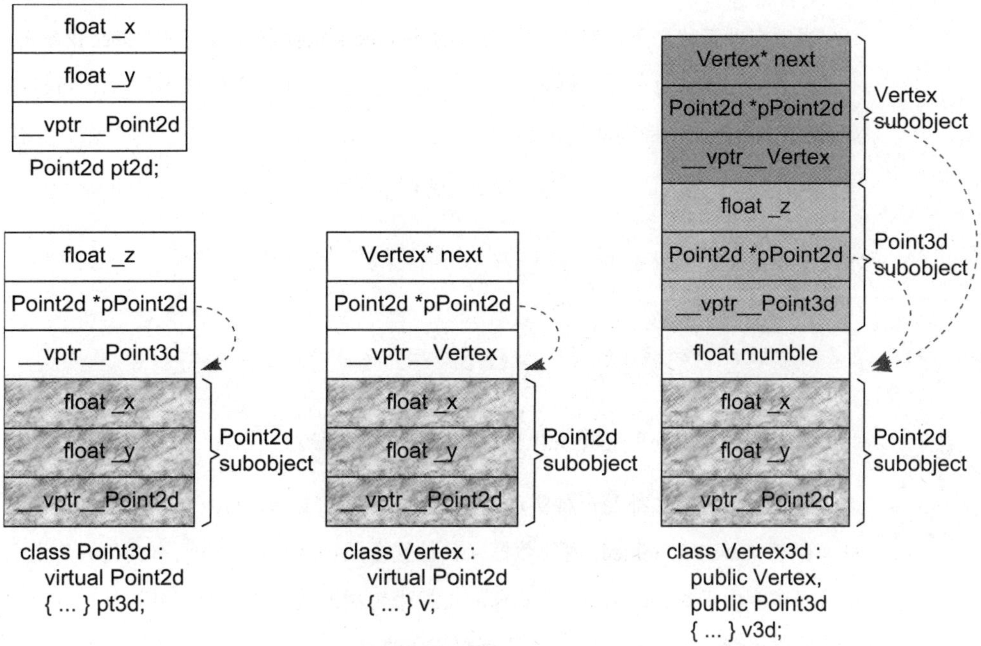

图 3.5a　虚拟继承，使用 Pointer Strategy 所产生的数据布局（译注：原书图 3.5a 把 Vertex 写为了 Vertex2d，与书中的程序代码不符，所以我全部改为 Vertex）

实现出该方法，将 virtual base class offset 和 virtual function entries 混杂在一起。在新近的 Sun 编译器中，virtual function table 可经由正值或负值来索引。如果是正值，很显然就是索引到 virtual functions；如果是负值，则是索引到 virtual base class offsets。在这样的策略之下，*Point3d* 的 operator+=运算符必须被转换为以下形式（为了可读性，我没有做类型转换，同时我也没有先执行对效率有帮助的地址预先计算操作）：

```
// 虚拟 C++代码
(this + __vptr__Point3d[-1])->_x +=
   (&rhs + rhs.__vptr__Point3d[-1])->_x;
(this + __vptr__Point3d[-1])->_y +=
   (&rhs + rhs.__vptr__Point3d[-1])->_y;
_z += rhs._z;
```

虽然在此策略之下，对于继承而来的 members 做存取操作，成本会比较昂贵，不过此成本已经被分散至“对 member 的使用”上，属于局部性成本。Derived class 实例和 base class 实例之间的转换操作，例如：

```
Point2d *p2d = pv3d; // 译注：原书为 Vertex *pv = pv3d; 恐为笔误
```

在上述实现模型下将变成：

```
// 虚拟 C++代码
Point2d *p2d = pv3d ? pv3d + pv3d->__vptr__Point3d[-1] : 0;
// 译注：上一行原书为：
// Vertex *pv = pv3d ? pv3d + pv3d->__vptr__Point3d[-1] : 0;
// 恐为笔误（感谢黄俊达先生与刘东岳先生来信指导）
```

上述每一种方法都是一种实现模型，而不是一种标准。每一种模型都是用来解决“存取 shared subobject 内的数据（其位置会因每次派生操作而有变化）”所引发的问题。由于对 virtual base class 的支持带来额外的负担以及高度的复杂性，每一种实现模型多少有点不同，而且我想还会随着时间而进化。

经由一个非多态的 class object 来存取一个继承而来的 virtual base class 的 member，像这样：

```
Point3d origin;
...
origin._x;
```

可以被优化为一个直接存取操作，就好像一个经由对象调用的 virtual function 调用操作，可以在编译时期被决议（resolved）完成一样。在这次存取以及下一次存取之间，对象的类型不可以改变，所以“virtual base class subobjects 的位置会变化”的问题在此情况下就不再存在了。

一般而言，virtual base class 最有效的一种运用形式就是：一个抽象的 virtual base class，没有任何 data members。

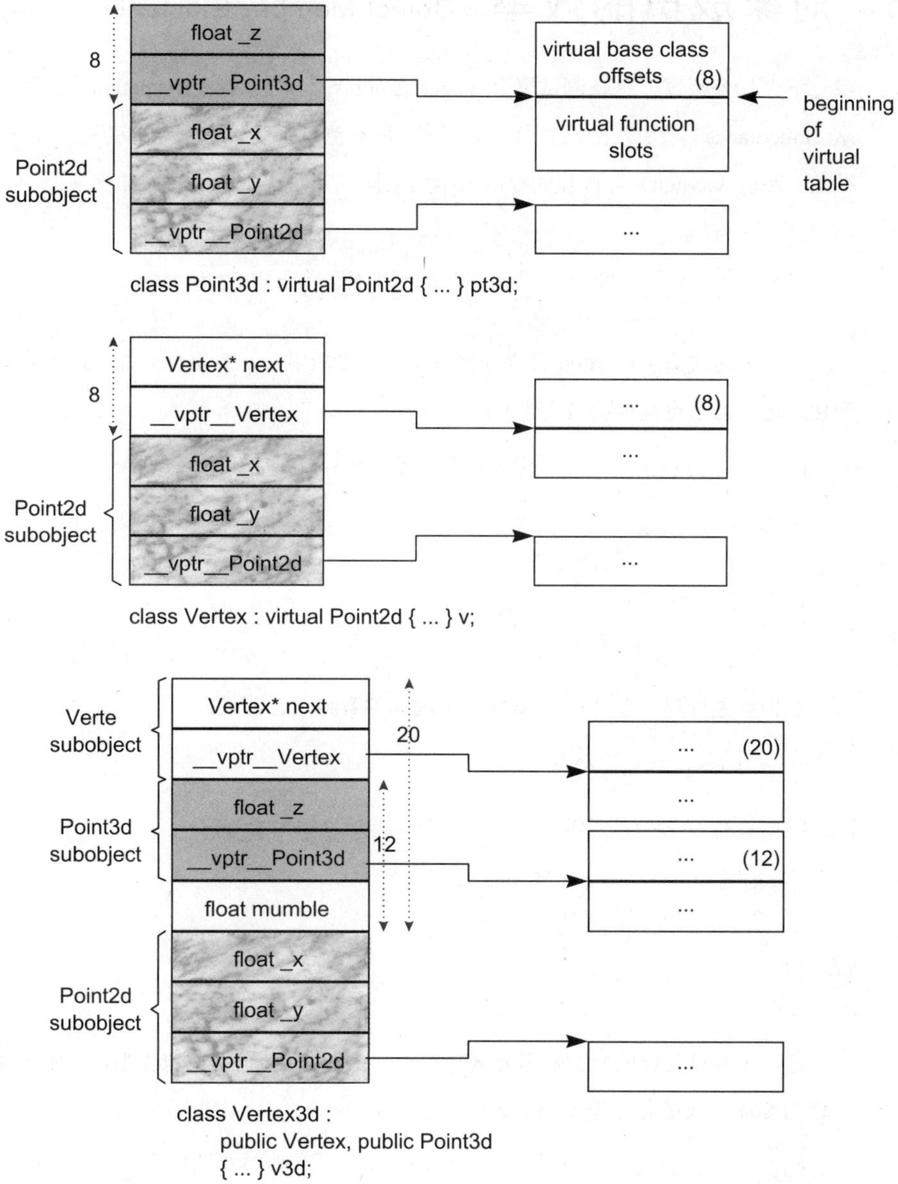

图 3.5b　虚拟继承，使用 Virtual Table Offset Strategy 所产生的数据布局（译注：原书的图 3.5b 把 Vertex 写为 Vertex2d，与书中的程序代码不符，所以我全部改为 Vertex）

3.5 对象成员的效率（Object Member Efficiency）

下面几个测试，旨在测试聚合（aggregation）、封装（encapsulation）以及继承（inheritance）所引发的额外负荷的程度。所有测试都是以个别局部变量的加法、减法、赋值（assign）等操作的存取成本为依据。下面就是个别的局部变量：

```
float pA_x = 1.725,  pA_y = 0.875,  pA_z = 0.478;
float pB_x = 0.315,  pB_y = 0.317,  pB_z = 0.838;
```

每个表达式需执行 1000 万次，如下所示（当然啦，一旦坐标点的表现方式有变化，运算语法也就得随之变化）：

```
for ( int iters = 0; iters < 10000000; iters++ )
{
  pB_x = pA_x - pB_z;
  pB_y = pA_y + pB_x;
  pB_z = pA_z + pB_y;
}
```

我们首先针对三个 float 元素所组成的局部数组进行测试：

```
enum fussy { x, y, z };

for ( int iters = 0; iters < 10000000; iters++ )
{
  pB[ x ] = pA[ x ] - pB[ z ];
  pB[ y ] = pA[ y ] + pB[ x ];
  pB[ z ] = pA[ z ] + pB[ y ];
}
```

第二个测试是把同质的数组元素转换为一个 C struct 数据抽象类型，其中的成员皆为 float，成员名称是 x、y、z：

```
for ( int iters = 0; iters < 10000000; iters++ )
{
  pB.x = pA.x - pB.z;
  pB.y = pA.y + pB.x;
  pB.z = pA.z + pB.y;
}
```

更深一层的抽象化，是做出数据封装，并使用 inline 函数。坐标点现在以一个独立的 *Point3d* class 来表示。我尝试两种不同形式的存取函数。第一，我定义一个 inline 函数，传回一个 reference，允许它出现在 assignment 运算符的两端：

```
class Point3d {
public:
  Point3d( float xx = 0.0, float yy = 0.0, float zz = 0.0 )
    : _x( xx ), _y( yy ), _z( zz ) {  }

  float& x()  { return _x; }
  float& y()  { return _y; }
  float& z()  { return _z; }

private:
  float _x, _y, _z;
};
```

那么真正对每一个坐标元素的存取操作应该像这样：

```
for ( int iters = 0; iters < 10000000; iters++ )
{
  pB.x() = pA.x() - pB.z();
  pB.y() = pA.y() + pB.x();
  pB.z() = pA.z() + pB.y();
}
```

我所定义的第二种存取函数形式是，提供一对 get/set 函数：

```
float x() { return _x; }   // 译注：此即 get 函数
void x( float newX )       // 译注：此即 set 函数
        { _x = newX; }
```

于是对每一个坐标值的存取操作应该像这样：

```
pB.x( pA.x() - pB.z() );
```

表 3.1 列出了两种编译器对于上述各种测试的结果。只有当两个编译器的效率有明显差异时，我才会把两者分别列出。

表 3.1　不断加强抽象化程度之后，数据的存取效率

	优化	未优化
个别的局部变量	0.80	1.42
局部数组		
CC	0.80	2.55
NCC	0.80	1.42
struct 之中有 public 成员	0.80	1.42
class 之中有 inline Get 函数		
CC	0.80	2.56
NCC	0.80	3.10
class 之中有 inline Get & Set 函数		
CC	0.80	1.74
NCC	0.80	2.87

这里所显示的重点在于，如果把优化开关打开，“封装”就不会带来执行期的效率成本。使用 inline 存取函数亦然。

我很奇怪为什么在 CC 之下存取数组，几乎比 NCC 慢两倍，尤其是数组存取所牵扯的只是 C 数组，并没有用到任何复杂的 C++特性。一位程序代码产生（code generation）专家将这种反常现象解释为“一种奇行怪癖……与特定的编译器有关”。或许这是真的，但它发生在我正用来开发软件的编译器身上啊！我决定挖掘其中的秘密。叫我“爱挑毛病的乔治”吧，如果你喜欢的话！如果你对该题目不感兴趣，请直接跳往下一个主题。

在下面的 assembly 语言输出片段中，l.s 表示加载（load）一个单精度浮点数，s.s.表示存储（store）一个单精度浮点数，sub.s 表示将两个单精度浮点数相减。下面是两种编译器的 assembly 语言输出结果，它们都加载两个值，将某一个减去另一个，然后存储其结果。在效率较差的 CC 编译器中，每一个局部变量的地址都被计算并放进一个寄存器之中（addu 表示无正负号的加法）：

```
// CC assembler output
#  13  pB[ x ] = pA[ x ] - pB[ z ];
   addu  $25, $sp, 20
   l.s   $f4, 0($25)
   addu  $24, $sp, 8
   l.s   $f6, 8($24)
   sub.s $f8, $f4, $f6
   s.s   $f8, 0($24)
```

而在 NCC 编译器的 assembly 输出中，加载（load）步骤直接计算地址：

```
// NCC assembler output
#  13  pB[ x ] = pA[ x ] - pB[ z ];
   l.s   $f4, 20($sp)
   l.s   $f6, 16($sp)
   sub.s $f8, $f4, $f6
   s.s   $f8, 8($sp)
```

如果局部变量被存取多次，CC 策略或许比较有效率。然而对于单一存取操作，把变量地址放到一个寄存器中很明显地增加了表达式的成本。不论哪一种编译器，只要把优化开关打开，两段代码都会变得相同，在其中，循环内的所有运算都会以寄存器内的数值来执行。

让我下一个结论：如果没有把优化开关打开，就很难猜测一个程序的效率表现，因为程序代码潜在性地受到专家所谓的“一种奇行怪癖……与特定编译器有关”的魔咒影响。在你开始“程序代码层面的优化操作”以加速程序的运行之前，你应该先确实地测试效率，而不是靠着推论与常识判断。

在下一个测试中，我首先要介绍 *Point* 抽象化的一个三层单一继承表达法，然后再介绍 *Point* 抽象化的一个虚拟继承表达法。我要测试直接存取和 inline 存取（多重继承并不适用于该模型，所以我决定放弃它）。三层单一继承表达法如下：

```
class Point1d { ... };                       // 维护 x
class Point2d : public Point1d { ... };     // 维护 y
class Point3d : public Point2d { ... };     // 维护 z
```

"单层虚拟继承"是从 *Point1d* 中虚拟派生出 *Point2d* 的；"双层虚拟继承"则又从 *Point2d* 中虚拟派生出 *Point3d*。**表 3.2** 列出了两种编译器的测试结果。同样地，只有当两种编译器的效率有明显不同时，我才会把两者分别列出。

表 3.2 在继承模型之下的数据存取

	优化	未优化
单一继承		
直接存取	0.80	1.42
使用 inline 函数		
CC	0.80	2.55
NCC	0.80	3.10
虚拟继承（单层）		
直接存取	1.60	1.94
使用 inline 函数		
CC	1.60	2.75
NCC	1.60	3.30
虚拟继承（双层）		
直接存取		
CC	2.25	2.74
NCC	3.04	3.68
使用 inline 函数		
CC	2.25	3.22
NCC	2.50	3.81

单一继承应该不会影响测试的效率，因为 members 被连续存储于 derived class object 中，并且其 offset 在编译时期就已知了。测试结果一如预期，和**表 3.1** 中的抽象数据类型结果相同。这个结果在多重继承的情况下应该也是相同的，但我不能确定。

另外，值得注意的是，如果把优化关闭，以常识来判断，我们说效率应该相同（对于"直接存取"和"inline 存取"两种做法）。然而实际上却是 inline 存取比较慢。我们再次得到教训：程序员如果关心其程序效率，应该实际测试，不要光凭推论、常识判断或假设。另一个需要注意的是，优化操作并不一定总是能够有效运行，我不只一次以优化方式来编译一个已通过编译的正常程序，却以失败收场。

虚拟继承的效率令人失望！两种编译器都没能够辨识出对“继承而来的 data member *pt1d::_x*”的存取是通过一个非多态类对象（因而不需要执行期的间接存取）进行的。两个编译器都会对 *pt1d::_x*（及双层虚拟继承中的 *pt2d::_y*）产生间接存取操作，虽然其在 *Point3d* 对象中的位置早在编译时期就固定了。“间接性”压抑了“把所有运算都移往寄存器执行”的优化能力。但是间接性并不会严重影响非优化程序的执行效率。

3.6　指向 Data Members 的指针

（Pointer to Data Members）

指向 data members 的指针，是一个有点神秘但颇有用处的语言特性，特别是如果你需要详细调查 class members 的底层布局的话。这样的调查可用以决定 vptr 是放在 class 的起始处或是尾端。另一个用途，展现于 3.2 节，可用来决定 class 中的 access sections 的顺序。一如我曾说过的，那是一个神秘但有时候有用的语言特性。

考虑下面的 *Point3d* 声明。其中有一个 virtual function，一个 static data member，以及三个坐标值：

```
class Point3d {
public:
   virtual ~Point3d();
   // ...
protected:
   static Point3d origin;
   float x, y, z;
};
```

每一个 *Point3d* class object 含有三个坐标值，依序为 *x*、*y*、*z*，以及一个 vptr。至于 static data member *origin*，则将被放在 class object 之外。唯一可能因编译器不同而不同的是 vptr 的位置。C++ Standard 允许 vptr 被放在对象中的任何位置：在起始处，在尾端，或是在各个 members 之间。然而实际上，所有编译器不是把 vptr 放在对象的头，就是放在对象的尾。

那么，取某个坐标成员的地址，代表什么意思？例如，以下操作所得到的值代表什么：

```
& Point3d::z;  // 译注：原书的 & 3d_point::z; 应为笔误
```

上述操作将得到 *z* 坐标在 class object 中的偏移位置（offset）。最低限度其值将是 *x* 和 *y* 的大小总和，因为 C++语言要求同一个 access level 中的 members 的排列顺序应该和其声明顺序相同。

然而 vptr 的位置就没有限制。不过容我再说一次，实际上 vptr 不是放在对象的头，就是放在对象的尾。在一台 32 位机器上，每一个 float 是 4 bytes，所以我们应该期望刚才获得的值要不是 8，就是 12（在 32 位机器上一个 vptr 是 4 bytes）。

然而，这样的期望却还少 1 bytes。对于 C 和 C++程序员而言，这多少算是个有点年代的错误了。

如果 vptr 放在对象的尾端，三个坐标值在对象布局中的 offset 分别是 0，4，8。如果 vptr 放在对象的起头，三个坐标值在对象布局中的 offset 分别是 4，8，12。然而你若去取 data members 的地址，传回的值总是多 1，也就是 1，5，9 或 5，9，13 等等。你知道为什么 Bjarne 决定要这么做吗？

译注：如何取& *Point3d::z* 的值并打印出来？以下是示范做法：

```
printf("&Point3d::x = %p\n", &Point3d::x);  // 结果 VC5: 4, BCB3: 5
printf("&Point3d::y = %p\n", &Point3d::y);  // 结果 VC5: 8, BCB3: 9
printf("&Point3d::z = %p\n", &Point3d::z);  // 结果 VC5: C, BCB3: D
```

注意，不可以这么做：

```
cout << "&Point3d::x = " << &Point3d::x << endl;
cout << "&Point3d::y = " << &Point3d::y << endl;
cout << "&Point3d::z = " << &Point3d::z << endl;
```

否则会得到错误消息：

error C2679: binary '<<' : no operator defined which takes a right-hand operand of type 'float Point3d::*' (or there is no acceptable conversion) (new behavior; please see help)

我使用的编译器是 Microsoft Visual C++ 5.0。为什么执行结果并不如书中所说增加 1 呢？原因可能是 Visual C++做了特殊处理，其道理与本章一开始对于 empty virtual base class 的讨论相近！

问题在于，如何区分一个“没有指向任何 data member”的指针，和一个指向“第一个 data member”的指针？考虑这样的例子：

```
float Point3d::*p1 = 0;
float Point3d::*p2 = &Point3d::x;
// 译注：Point3d::* 的意思是：“指向 Point3d data member”的指针类型。

// 喔欧：如何区分？
if ( p1 == p2 ) {
   cout << " p1 & p2 contain the same value -- ";
   cout << " they must address the same member!" << endl;
}
```

为了区分 *p1* 和 *p2*，每一个真正的 member offset 值都被加上 1。因此，不论编译器或使用者都必须记住，在真正使用该值以指出一个 member 之前，请先减掉 1。

认识“指向 data members 的指针”之后，我们发现，要解释：

```
& Point3d::z;   // 译注：原书的 & 3d_point::z; 应为笔误
```

和

```
& origin.z
```

之间的差异，就非常明确了。鉴于“取一个 nonstatic data member 的地址，将会得到它在 class 中的 offset”，取一个“绑定于真正 class object 身上的 data member”的地址，将会得到该 member 在内存中的真正地址。把

```
& origin.z
```

所得结果减（译注：原文为加，错误）*z* 的偏移值（相对于 *origin* 起始地址），并加 1（译注：原文为减，错误），就会得到 *origin* 起始地址。上一行的返回值类型应该是：

```
float*
```

而不是

```
float Point3d::*
```

由于上述操作所参考的是一个特定实例，所以取一个 static data member 的地址，意义也相同。

在多重继承之下，若要将第二个（或后继）base class 的指针，和一个“与 derived class object 绑定”的 member 结合起来，那么将会因为“需要加入 offset 值”而变得相当复杂。例如，假设我们有：

```
struct Base1 { int val1; };
struct Base2 { int val2; };
struct Derived : Base1, Base2 { ... };

void func1( int Derived::*dmp, Derived *pd )
{
   // 期望第一个参数得到的是一个“指向 derived class 之 member”的指针。
   // 如果传进来的却是一个“指向 base class 之 member”的指针，会怎样？
   pd->*dmp;
}

void func2( Derived *pd )
{
   // bmp 将成为 1
   int Base2::*bmp = &Base2::val2;

   // 喔欧，bmp == 1，
   // 但是在 Derived 中，val2 == 5
   func1( bmp, pd );
}
```

当 *bmp* 被作为 *func1()*的第一个参数时，它的值就必须因介入的 *Base1* class 大小而调整，否则 *func1()*中这样的操作：

```
pd->*dmp;
```

将存取到 *Base1*::*val1*，而非程序员所以为的 *Base2*::*val2*。要解决这个问题，必须：

```
// 经由编译器内部转换
func1( bmp + sizeof( Base1 ), pd );
```

然而，一般而言，我们不能够保证 *bmp* 不是 0，因此必须注意这一点：

```
// 内部转换
// 防范 bmp == 0
func1( bmp ? bmp + sizeof( Base1 ) : 0, pd );
```

译注：我实际写了一个小程序，打印上述各个 member 的 offset 值：

```
printf("&Base1::val1 = %p \n", &Base1::val1);       // (1)
printf("&Base2::val2 = %p \n", &Base2::val2);       // (2)
printf("&Derived::val1 = %p \n", &Derived::val1);   // (3)
printf("&Derived::val2 = %p \n", &Derived::val2);   // (4)
```

经过 Visual C++ 5.0 编译后，执行结果竟然都是 0。（1）（2）（3）都是 0 是可以理解的（为什么不是 1？可能是因为 Visual C++有特殊处理；稍早第 131 页中我的另一个译注曾有说明）。但为什么（4）也是 0，而不是 4？是否编译器已经内部处理过了呢？很可能（我只能如此猜测）。

如果我把 *Derived* 的声明改为：

```
struct Derived : Base1, Base2 { int vald; };
```

那么：

```
printf("&Derived::vald = %p \n", &Derived::vald);
```

将得到 8，表示 *vald* 的前面的确有 *val1* 和 *val2*。

“指向 Members 的指针”的效率问题

下面的测试企图获得一些测试数据，让我们了解在 3D 坐标点的各种 class 表现方式之下，使用“指向 members 的指针”所带来的影响。一开始的两个示例并没有继承关系，第一个示例是要取得一个“已绑定之 member”的地址：

```
float *ax = &pA.x;
```

然后施以赋值（assignment）、加法、减法操作如下：

```
*bx = *ax - *bz;
*by = *ay + *bx;
*bz = *az + *by;
```

第二个示例则是针对三个 members，取得“指向 data member 之指针”的地址：

```
float Point3d::*ax = &Point3d::x;
```

而赋值（assignment）、加法和减法等操作，都是使用“指向 data member 之指针”语法，把数值绑定到对象 *pA* 和 *pB* 中：

```
pB.*bx = pA.*ax - pB.*bz;
pB.*by = pA.*ay + pB.*bx;
pB.*bz = pA.*az + pB.*by;
```

回忆 3.5 节中的直接存取操作，平均时间是 0.8 秒（当优化开启时）或 1.42 秒（当优化关闭时）。现在再执行这两个测试，结果列于**表 3.3** 中。

表 3.3　存取 Nonstatic Data Member

	优化	未优化
直接存取（请参考 3.5 节）	0.80	1.42
指针指向已绑定的 Member	0.80	3.04
指针指向 Data Member		
CC	0.80	5.34
NCC	4.04	5.34

未优化的结果正如预期。也就是说，为每一个“member 存取操作”加上一层间接性（经由已绑定的指针），会使执行时间多出一倍不止。以“指向 member 的指针”来存取数据，再一次几乎用掉了双倍时间。要把“指向 member 的指针”绑定到 class object 身上，需要额外地把 offset 减 1。更重要的是，当然，优化可以使所有三种存取策略的效率变得一致，唯 NCC 编译器除外。你不妨注意一下，在这里，NCC 编译器所产生的代码在优化情况下有着令人震惊的可怜效率，这反映出它所产生出来的 assembly 代码有着可怜的优化操作，这和 C++源码如何表现并无直接关系——要知道，我曾检验过 CC 和 NCC 产生出来的未优化 assembly 代码，两者完全一样！

下一组测试要看看“继承”对于“指向 data member 的指针”所带来的效率冲击。在第一个示例中，独立的 *Point* class 被重新设计为一个三层单一继承体系，每一个 class 有一个 member：

```
class Point { ... };                          // float x;
class Point2d : public Point   { ... };      // float y;
class Point3d : public Point2d { ... };      // float z;
```

第二个示例仍然是三层单一继承体系，但导入一层虚拟继承：*Point2d* 虚拟派生自 *Point*。结果，每次对于 *Point::x* 的存取，将是对一个 virtual base class data member 的存取。最后一个示例，实用性很低，几乎纯粹是好奇心的驱使：我加上第二层虚拟继承，使 *Point3d* 虚拟派生自 *Point2d*。**表 3.4** 显示了测试结果。注意：由于 NCC 优化的效率在各项测试中都是一致的，我已经把它从表格中剔除了。

表 3.4 “指向 Data Member 的指针”存取方式

	优化	未优化
没有继承	0.80	5.34
单一继承（三层）	0.80	5.34
虚拟继承（单层）	1.60	5.44
虚拟继承（双层）	2.14	5.51

由于被继承的 data members 是直接存放在 class object 之中的，所以继承的引入一点也不会影响这些代码的效率。虚拟继承所带来的主要冲击是，它妨碍了优化的有效性。为什么？在两个编译器中，每一层虚拟继承都导入一个额外层次的间接性。在两个编译器中，每次存取 *Point::x*，像这样：

```
pB.*bx
```

会被转换为：

```
&pB->__vbcPoint + ( bx - 1 )
```

而不是转换最直接的：

```
&pB + ( bx - 1 )
```

额外的间接性会降低“把所有的处理都搬移到寄存器中执行”的优化能力。

第 4 章

Function 语意学
（The Semantics of Function）

如果我有一个 *Point3d* 的指针和对象：

```
Point3d obj;
Point3d *ptr = &obj;
```

当我这样做：

```
obj.normalize();
ptr->normalize();
```

时，会发生什么事？其中的 *Point3d::normalize()*定义如下：

```
Point3d
Point3d::normalize() const
{
   register float mag = magnitude();
   Point3d normal;

   normal._x = _x/mag;
   normal._y = _y/mag;
```

```
    normal._z = _z/mag;

    return normal;
}
```

而其中的 *Point3d::magnitude()*又定义如下：

```
float
Point3d::magnitude() const
{
    return sqrt(_x * _x + _y * _y + _z * _z);
}
```

答案是：我不知道！C++支持三种类型的 member functions：static、nonstatic 和 virtual，每一种类型被调用的方式都不相同。其间差异正是下一节的主题。不过，我们虽然不能够确定 *normalize()*和 *magnitude()*两函数是否为 virtual 或 nonvirtual，但可以确定它一定不是 static，原因有二：（1）它直接存取 nonstatic 数据，（2）它被声明为 const。是的，static member functions 不可能做到这两点。

4.1 Member 的各种调用方式

回顾历史，原始的“C with Classes”只支持 nonstatic member functions（请看[STROUP82]，其中有 C 语言的第一个公开说明）。Virtual 函数是在 20 世纪 80 年代中期被加进来的，并且很显然受到许多质疑（许多质疑至今在 C 族群中仍然存在）。在[STROUP94]文献中，Bjarne 写道：

有一种常见的观点，认为 virtual functions 只不过是一种跛脚的函数指针，没什么用……其意思主要就是，virtual functions 是一种没有效能的形式。

Static member functions 是最后被引入的一种函数类型。它们在 1987 年的 Usenix C++研讨会的厂商研习营（Implementor's Workshop）中被正式提议加入这个语言，并由 cfront 2.0 实现出来。

Nonstatic Member Functions（非静态成员函数）

C++的设计准则之一就是：nonstatic member function 至少必须和一般的 nonmember function 有相同的效率。也就是说，如果我们要在以下两个函数之间做选择：

```
float magnitude3d( const Point3d *_this ) { ... }
float Point3d::magnitude3d() const { ... }
```

选择 member function 不应该带来什么额外负担。这是因为编译器内部已将“member 函数实例”转换为对等的“nonmember 函数实例”。

举个例子，下面是 *magnitude()*的一个 nonmember 定义：

```
float magnitude3d( const Point3d *_this ) {
   return sqrt( _this->_x * _this->_x +
                _this->_y * _this->_y +
                _this->_z * _this->_z );
}
```

乍见之下似乎 nonmember function 比较没有效率，它间接地经由参数取用坐标成员，而 member function 却是直接取用坐标成员。然而实际上 member function 被内化为 nonmember 的形式。下面就是转化步骤：

1. 改写函数的 signature（译注：意指函数原型）以安插一个额外的参数到 member function 中，用以提供一个存取管道，使 class object 得以将此函数调用。该额外参数被称为 *this* 指针：

   ```
   // non-const nonstatic member 的扩张过程
   Point3d
   Point3d::magnitude( Point3d *const this )
   ```

   如果 member function 是 const，则变成：

   ```
   // const nonstatic member 的扩张过程
   Point3d
   Point3d::magnitude( const Point3d *const this )
   ```

2. 将每一个“对 nonstatic data member 的存取操作”改为经由 *this* 指针来存取：

```
{
   return sqrt(
      this->_x * this->_x +
      this->_y * this->_y +
      this->_z * this->_z );
}
```

3. 将 member function 重新写成一个外部函数。将函数名称经过“mangling”处理，使它在程序中成为独一无二的语汇：

```
extern magnitude__7Point3dFv(
   register Point3d *const this );
```

现在这个函数已经被转换好了，而其每一个调用操作也都必须转换。于是：

```
obj.magnitude();
```

变成了：

```
magnitude__7Point3dFv( &obj );
```

而

```
ptr->magnitude();
```

变成了：

```
magnitude__7Point3dFv( ptr );
```

本章一开始所提的 *normalize()*函数会被转化为下面的形式，其中假设已经声明有一个 *Point3d* copy constructor，而 named returned value（NRV）的优化也已施行：

```
// 以下描述“named return value 函数”的内部转化
// 使用 C++ 伪码
void
normalize__7Point3dFv( register const Point3d *const this,
                       Point3d &__result)
{
  register float mag =  this->magnitude();

  // default constructor
  __result.Point3d::Point3d();

  __result._x = this->_x/mag;
  __result._y = this->_y/mag;
  __result._z = this->_z/mag;

  return;
}
```

一个比较有效率的做法是直接建构“normal”值，像这样：

```
Point3d
Point3d::normalize() const
{
  register float mag =  magnitude();
  return Point3d( _x/mag, _y/mag, _z/mag );
}
```

它会被转化为以下的代码（再一次我假设 *Point3d* 的 copy constructor 已经声明好了，而 NRV 的优化也已实施）：

```
// 以下描述内部转化
// 使用 C++ 伪码
void
normalize__7Point3dFv( register const Point3d *const this,
                       Point3d &__result)
{
  register float mag =  this->magnitude();

  // __result 用以取代返回值（return value）
  __result.Point3d::Point3d(
    this->_x/mag, this->_y/mag, this->_z/mag );

  return;
}
```

这可以节省 default constructor 初始化所引起的额外负担。

名称的特殊处理（Name Mangling）

一般而言，member 的名称前面会被加上 class 名称，形成独一无二的命名。例如下面的声明：

```
class Bar { public: int ival; ... };
```

其中的 *ival* 有可能变成这样：

```
// member 经过 name-mangling 之后的可能结果之一
ival__3Bar
```

为什么编译器要这么做？请考虑这样的派生操作（derivation）：

```
class Foo : public Bar { public: int ival; ... };
```

记住，*Foo* 对象内部结合了 base class 和 derived class 两者：

```
// C++ 伪码
// Foo 的内部描述
class Foo {
public:
   int ival__3Bar;
   int ival__3Foo;
   ...
};
```

不管你要处理哪一个 *ival*，通过“name mangling”，都可以绝对清楚地指出来。由于 member functions 可以被重载化（overloaded），所以需要更广泛的 mangling 手法，以提供绝对独一无二的名称。如果把：

```
class Point {
public:
   void x( float newX );
   float x();
   ...
}
```

转换为：

```
class Point {
public:
   void x__5Point( float newX );
   float x__5Point();
   ...
}
```

会导致两个被重载化（overloaded）的函数实例拥有相同的名称。为了让它们独一无二，唯有再加上它们的参数链表（可以从函数原型中参考得到）。如果把参数类型也编码进去，就一定可以制造出独一无二的结果，使我们的两个 *x()*函数有良好的转换（但如果你声明 extern“C”，就会压抑 nonmember functions 的“mangling”效果）：

```
class Point {
public:
   void x__5PointFf( float newX );
   float x__5PointFv();
   ...
}
```

以上所示只是 cfront 采用的编码方法。我必须承认，目前的编译器并没有统一的编码方法——虽然不断有一些活动企图导引出这方面的一个工业标准。C++编译器对 name mangling 的做法目前还没有统一，但我们知道它迟早会统一。

把参数和函数名称编码在一起，编译器于是在不同的被编译模块之间达成了一种有限形式的类型检验。举个例子，如果一个 *print* 函数被这样定义：

```
void print ( const Point3d& ) { ... }
```

但意外地被这样声明和调用：

```
// 喔欧：以为是 const Point3d&
void print( const Point3d );
```

两个实例如果拥有独一无二的 name mangling，那么任何不正确的调用操作在链接时期就因无法决议（*resolved*）而失败。有时候我们可以乐观地称此为“确保类型安全的链接行为”（type-safe linkage）。我说“乐观地”是因为它只可以捕捉函数的标记（译注：signature，亦即函数名称+参数个数+参数类型）错误；如果“返回类型”声明错误，就没办法检查出来！

在目前的编译系统中，有一种所谓的 demangling 工具，用来拦截名称并将其转换回去。使用者可以仍然处于“不知道内部名称”的极大幸福之中。然而生命并不是长久以来一直如此轻松，在 cfront 1.1 版中，由于该系统未经世故，因此总是收藏两种名称（译注：未经 mangled 和经过 mangled 的两种名称）；编译错误消息用的是程序源码函数名称，然而链接器却不，它用的是经过 mangled 的内部名称。

我还记得那些极度苦闷、半带狂怒、红头发、有雀斑的工程师，在一个午后，摇摇晃晃地走进我的办公室，厉声诘问我到底 cfront 对他的程序代码做了些什么手脚。这种与使用者之间的互动关系对我而言很新鲜，所以我的第一个想法是回答他：“没有，当然什么都没有！唔，真的没有。无论如何，我不知道……你为什么不去问 Bjarne 呢？”我的第二个想法则是平静地询问他问题出在哪里（这使我获得了一些声望，呵呵）。

“这里。”他几近咆哮地向我推来一叠编译结果，并以一种嫌恶的口吻告诉我，链接器说他有一个无法决议（unsolved）的函数：

```
_oppl_mat44rcmat44
```

或是一般公认很不具亲和性的东西，像是一个 4×4 矩阵类别的加法运算符的 mangling 结果：

```
mat44::operator+( const mat44& );
```

原来，这位老兄声明并调用该运算符，但是却忘了定义它！“噢，”他说，“嗯。”他又加了一声。然后他强烈建议我们以后不要把内部名称显示给使用者看。大体来说，我们采纳了他的建议。

Virtual Member Functions（虚拟成员函数）

如果 *normalize()*是一个 virtual member function，那么以下的调用：

```
ptr->normalize();
```

将会被内部转化为：

```
( * ptr->vptr[ 1 ])( ptr );
```

其中：

- vptr 表示由编译器产生的指针，指向 virtual table。它被安插在每一个“声明有（或继承自）一个或多个 virtual functions”的 class object 中。事实上其名称也会被“mangled”，因为在一个复杂的 class 派生体系中，可能存在多个 vptrs。
- 1 是 virtual table slot 的索引值，关联到 *normalize()*函数。
- 第二个 *ptr* 表示 *this* 指针。

类似的道理，如果 *magnitude()*也是一个 virtual function，它在 *normalize()* 之中的调用操作将被转换如下：

```
// register float mag = magnitude();
register float mag = ( *this->vptr[ 2 ] )( this );
```

此时，由于 *Point3d*::*magnitude()*是在 *Point3d*::*normalize()*中被调用的，而后者已经由虚拟机制而决议（resolved）妥当，所以显式地调用“*Point3d* 实例”会比较有效率，并因此压制由于虚拟机制而产生的不必要的重复调用操作：

```
// 显式的调用操作（explicitly invocation）会压制虚拟机制
register float mag = Point3d::magnitude();
```

如果 *magnitude()*声明为 inline 函数，会更有效率。使用 class scope operator 显式调用一个 virtual function，其决议（*resolved*）方式会和 nonstatic member function 一样：

```
register float mag = magnitude__7Point3dFv( this );
```

对于以下调用：

```
// Point3d obj;
obj.normalize();
```

如果编译器把它转换为：

```
( * obj.vptr[ 1 ] )( &obj );
```

虽然语意正确，却没有必要。请回忆那些并不支持多态（polymorphism）的对象（1.3 节）。所以上述经由 *obj* 调用的函数实例只可以是 *Point3d*::*normalize()*。"经由一个 class object 调用一个 virtual function"，这种操作应该总是被编译器像对待一般 nonstatic member function 一样地加以决议（resolved）：

```
normalize__7Point3dFv( &obj );
```

这项优化工程的另一利益是，virtual function 的一个 inline 函数实例可以被扩展（expanded）开来，因而提供极大的效率利益。

Virtual functions，特别是它们在继承机制下的行为，将在 4.2 节有比较详细的讨论。

Static Member Functions（静态成员函数）

如果 *Point3d*::*normalize()*是一个 static member function，以下两个调用操作：

```
obj.normalize();
ptr->normalize();
```

将被转换为一般的 nonmember 函数调用，像这样：

```
// obj.normalize();
normalize__7Point3dSFv();
// ptr->normalize();
normalize__7Point3dSFv();
```

在 C++引入 static member functions 之前，我想你很少看到下面这种怪异写法[1]：

```
(( Point3d* ) 0 )->object_count();
```

其中的 *object_count()* 只是简单传回 *_object_count* 这个 static data member。这种习惯是如何演化来的？

在引入 static member functions 之前，C++语言要求所有的 member functions 都必须经由该 class 的 object 来调用。而实际上，只有当一个或多个 nonstatic data members 在 member function 中被直接存取时，才需要 class object。Class object 提供了 *this* 指针给这种形式的函数调用使用。这个 *this* 指针把"在 member function 中存取的 nonstatic class members"绑定于"object 内对应的 members"之上。如果没有任何一个 members 被直接存取，事实上就不需要 *this* 指针，因此也就没有必要通过一个 class object 来调用一个 member function。不过 C++语言到目前为止并不能够辨识这种情况。

这么一来就在存取 static data members 时产生了一些不规则性。如果 class 的设计者把 static data member 声明为 nonpublic（这一直被视为是一种好的习惯），那么他就必须提供一个或多个 member functions 来存取该 member。因此，虽然你可以不靠 class object 来存取一个 static member，但其存取函数却得绑定于一个 class

---

1 Jonathan Shopiro，贝尔实验室的成员，是我所知第一位使用这种用法的人。他也是为 C++引入 static member functions 的主要倡导者。Static member functions 第一次正式提出，是在 1988 年 Usenix C++研讨会的厂商研习会议上一个由我所作的演讲中。当时我的主题是 pointer-to-member functions。我，并不令人讶异地，没有能够让 Tom Cargill 承认多重继承并不太困难；我同时也多少带到了一点 Jonathan 关于 static member functions 的想法。谢天谢地，他跳上了讲台，对我们大谈其理念。不过在[STROUP94]文献中，Bjarne 说他第一次听到的 static member functions 提案是来自于 Martion O'Riordan。

object 之上。

独立于 class object 之外的存取操作，在某个时候特别重要：当 class 设计者希望支持“没有 class object 存在”的情况（就像前述的 *object_count()*那样）时。程序方法上的解决之道是很奇特地把 0 强制转换为一个 class 指针，因而提供出一个 *this* 指针实例：

```
// 函数调用的内部转换
object_count( ( Point3d* ) 0 );
```

至于语言层面上的解决之道，是由 cfront 2.0 所引入的 static member functions。Static member functions 的主要特性就是它没有 *this* 指针。以下的次要特性统统根源于其主要特性：

- 它不能够直接存取其 class 中的 nonstatic members。
- 它不能够被声明为 const、volatile 或 virtual。
- 它不需要经由 class object 才被调用——虽然大部分时候它是这样被调用的！

“member selection”语法的使用是一种符号上的便利，它会被转化为一个直接调用操作：

```
if ( Point3d::object_count() > 1 ) ...
```

如果 class object 是因为某个表达式而获得的，会如何？例如：

```
if ( foo().object_count() > 1 ) ...
```

噢，这个表达式仍然需要被评估求值（evaluated）：

```
// 转化，以保存副作用
(void) foo();
if ( Point3d::object_count() > 1 ) ...
```

一个 static member function，当然会被提出于 class 声明之外，并给予一个经过"mangled"的适当名称。例如：

```
unsigned int
Point3d::
object_count()
{
   return _object_count;
}
```

会被 cfront 转化为：

```
// 在 cfront 之下的内部转化结果
unsigned int
object_count__5Point3dSFv()
{
   return _object_count__5Point3d;
}
```

其中 *SFv* 表示它是一个 static member function，拥有一个空白（void）的参数链表（argument list）。

如果取一个 static member function 的地址，获得的将是其在内存中的位置，也就是其地址。由于 static member function 没有 *this* 指针，所以其地址的类型并不是一个"指向 class member function 的指针"，而是一个"nonmember 函数指针"。也就是说：

```
&Point3d::object_count();
```

会得到一个数值，类型是：

```
unsigned int (*)();
```

而不是：

```
unsigned int ( Point3d::* )();
```

Static member function 由于缺乏 *this* 指针，因此差不多等同于 nonmember

function。它提供了一个意想不到的好处：成为一个 callback 函数，使我们得以将 C++和 C-based X Window 系统结合（请看[YOUNG95]中的讨论）。它们也可以成功地应用在线程（threads）函数身上（请看[SCHMIDT94a]）。

4.2 Virtual Member Functions（虚拟成员函数）

我们已经看过了 virtual function 的一般实现模型：每一个 class 有一个 virtual table，内含该 class 之中有作用的 virtual function 的地址，然后每个 object 有一个 vptr，指向 virtual table 的所在。在这一节中，我要走访一组可能的设计，然后以单一继承、多重继承和虚拟继承等各种情况，从细部上探究这个模型。

为了支持 virtual function 机制，必须首先能够对于多态对象有某种形式的“执行期类型判断法（runtime type resolution）”。也就是说以下的调用操作将需要 *ptr* 在执行期的某些相关信息，

```
ptr->z();
```

如此一来才能够找到并调用 *z()*的适当实例。

或许最直截了当但是成本最高的解决方法就是把必要的信息加在 *ptr* 身上。在这样的策略之下，一个指针（或是一个 reference）持有两项信息：

1. 它所参考到的对象的地址（也就是目前它所持有的东西）；
2. 对象类型的某种编码，或是某个结构（内含某些信息，用以正确决议出 *z()*函数实例）的地址。

这个方法带来两个问题：第一，它明显增加了空间负担，即使程序并不使用多态（polymorphism）；第二，它打断了与 C 程序间的链接兼容性。

如果这份额外信息不能够和指针放在一起，下一个可以考虑的地方就是把它放在对象本身。但是哪一个对象真正需要这些信息呢？我们应该把这些信息放进可能

被继承的每一个集合体身上吗？或许吧！但请考虑一下这样的 C struct 声明：

```
struct date { int m, d, y; };
```

严格地说，这符合上述规范。然而事实上它并不需要那些信息。加上那些信息将使 C struct 膨胀并且打破链接兼容性，却没有带来任何明显的补偿利益。

“好吧，”你说，“只有面对那些显式使用了 class 关键词的声明，才应该加上额外的执行期信息。”这么做就可以保留语言的兼容性了，不过仍然不是一个够聪明的政策。举个例子，下面的 class 符合新规范：

```
class date { public: int m, d, y; };
```

但实际上它并不需要那份信息。下面的 class 声明虽然不符合新规范，却需要那份信息：

```
struct geom { public: virtual ~geom(); ... };
```

噢，是的，我们需要一个更好的规范，一个“以 class 的使用为基础，而不在乎关键词是 class 或 struct（1.2 节）”的规范。如果 class 真正需要那份信息，它就会存在；如果不需要，它就不存在。那么，到底何时才需要这份信息？很明显是在必须支持某种形式之“执行期多态（runtime polymorphism）”的时候。

在 C++中，多态（polymorphism）表示“以一个 public base class 的指针（或 reference），寻址出一个 derived class object”的意思。例如下面的声明：

```
Point *ptr;
```

我们可以指定 *ptr* 以寻址出一个 *Point2d* 对象：

```
ptr = new Point2d;    // 原书写为 Point2d pt2d = new Point2d; 我想是笔误！
```

或是一个 *Point3d* 对象：

```
ptr = new Point3d;
```

ptr 的多态机能主要扮演一个输送机制（transport mechanism）的角色，经由它，我们可以在程序的任何地方采用一组 public derived 类型。这种多态形式被称为是消极的（passive），可以在编译时期完成——virtual base class 的情况除外。

当被指出的对象真正被使用时，多态也就变成积极的（active）了。下面对于 virtual function 的调用，就是一例：

```
// “积极多态（active polymorphism）”的常见例子
ptr->z();
```

在 runtime type identification（RTTI）性质于 1993 年被引入 C++语言之前，C++对“积极多态（active polymorphism）”的唯一支持，就是对于 virtual function call 的决议（resolution）操作。有了 RTTI，就能够在执行期查询一个多态的 pointer 或多态的 reference 了（RTTI 将在本书 7.3 节讨论）。

```
// “积极多态（active polymorphism）”的第二个例子
if ( Point3d *p3d =
     dynamic_cast< Point3d * >( ptr ) )
   return p3d->_z;
```

所以，问题已经被区分出来，那就是：欲鉴定哪些 classes 展现多态特性，我们需要额外的执行期信息。一如我所说，关键词 class 和 struct 并不能够帮助我们。由于没有导入像是 polymorphic 之类的新关键词，因此识别一个 class 是否支持多态，唯一适当的方法就是看看它是否有任何 virtual function。只要 class 拥有一个 virtual function，它就需要这份额外的执行期信息。

下一个明显的问题是，什么样的额外信息是我们需要存储起来的？也就是说，如果我有这样的调用：

```
ptr->z();
```

其中 *z()*是一个 virtual function，那么什么信息才能让我们在执行期调用正确的 *z()*

实例？我需要知道：

- *ptr* 所指对象的真实类型。这可使我们选择正确的 *z()*实例；
- *z()*实例的位置，以便我能够调用它。

在实现上，首先我可以在每一个多态的 class object 身上增加两个 members：

1. 一个字符串或数字，表示 class 的类型；
2. 一个指针，指向某表格，表格中持有程序的 virtual functions 的执行期地址。

表格中的 virtual functions 地址如何被建构起来？在 C++中，virtual functions（可经由其 class object 被调用）可以在编译时期获知。此外，这一组地址是固定不变的，执行期不可能新增或替换之。由于程序执行时，表格的大小和内容都不会改变，所以其建构和存取皆可以由编译器完全掌控，不需要执行期的任何介入。

然而，执行期备妥那些函数地址，只是解答的一半而已。另一半解答是找到那些地址。两个步骤可以完成这项任务：

1. 为了找到表格，每一个 class object 被安插了一个由编译器内部产生的指针，指向该表格。
2. 为了找到函数地址，每一个 virtual function 被指派一个表格索引值。

这些工作都由编译器完成。执行期要做的，只是在特定的 virtual table slot（记录着 virtual function 的地址）中激活 virtual function。

一个 class 只会有一个 virtual table。每一个 table 内含其对应之 class object 中所有 active virtual functions 函数实例的地址。这些 active virtual functions 包括：

- 这一 class 所定义的函数实例。它会改写（overriding）一个可能存在的 base class virtual function 函数实例。

- 继承自 base class 的函数实例。这是在 derived class 决定不改写 virtual function 时才会出现的情况。
- 一个 *pure_virtual_called()*函数实例，它既可以扮演 pure virtual function 的空间保卫者角色，也可以当做执行期异常处理函数（有时候会用到）。

每一个 virtual function 都被指派一个固定的索引值，这个索引在整个继承体系中保持与特定的 virtual function 的关系。例如在我们的 *Point* class 体系中：

```
class Point {
public:
   virtual ~Point();

   virtual Point& mult( float ) = 0;
   // ... 其他操作

   float x() const { return _x; }
   virtual float y() const { return 0; }
   virtual float z() const { return 0; }
   // ...

protected:
   Point( float x = 0.0 );
   float _x;
};
```

virtual destructor 被指派 slot 1，而 *mult()*被指派 slot 2。此例并没有 *mult()*的函数定义（译注：因为它是一个 pure virtual function），所以 *pure_virtual_called()*的函数地址会被放在 slot 2 中。如果该函数意外地被调用，通常的操作是结束掉这个程序。*y()*被指派 slot 3 而 *z()*被指派 slot 4。*x()*的 slot 是多少？答案是没有，因为 *x()*并非 virtual function。**图 4.1** 表示 *Point* 的内存布局和其 virtual table。

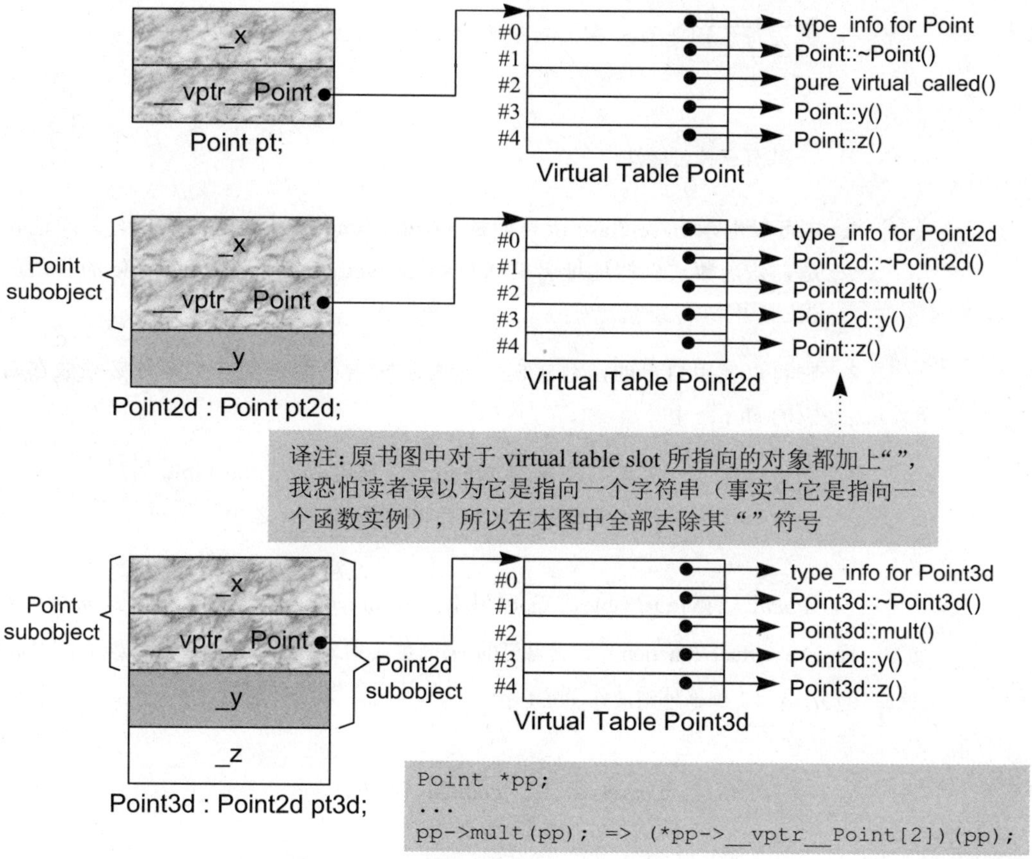

图 4.1　Virtual Table 的布局：单一继承情况

当一个 class 派生自 *Point* 时，会发生什么事？例如 class *Point2d*:

```
class Point2d : public Point {
public:
   Point2d( float x = 0.0, float y = 0.0 )
     : Point( x ), _y( y ) { }
   ~Point2d();

   // 改写 base class virtual functions
   Point2d& mult( float );
   float y() const { return _y; }
   // ... 其他操作
```

```
protected:
  float _y;
};
```

一共有三种可能性：

1. 它可以继承 base class 所声明的 virtual functions 的函数实例。正确地说是，该函数实例的地址会被拷贝到 derived class 的 virtual table 的相对应 slot 之中。
2. 它可以使用自己的函数实例。这表示它自己的函数实例地址必须放在对应的 slot 之中。
3. 它可以加入一个新的 virtual function。这时候 virtual table 的尺寸会增大一个 slot，而新的函数实例地址会被放进该 slot 之中。

Point2d 的 virtual table 在 slot 1 中指出 destructor，而在 slot 2 中指出 *mult()*（取代 pure virtual function）。它自己的 *y()*函数实例地址放在 slot 3 中，继承自 *Point* 的 *z()*函数实例地址则放在 slot 4 中。

类似的情况，*Point3d* 派生自 *Point2d*，如下：

```
class Point3d : public Point2d {
public:
   Point3d( float x = 0.0, float y = 0.0, float z = 0.0 )
      : Point2d( x, y ), _z( z ) { }
   ~Point3d();

   // 改写 base class virtual functions
   Point3d& mult( float );
   float z() const { return _z; }
   // ... 其他操作

protected:
   float _z;
};
```

其 virtual table 中的 slot 1 放置 *Point3d* 的 destructor，slot 2 放置 *Point3d*::*mult()*

函数地址，slot 3 放置继承自 *Point2d* 的 *y()*函数地址，slot 4 放置自己的 *z()*函数地址。**图 4.1** 显示 *Point3d* 的对象布局和其 virtual table。

现在，如果我有这样的式子：

```
ptr->z();
```

我如何有足够的知识在编译时期设定 virtual function 的调用呢？

- 一般而言，在每次调用 *z()*时，我并不知道 *ptr* 所指对象的真正类型。然而我知道，经由 *ptr* 可以存取到该对象的 virtual table。
- 虽然我不知道哪一个 *z()*函数实例会被调用，但我知道每一个 *z()*函数地址都被放在 slot 4 中。

这些信息使得编译器可以将该调用转化为：

```
( *ptr->vptr[ 4 ] )( ptr );
```

在这一转化中，vptr 表示编译器所安插的指针，指向 virtual table；4 表示 *z()* 被指派的 slot 编号（关系到 *Point* 体系的 virtual table）。唯一一个在执行期才能知道的东西是：slot 4 所指的到底是哪一个 *z()*函数实例？

在一个单一继承体系中，virtual function 机制的行为十分良好，不但有效率而且很容易塑造出模型来。但是在多重继承和虚拟继承之中，对 virtual functions 的支持就没有那么美好了。

多重继承下的 Virtual Functions

在多重继承中支持 virtual functions，其复杂度围绕在第二个及后继的 base classes 身上，以及“必须在执行期调整 *this* 指针”这一点。以下面的 class 体系为例：

```
// class 体系，用来描述多重继承（MI）情况下支持 virtual function 时的复杂度
class Base1 {
public:
   Base1();
```

```
    virtual ~Base1();
    virtual void speakClearly();
    virtual Base1 *clone() const;
protected:
    float data_Base1;
};

class Base2 {
public:
    Base2();
    virtual ~Base2();
    virtual void mumble();
    virtual Base2 *clone() const;
protected:
    float data_Base2;
};

class Derived : public Base1, public Base2 {
public:
    Derived();
    virtual ~Derived();
    virtual Derived *clone() const;
protected:
    float data_Derived;
};
```

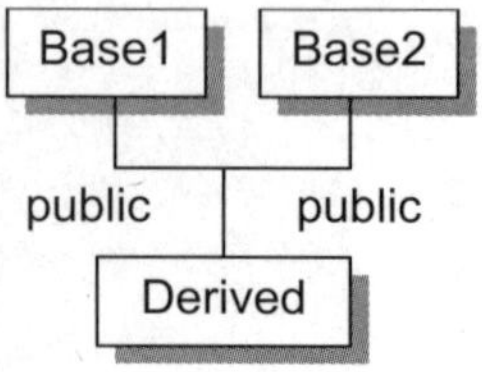

译注：上述例子无法通过 VC5 编译，会出现错误消息如下：

error C2555: 'Derived::clone' : overriding virtual function differs from 'Base1::clone' only by return type or calling convention

error C2555: 'Derived::clone' : overriding virtual function differs from 'Base2::clone' only by return type or calling convention

但这是因为 VC5 未符合 C++标准之故。原本 C++规定，改写函数（overriding function）的类型，包括函数名称、参数列、返回值类型，都必须和被改写函数（overrided function）相同。本例由于 *Derived* 派生自 *Base1* 和 *Base2*，所以面对"*Base1::clone()* 传回 *Base1**"而"*Base2::clone()* 传回 *Base2**"两种情况，*Derived::clone()*无所适从。然而时至今日，C++标准已针对此项做了修改，为的是容许所谓的虚拟构造函数（virtual constructor）。见第 166 页。

“*Derived* 支持 virtual functions”的困难度，统统落在 *Base2* subobject 身上。有三个问题需要解决，以此例而言分别是**(1)** virtual destructor，**(2)**被继承下来的 *Base2*::*mumble()*，**(3)**一组 *clone()*函数实例。让我依序解决每一个问题。

首先，我把一个从 heap 中配置而得的 *Derived* 对象的地址，指定给一个 *Base2* 指针：

```
Base2 *pbase2 = new Derived;
```

新的 *Derived* 对象的地址必须调整以指向其 *Base2* subobject。编译时期会产生以下的代码：

```
// 转移以支持第二个 base class
Derived *temp = new Derived;
Base2 *pbase2 = temp ? temp + sizeof( Base1 ) : 0;
```

如果没有这样的调整，指针的任何“非多态运用”（像下面那样）都将失败：

```
// 即使 pbase2 被指定一个 Derived 对象，这也应该没有问题
pbase2->data_Base2;
```

当程序员要删除 *pbase2* 所指的对象时：

```
// 必须首先调用正确的 virtual destructor 函数实例
// 然后施行 delete 运算符。
// pbase2 可能需要调整，以指出完整对象的起始点
delete pbase2;
```

指针必须被再一次调整，以求再一次指向 *Derived* 对象的起始处（推测它还指向 *Derived* 对象）。然而上述的 offset 加法却不能够在编译时期直接设定，因为 *pbase2* 所指的真正对象只有在执行期才能确定。

一般规则是，经由指向“第二或后继之 base class”的指针（或 reference）来调用 derived class virtual function。译注：就像本例的：

```
Base2 *pbase2 = new Derived;
...
delete pbase2;  // invoke derived class's destructor (virtual)
```

其所连带的必要的“*this* 指针调整”操作，必须在执行期完成。也就是说，offset 的大小，以及把 offset 加到 *this* 指针上头的那一小段程序代码，必须由编译器在某个地方插入。问题是，在哪个地方？

Bjarne 原先实施于 cfront 编译器中的方法是将 virtual table 加大，使它容纳此处所需的 *this* 指针，调整相关事物。每一个 virtual table slot，不再只是一个指针，而是一个集合体，内含可能的 offset 以及地址。于是 virtual function 的调用操作由：

```
(*pbase2->vptr[1])( pbase2 );
```

改变为：

```
( *pbase2->vptr[1].faddr )
  ( pbase2 + pbase2->vptr[1].offset );
```

其中 *faddr* 内含 virtual function 地址，*offset* 内含 *this* 指针调整值。

这个做法的缺点是，它相当于连坐“处罚”了所有的 virtual function 调用操作，不管它们是否需要 *offset* 的调整。我所谓的“处罚”，包括 *offset* 的额外存取及其加法，以及每一个 virtual table slot 的大小改变。

比较有效率的解决方法是利用所谓的 thunk。当我第一次学到这个字眼的时候，我的教授开玩笑地告诉我，thunk 是 knuth 的倒拼字，所以他把这项技术归功于 knuth 博士☺。

> 译注：Donald E. Knuth，写出经典名著 ***The Art of Computer Programming*** 的那个人。此套书籍被誉为“the bible of fundamental algorithms”，据说拥有的人很多，看过的人很少☺。目前（1998）出版了：
>
> Volume 1 : Fundamental Algorithms 3/e
> Volume 2 : Seminumerical Algorithms 3/e
> Volume 3 : Sorting and Searching 2/e

Thunk 技术初次引进到编译器技术中，我相信是为了支持 ALGOL 独一无二的 pass-by-name 语意。所谓 thunk 是一小段 assembly 代码，用来（1）以适当的 offset 值调整 *this* 指针，（2）跳到 virtual function 去。例如，经由一个 *Base2* 指针调用 *Derived* destructor，其相关的 thunk 可能看起来是这个样子：

```
// 虚拟 C++代码
pbase2_dtor_thunk:
   this += sizeof( base1 );
   Derived::~Derived( this );
```

Bjarne 并不是不知道 thunk 技术，问题是 thunk 只有以 assembly 代码完成才有效率可言。由于 cfront 使用 C 作为其程序代码产生语言，所以无法提供一个有效率的 thunk 编译器。

Thunk 技术允许 virtual table slot 继续内含一个简单的指针，因此多重继承不需要任何空间上的额外负担。Slots 中的地址可以直接指向 virtual function，也可以指向一个相关的 thunk（如果需要调整 *this* 指针的话）。于是，对于那些不需要调整 *this* 指针的 virtual function（相信大部分如此，虽然我手上没有数据）而言，也就不需承载效率上的额外负担。

调整 *this* 指针的第二个额外负担就是，由于两种不同的可能：（1）经由 derived class（或第一个 base class）调用，（2）经由第二个（或其后继）base class 调用，同一函数在 virtual table 中可能需要多笔对应的 slots。例如：

```
Base1 *pbase1 = new Derived;
Base2 *pbase2 = new Derived;

delete pbase1;
delete pbase2;
```

虽然两个 *delete* 操作导致相同的 *Derived* destructor，但它们需要两个不同的 virtual table slots：

1. *pbase1* 不需要调整 *this* 指针（因为 *Base1* 是最左端 base class 之故，它已经指向 *Derived* 对象的起始处）。其 virtual table slot 需放置真正的 destructor 地址。

2. *pbase2* 需要调整 *this* 指针。其 virtual table slot 需要相关的 thunk 地址。

在多重继承之下，一个 derived class 内含 *n*-1 个额外的 virtual tables，*n* 表示其上一层 base classes 的个数（因此，单一继承将不会有额外的 virtual tables）。对于本例的 *Derived* 而言，会有两个 virtual tables 被编译器产生出来：

1. 一个主要实例，与 *Base1*（最左端 base class）共享。

2. 一个次要实例，与 *Base2*（第二个 base class）有关。

针对每一个 virtual tables，*Derived* 对象中有对应的 vptr。图 **4.2** 说明了这一点。vptrs 将在 constructor(s)中被设立初值（经由编译器所产生出来的代码）。

用以支持"一个 class 拥有多个 virtual tables"的传统方法是，将每一个 tables 以外部对象的形式产生出来，并给予独一无二的名称。例如，*Derived* 所关联的两个 tables 可能有这样的名称：

```
vtbl__Derived;              // 主要表格
vtbl__Base2__Derived;       // 次要表格
```

于是当你将一个 *Derived* 对象地址指定给一个 *Base1* 指针或 *Derived* 指针时，被处理的 virtual table 是主要表格 *vtbl__Derived*。而当你将一个 *Derived* 对象地址指定给一个 *Base2* 指针时，被处理的 virtual table 是次要表格 *vtbl__Base2__Derived*。

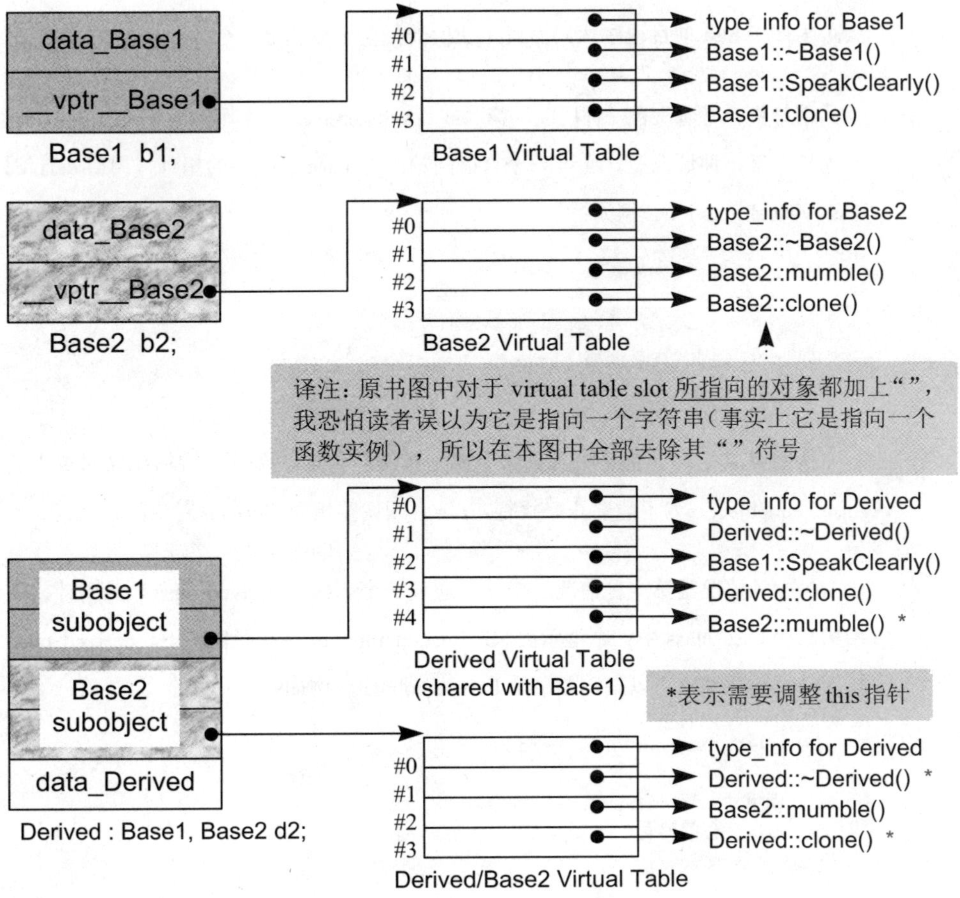

图 4.2　Virtual Table 的布局：多重继承情况。
（译注：右下角的三个星号，就是下页的三种情况）

由于执行期链接器（runtime linkers）的降临（可以支持动态共享函数库），符号名称的链接可能变得非常缓慢，最慢可到……唔……在一部 SparcStation 10 工作站上，每一毫秒（ms）只处理一个符号名称。为了调节执行期链接器的效率，Sun 编译器将多个 virtual tables 连锁为一个；指向次要表格的指针，可由主要表格名称加上一个 offset 获得。在这样的策略下，每一个 class 只有一个具名的 virtual table。

“对于许多Sun项目程序代码而言，速度的提升十分明显”[2]。

稍早我曾写道，有三种情况，第二或后继的base class会影响对virtual functions的支持。第一种情况是，通过一个“指向第二个base class”的指针，调用derived class virtual function。例如：

```
Base2 *ptr = new Derived;

// 调用 Derived::~Derived
// ptr 必须被向后调整 sizeof( Base1 )个 bytes
delete ptr;
```

从图**4.2**之中，你可以看到这个调用操作的重点：*ptr*指向*Derived*对象中的*Base2* subobject；为了能够正确执行，*ptr*必须调整指向*Derived*对象的起始处。

第二种情况是第一种情况的变化，通过一个“指向derived class”的指针，调用第二个base class中一个继承而来的virtual function。在此情况下，derived class指针必须再次调整，以指向第二个base subobject。例如：

```
Derived *pder = new Derived;

// 调用 Base2::mumble()
// pder 必须被向前调整 sizeof( Base1 ) 个 bytes
pder->mumble();
```

第三种情况发生于一个语言扩充性质之下：允许一个virtual function的返回值类型有所变化，可能是base type，也可能是publicly derived type。这一点可以经由*Derived::clone()*函数实例来说明。*clone*函数的*Derived*版本传回一个*Derived* class指针，默默地改写了它的两个base class函数实例。当我们通过“指向第二个base class”的指针来调用*clone()*时，*this*指针的offset问题于是诞生了：

---

2 语出Mike Ball（Sun C++编译器的建构者）与我的通信。

```
Base2 *pb1 = new Derived;

// 调用 Derived* Derived::clone()
// 返回值必须被调整，以指向 Base2 subobject
Base2 *pb2 = pb1->clone();
```

当进行 *pb1->clone()*时，*pb1* 会被调整指向 *Derived* 对象的起始地址，于是 *clone()* 的 *Derived* 版会被调用；它会传回一个指针，指向一个新的 *Derived* 对象；该对象的地址在被指定给 *pb2* 之前，必须先经过调整，以指向 *Base2* subobject。

当函数被认为"足够小"的时候，Sun 编译器会提供一个所谓的"split functions"技术：以相同算法产生出两个函数，其中第二个在返回之前，为指针加上必要的 offset。于是不论通过 *Base1* 指针还是通过 *Derived* 指针调用函数，都不需要调整返回值；而通过 *Base2* 指针所调用的，是另一个函数。

如果函数并不小，"split function"策略会给予此函数中的多个进入点（entry points）中的一个。每一个进入点需要三个指令，但 Mike Ball 想办法去除了这项成本。对于 OO 没有经验的程序员，可能会怀疑这种"split function"的应用性，然而 OO 程序员都会尽量使用小规模的 virtual function 将操作"局部化"。通常，virtual function 的平均大小是 8 行[3]。

函数如果支持多重进入点，就可以不必有许多"thunks"。像 IBM 就是把 thunk 搂抱在真正被调用的 virtual function 中。函数一开始先（**1**）调整 *this* 指针，然后才（**2**）执行程序员所写的函数码；至于无须调整的函数调用操作，就直接进入（**2**）的部分。

Microsoft 以所谓的"address points"来取代 thunk 策略。即将用来改写别人的那个函数（也就是 overriding function）期待获得的是"引入该 virtual function 之

---

3 一个 virtual function 的平均大小是 8 行，这是我在某时某地听来的说法（不过我忘了是何时何地了）。这一说法符合我个人的经验。

class”（而非 derived class）的地址。这就是该函数的“address point”，[MICRO92] 对此有完整的讨论。

虚拟继承下的 Virtual Functions

考虑下面的 virtual base class 派生体系，从 *Point2d* 派生出 *Point3d*：

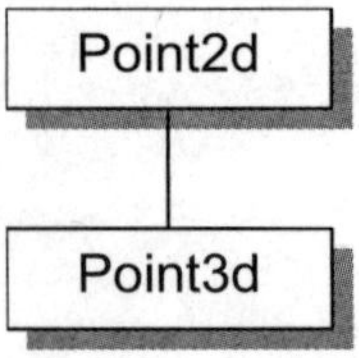


```
class Point2d {
public:
   Point2d( float = 0.0, float = 0.0 );
   virtual ~Point2d();

   virtual void mumble();
   virtual float z();
   // ...
protected:
   float _x, _y;
};

class Point3d : public virtual Point2d {
public:
   Point3d( float = 0.0, float = 0.0, float = 0.0 );
   ~Point3d();

   float z();
protected:
   float _z;
};
```

虽然 *Point3d* 有唯一一个（同时也是最左边的）base class，也就是 *Point2d*，但 *Point3d* 和 *Point2d* 的起始部分并不像“非虚拟的单一继承”情况那样一致。这种情况显示于图 **4.3**。由于 *Point2d* 和 *Point3d* 的对象不再相符，两者之间的转换也就需要调整 *this* 指针。至于在虚拟继承的情况下要消除 thunks，一般而言已经被证明是一项高难度技术。

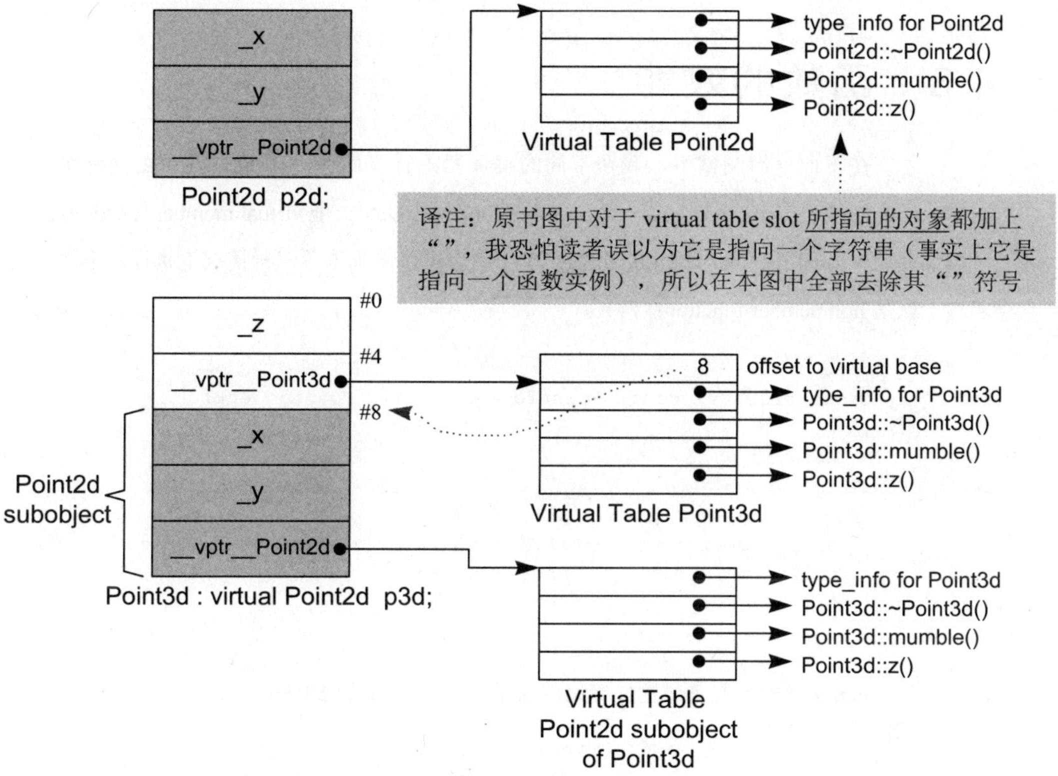

图 4.3 Virtual Table 布局：虚拟继承情况。（译注：我个人对于图右下的两个 vtbls 内容感到相当疑惑。至少，mumble()应该是 Point2d::mumble()而非 Point3d::mumble()）

当一个 virtual base class 从另一个 virtual base class 派生而来，并且两者都支持 virtual functions 和 nonstatic data members 时，编译器对于 virtual base class 的支持简直就像进了迷宫一样。虽然我手上有一整柜带有答案的实例，并且有一个以上的算法可以决定适当的 offsets 以及各种调整，但这些素材实在太过诡谲迷离，不适合在此处讨论！我的建议是，不要在一个 virtual base class 中声明 nonstatic data members。如果这么做，你会距离复杂的深渊愈来愈近，终不可拔。

4.3 函数的效能

在下面这组测试中，我在不同的编译器上计算两个 3D 点，其中用到一个 nonmember friend function，一个 member function，以及一个 virtual member function，并且 Virtual member function 分别在单一、虚拟、多重继承三种情况下执行。下面就是 nonmember function：

```
void
cross_product( const Point3d &pA, const Point3d &pB)
{
   Point3d pC;

   pC.x = pA.y * pB.z - pA.z * pB.y;
   pC.y = pA.z * pB.x - pA.x * pB.z;
   pC.z = pA.x * pB.y - pA.y * pB.x;
}
```

*main()*函数看起来像这样（调用的是 nonmember function）：

```
main() {
   Point3d pA( 1.725, 0.875, 0.478 );
   Point3d pB( 0.315, 0.317, 0.838 );

   for ( int iters = 0; iters < 10000000; iters++ )
        cross_product( pA, pB );

   return 0;
}
```

如果调用不同形式的函数，当然 *main()*就需要改变。**表 4.1** 列出了测试结果。

表 4.1　函数效率

	优化	未优化
Inline Member	0.08	4.70
Nonmember Friend	4.43	6.13
Static Member	4.43	6.13
Nonstatic Member	4.43	6.13
Virtual Member		
CC	4.76	6.90
NCC	4.63	7.72
Virtual Member（多重继承）		
CC	4.90	7.06
NCC	4.96	8.00
Virtual Member（虚拟继承）		
CC	5.20	7.07
NCC	5.44	8.08

一如 4.2 节所讨论的，nonmember、static member 或 nonstatic member 函数都被转化为完全相同的形式。所以我们毫不惊讶地看到三者的效率完全相同。

但是我们很惊讶地发现，未优化的 inline 函数提高了 25%左右的效率。而其优化版本的表现简直是奇迹。怎么回事？

这项惊人的结果归功于编译器将“被视为不变的表达式（expressions）”提到了循环之外，因此只计算一次。此例显示，inline 函数不只能够节省一般函数调用所带来的额外负担，也提供了程序优化的额外机会。

我对 virtual function 的调用，是通过一个 reference，而不是通过一个对象，借此我就可以确定调用操作经过了虚拟机制。效率的降低程度从 4%到 11%不等，其中的一部分反映出 *Point3d* constructor 对于 vptr 1000 万次的设定操作，其他则因为 CC 和 NCC 两者（或至少在 NCC 的“cfront 兼容模式”中）使用了 delta-offset（偏移差值）模型来支持 virtual functions。

在该模型中，需要一个 offset 以调整 *this* 指针，指向放置于 virtual table 中的适当地址。所有像这样的调用形式：

```
ptr->virt_func();
```

都会被转换为：

```
// 调用 virtual function
(*ptr->__vptr[ index ].addr)
  ( ptr + ptr->__vptr[ index ].delta )  // 将 this 指针的调整值传递过去
```

甚至即使在大部分调用操作中，调整值都是 0（只有在第二或后继的 base class 或 virtual base class 的情况下，其调整值才不是 0）。在这种实现技术之下，不论是单一继承还是多重继承，只要是虚拟调用操作，就会消耗相同的成本。当然，在 thunk 模型中，*this* 指针的调整成本可以被局限于有必要那么做的函数中。

多重继承中的 virtual function 的调用，似乎用掉了较多的成本，这令人感到困惑。当有人期望编译器实现出 thunk 模型以调用第二个或后继的 base class 的 virtual function，而用来测试的这两个编译器却不支持 thunk 技术时，就会得到这种结果。由于 *this* 指针的调整已经施行于单一继承和多重继承中，其额外负担不能用来解释这项成本。

当我在单一继承情况下执行这项测试时，我也困惑地发现，每多一层继承，virtual function 的执行时间就有明显的增加。一开始我无法想象其间发生了什么事。然而当我成为这些程序代码的“最佳男主角”够久了之后，我终于渐悟了。不管单一继承的深度如何，主循环中用以调用函数的代码事实上是完全相同的；同样的道理，对于坐标值的处理也是完全相同的。其间的不同，同时也是稍早前我没有考虑到的，就是 *cross_product()*中出现的局部性 *Point3d* class object *pC*。于是 default *Point3d* constructor 被调用了 1000 万次。增加继承深度，就多增加执行成本，这一事实上反映出 *pC* 身上的 constructor 的复杂度。这也能够解释为什么多重继承的调用另有一些额外负担。

导入 virtual function 之后，class constructor 将获得参数以设定 virtual table 指针。CC 和 NCC 都不能够把这个设定操作在“无任何 virtual function 的 base class”建构时优化，所以每多一层继承，就会多增加一个额外的 vptr 设定。此外，不论在 CC 还是在 NCC，下面这个测试操作都会被安插到 constructor 中，以回溯兼容于 C++ 2.0：

```
// 在每一个 base 和 derived class constructor 中被调用
if ( this || this = new( sizeof (*this ) ) )
   /// user code goes here
```

在导入 *new* 和 *delete* 运算符之前，承担 class 内存管理的唯一方法就是在 constructor 中指定 *this* 指针。刚才的 *if* 判断式亦支持此做法。对于 cfront，“*this* 的指定操作”的语意回溯兼容性一直到 4.0 版才获得保证（由于各种超越本文范围的神秘理由之故）。具有讽刺意味的是，NCC 是 SGI 产品的“与 cfront 兼容”模式，所以 NCC 也提供了这种回溯兼容性。除了回溯兼容，不再有任何理由需要在 constructor 中含入刚才的 *if* 测试。现代的编译器把 *new* 运算符的调用操作分离开来，就像把一个运算从 constructor 的调用中分离出来一样（6.2 节）。“*this* 指定操作”的语意不再由语言来支持。

在这些编译器中，每一个额外的 base class 或额外的单一继承层次，其 constructor 内会被加入另一个对 *this* 指针的测试（就本例而言是不必要的）。若执行这些 constructor 1000 万次，效率就会因此下降至可以测试的程度。这种效率表现明显反映出一个编译器的反常，而不是对象模型的不正常。

在任何情况下，我想看看是否 construction 调用操作的额外损失会被视为额外花费的效率时间。我以两种不同的风格重写这个函数，都不使用局部对象：

1. 在函数参数中加上一个对象，用以存放加法的结果：

```
void
cross_product( Point3d &pC, const Point3d &pA, const Point3d &pB )
```

```
{
  pC.x = pA.y * pB.z - pA.z * pB.y;
  // 其余相同……
}
```

2. 直接在 *this* 对象中计算结果：

```
void
Point3d::
cross_product( const Point3d &pB )
{
  x = y * pB.z - z * pB.y;
  // 其余类似，但我们使用对象的 x, y, z
}
```

两种情况中，其未优化的执行平均时间为 6.90 秒。

有趣的是这个语言并不提供一个机制，指示是否一个 default constructor 非必要而应该省略。也就是说，局部性的 *pC* class object 即使未被我们使用，它还是需要一个 constructor——但我们可以经由消除对局部对象的使用，而消除其 constructor 的调用操作。

4.4 指向 Member Function 的指针（Pointer-to-Member Functions）

在第 3 章中我们已经看到了，取一个 nonstatic data member 的地址，得到的结果是该 member 在 class 布局中的 bytes 位置（再加 1）。你可以想象它是一个不完整的值，它需要被绑定于某个 class object 的地址上，才能够被存取。

取一个 nonstatic member function 的地址，如果该函数是 nonvirtual，得到的结果是它在内存中真正的地址。然而这个值也是不完全的。它也需要被绑定于某个 class object 的地址上，才能够通过它调用该函数。所有的 nonstatic member functions 都需要对象的地址（以参数 *this* 指出）。

回顾一下，一个指向 member function 的指针，其声明语法如下：

```
double          // return type
( Point::*      // class the function is member
  pmf )         // name of pointer to member
();             // argument list
```

然后我们可以这样定义并初始化该指针：

```
double (Point::*coord)() = &Point::x;
```

也可以这样指定其值：

```
coord = &Point::y;
```

欲调用它，可以这么做：

```
( origin.*coord )();
```

或

```
( ptr->*coord )();
```

这些操作会被编译器转化为：

```
// 虚拟 C++ 码
( coord )( & origin );
```

和

```
// 虚拟 C++ 码
( coord )( ptr );
```

指向 member function 的指针的声明语法，以及指向“member selection 运算符”的指针，其作用是作为 *this* 指针的空间保留者。这也就是为什么 static member functions（没有 *this* 指针）的类型是“函数指针”，而不是“指向 member function 的指针”之故。

使用一个"member function 指针"，如果并不用于 virtual function、多重继承、virtual base class 等情况的话，并不会比使用一个"nonmember function 指针"的成本更高。上述三种情况对于"member function 指针"的类型以及调用都太过复杂。事实上，对于那些没有 virtual functions、virtual base class 或 multiple base classes 的 classes 而言，编译器可以为它们提供相同的效率。下一节我要讨论，为什么 virtual functions 的出现，会使得"member function 指针"更复杂化。

支持"指向 Virtual Member Functions"的指针

考虑下面的程序片段：

```
float (Point::*pmf)() = &Point::z;
Point *ptr = new Point3d;
```

pmf，一个指向 member function 的指针，被设值为 *Point::z()*（一个 virtual function）的地址。*ptr* 则被指定以一个 *Point3d* 对象。如果我们直接经由 *ptr* 调用 *z()*：

```
ptr->z();
```

被调用的是 *Point3d::z()*。但如果我们从 *pmf* 间接调用 *z()*呢？

```
( ptr->*pmf )();
```

仍然是 *Point3d::z()*被调用吗？也就是说，虚拟机制仍然能够在使用"指向 member function 之指针"的情况下运行吗？答案是 yes，问题是如何实现呢？

在前一小节中，我们看到了，对一个 nonstatic member function 取其地址，将获得该函数在内存中的地址。然而面对一个 virtual function，其地址在编译时期是未知的，所能知道的仅是 virtual function 在其相关之 virtual table 中的索引值。也就是说，对一个 virtual member function 取其地址，所能获得的只是一个索引值。

例如，假设我们有以下的 *Point* 声明：

```
class Point
{
public:
  virtual ~Point();
  float x();
  float y();
  virtual float z();
  // ...
};
```

然后取 destructor 的地址：

```
&Point::~Point;
```

得到的结果是 1。取 *x()*或 *y()*的地址：

```
&Point::x();
&Point::y();
```

得到的则是函数在内存中的地址，因为它们不是 virtual。取 *z()*的地址：

```
&Point::z();
```

得到的结果是 2。通过 *pmf* 来调用 *z()*，会被内部转化为一个编译时期的式子，一般形式如下：

```
( * ptr->vptr[ (int)pmf ])( ptr );
```

对一个"指向 member function 的指针"评估求值（evaluated），会因为该值有两种意义而复杂化；其调用操作也将有别于常规调用操作。*pmf* 的内部定义，也就是：

```
float (Point::*pmf)();
```

必须允许此函数能够寻址出 nonvirtual *x()*和 virtual *z()*两个 member functions，而那两个函数有着相同的原型：

```
// 二者都可以被指定给 pmf
float Point::x() { return _x; }
float Point::z() { return 0; }
```

只不过其中一个代表内存地址（一长串），另一个代表 virtual table 中的索引值（一小段）。因此，编译器必须定义 *pmf*，使它能够（**1**）持有两种数值，（**2**）更重要的是其数值可以被区别代表内存地址还是 Virtual table 中的索引值。你有什么好点子吗？

在 cfront 2.0 非正式版中，这两个值被内含在一个普通的指针内。cfront 如何识别该值是内存地址还是 virtual table 索引呢？它用了以下技巧：

```
((( int ) pmf ) & ~127 )
  ?        // non-virtual invocation
  ( *pmf )( ptr )
  :        // virtual invocation
  ( * ptr->vptr[ (int) pmf ]( ptr ) );
```

一如 Stroustrup 在[LIPP88]中所说：

当然啦，这种实现技巧必须假设继承体系中最多只有 128 个 virtual functions。这并不是我们所希望的，但却证明是可行的。然而，多重继承的引入，导致需要更一般化的实现模式，并趁机除去对 virtual functions 的个数限制。

在多重继承之下，指向 Member Functions 的指针

为了让指向 member functions 的指针也能够支持多重继承和虚拟继承，Stroustrup 设计了下面一个结构体（[LIPP88]中有其原始内容）：

```
// 一般结构，用以支持
// 在多重继承之下指向 member functions 的指针
struct __mptr {
   int delta;
   int index;
   union {
      ptrtofunc   faddr;
      int         v_offset;
   };
};
```

它们要表现什么呢？*index* 和 *faddr* 分别（不同时）持有 virtual table 索引和 nonvirtual member function 地址（为了方便，当 *index* 不指向 virtual table 时，会被设为–1）。在此模型之下，像这样的调用操作：

```
( ptr->*pmf )();
```

会变成：

```
( pmf.index < 0 )
  ? // non-virtual invocation
  ( *pmf.faddr )( ptr )
  : // virtual invocation
  ( * ptr->vptr[ pmf.index] (ptr) );
```

此法所受到的批评是，每一个调用操作都得付出上述成本，检查其是否为 virtual 或 nonvirtual。Microsoft 把这项检查拿掉，导入一个它所谓的 vcall thunk。在此策略之下，*faddr* 被指定的要不就是真正的 member function 地址（如果函数是 nonvirtual 的话），要不就是 vcall thunk 的地址。于是 virtual 或 nonvirtual 函数的调用操作透明化，vcall thunk 会选出并调用相关 virtual table 中的适当 slot。

这个结构体的另一个副作用就是，当传递一个不变值的指针给 member function 时，它需要产生一个临时性对象。举个例子，如果你这么做：

```
extern Point3d foo( const Point3d&, Point3d (Point3d::*)() );
void bar( const Point3d& p ) {
  Point3d pt = foo(p, &Point3d::normal );
  // ...
}
```

其中*&Point3d::normal* 的值类似这样：

```
{ 0, -1, 10727417 }
```

将需要产生一个临时性对象，有明确的初值：

```
// 虚拟 C++ 码
__mptr temp = { 0, -1, 10727417 }

foo( p, temp );
```

再回到本节一开始的那个结构体。*delta* 字段表示 *this* 指针的 offset 值，而 *v_offset* 字段放的是一个 virtual（或多重继承中的第二或后继的）base class 的 vptr 位置。如果 vptr 被编译器放在 class 对象的起头处，这个字段就没有必要了，代价则是 C 对象兼容性降低（请回顾 3.4 节）。这些字段只在多重继承或虚拟继承的情况下才有其必要性，有许多编译器在自身内部根据不同的 classes 特性提供多种指向 member functions 的指针形式，例如 Microsoft 就供应了三种风味：

1. 一个单一继承实例（其中持有 vcall thunk 地址或是函数地址）；
2. 一个多重继承实例（其中持有 *faddr* 和 *delta* 两个 members）；
3. 一个虚拟继承实例（其中持有 4 个 members）。

“指向 Member Functions 之指针”的效率

在下面一组测试中，*cross_product()*函数经由以下方式调用：

1. 一个指向 nonmember function 的指针；
2. 一个指向 class member function 的指针；
3. 一个指向 virtual member function 的指针；
4. 多重继承下的 nonvirtual 及 virtual member function call；
5. 虚拟继承下的 nonvirtual 及 virtual member function call。

第一个测试（指向 nonmember function 的指针）是以下列方式进行的：

```
main() {
   Point3d pA( 1.725, 0.875, 0.478 );
   Point3d pB( 0.315, 0.317, 0.838 );
   Point3d* ( *pf )( const Point3d&, const Point3d& ) =
      cross_product;
```

```
    for ( int iters = 0; iters < 10000000; iters++ )
        ( *pf )( pA, pB );

    return 0;
}
```

第二个测试，“指向 member function 之指针”的声明和调用操作如下：

```
Point3d* ( Point3d::*pmf )( const Point3d& ) const =
    &Point3d::cross_product;    // 译注：加不加 &，效果一样。

for ( int iters = 0; iters < 10000000; iters++ )
    ( pA.*pmf )( pB );
```

不论在 CC 中还是在 NCC 中，都会把上述操作转化为以下的内部形式。于是以下的函数调用：

```
( pA.*pmf )( pB );    // 译注：原书为 ( *pA.pmf )( pB );  恐为笔误
```

会被转化为这样的判断：

```
pmf.index < 0
  ? (*pmf.faddr)(&pA + pmf.delta, pB) // 译注：原书少写了最后的 pB
  : (*pA.__vptr__Point3d[pmf.index].faddr)
    (&pA + pA.__vptr__Point3d[pmf.index].delta, pB);
```

还记得吗，一个“指向 member function 的指针”，是一个结构，内含三个字段：*index*、*faddr* 和 *delta*。*index* 若不是内含一个相关 virtual table 的索引值，就是以–1 表示函数是 nonvirtual。*faddr* 持有 nonvirtual member function 的地址。*delta* 持有一个可能的 *this* 指针调整值。**表 4.2** 显示了测试的结果。

表 4.2　函数指针的效率

	优化	未优化
指向 Nonmember Function 的指针 (void(*p)(...))		
	4.30	6.12
指向 Member Function 的指针（PToM）: Non-Virtual		
CC	4.30	6.38
NCC	4.89	7.65
PToM：多重继承：Nonvirtual		
CC	4.30	6.32
NCC	5.25	8.00
PToM：虚拟继承：Nonvirtual		
CC	4.70	6.84
NCC	5.31	8.07
指向 Member Function 的指针（PToM）: Virtual		
CC	4.70	7.39
NCC	5.64	8.40
PToM：多重继承：Virtual		
（注意：CC 产生出不良的代码，导致 Segment Faulted）		
NCC	5.90	8.72
PToM：虚拟继承：Virtual		
（注意：CC 产生出不良的代码，导致 Segment Faulted）		
NCC	5.84	8.80

4.5　Inline Functions

下面是 *Point* class 的一个加法运算符的可能实现内容：

```
class Point {
   friend Point
```

```
    operator+( const Point&, const Point& );
}

Point
operator+( const Point &lhs, const Point &rhs )
{
  Point new_pt;

  new_pt._x = lhs._x + rhs._x;
  new_pt._y = lhs._y + rhs._y;

  return new_pt;
}
```

理论上，一个比较“干净”的做法是使用 inline 函数来完成 set 和 get 函数：

```
// void Point::x( float new_x ) { _x = new_x; }
// float Point::x() { return _x; }

new_pt.x( lhs.x() + rhs.x() );
```

由于我们受限只能在上述两个函数中对 *_x* 直接存取，因此也就将稍后可能发生的 data members 的改变（例如在继承体系中上移或下移）所带来的冲击最小化了。如果把这些存取函数声明为 inline，我们就可以继续保持直接存取 members 的那种高效率——虽然我们亦兼顾了函数的封装性。此外，加法运算符不再需要被声明为 *Point* 的一个 friend。

然而，实际上我们并不能够强迫将任何函数都变成 inline——虽然 cfront 客户一度曾经发出一封极高权限的修改需求，要求我们加上一个 *must_inline* 关键词。关键词 **inline**（或者 class declaration 中的 member function 或 friend function 的定义）只是一项请求。如果这项请求被接受，编译器就必须认为它可以用一个表达式（expression）合理地将这个函数扩展开来。

当我说“编译器相信它可以合理地扩展一个 inline 函数”时，我的意思是在某个层次上，其执行成本比一般的函数调用及返回机制所带来的负荷低。cfront 有一套复杂的测试法，通常是用来计算 assignments、function calls、virtual function calls 等操作的次数。每个表达式（expression）种类有一个权值，而 inline 函数的复杂度就以这些操作的总和来决定。

一般而言，处理一个 inline 函数，有两个阶段：

1. 分析函数定义，以决定函数的“intrinsic inline ability”（本质的 inline 能力）。“intrinsic”（本质的、固有的）一词在这里意指“与编译器相关”。

如果函数因其复杂度，或因其建构问题，被判断不可成为 inline，它会被转为一个 static 函数，并在“被编译模块”内产生对应的函数定义。在一个支持“模块个别编译”的环境中，编译器几乎没有什么权宜之计。理想情况下，链接器会将被产生出来的重复东西清理掉。然而一般来说，目前市面上的链接器并不会将“随此调用而被产生出来的重复调试信息”清理掉。UNIX 环境中的 *strip* 命令可以达到这个目的。

2. 真正的 inline 函数扩展操作是在调用的那一点上。这会带来参数的求值操作（evaluation）以及临时性对象的管理。

同样是在扩展点上，编译器将决定这一调用是否“不可为 inline”。在 cfront 中，inline 函数如果只有一个表达式（expression），则其第二或后继的调用操作：

```
new_pt.x( lhs.x() + rhs.x() );
```

就不会被扩展开来。这是因为在 cfront 中它被变成：

```
// 虚拟 C++ 码。建议的 inline 扩展形式
new_pt.x = lhs._x + x__5PointFV( &rhs );
```

这就完全没有带来效率上的改善！对此，我们唯一能够做的就是重写其内容：

```
// 真恶心 : 修正 inline support ☹
new_pt.x( lhs._x + rhs._x );
```

其中的注释，是要让未来读这份代码的人知道，我们曾考虑使用 public inline interface，但却必须走回头路。

其他编译器在处理 inline 的扩展时，有像 cfront 这样的束缚吗？不！然而，很不幸的是，大部分编译器厂商（UNIX 和 PC 都有）似乎认为不值得在 inline 支持技术上做详细的讨论。通常你必须进入汇编器（assembler）中才能看到是否真的实现了 inline。

形式参数（Formal Arguments）

在 inline 扩展期间，到底真正发生了什么事情？噢，是的，每一个形式参数都会被对应的实际参数取代。如果说有什么副作用，那就是不可以只是简单地一一封塞程序中出现的每一个形式参数，因为这将导致对于实际参数的多次求值操作（evaluations）。一般而言，面对“会带来副作用的实际参数”，通常都需要引入临时性对象。换句话说，如果实际参数是一个常量表达式（constant expression），我们可以在替换之前先完成其求值操作（evaluations）；后继的 inline 替换，就可以把常量直接“绑”上去。如果既不是个常量表达式，也不是个带有副作用的表达式，那么就直接代换之。

举个例子，假设我们有以下的简单 inline 函数：

```
inline int
min( int i, int j )
{
  return i < j ? i : j;
}
```

下面是三个调用操作：

```
inline int
bar()
{
   int minval;
   int val1 = 1024;
   int val2 = 2048;

/* (1) */  minval = min( val1, val2 );
/* (2) */  minval = min( 1024, 2048 );
/* (3) */  minval = min( foo(), bar()+1 );

   return minval;
}
```

标示为 **(1)** 的那一行会被扩展为：

```
// (1) 参数直接代换
minval = val1 < val2 ? val1 : val2;
```

标示为 **(2)** 的那一行直接拥抱常量：

```
// (2) 代换之后，直接拥抱常量
minval = 1024;
```

标示为 **(3)** 的那一行则引发参数的副作用。它需要导入一个临时性对象，以避免重复求值（multiple evaluations）：

```
// (3) 有副作用，所以导入临时性对象
int t1;
int t2;

minval =
   ( t1 = foo() ), ( t2 = bar() + 1 ),
   t1 < t2 ? t1 : t2;
```

局部变量（Local Variables）

如果我们轻微地改变定义，在 inline 定义中加入一个局部变量，会怎样？

```
inline int
```

```
min( int i, int j )
{
   int minval = i < j ? i : j;
   return minval;
}
```

这个局部变量需要什么额外的支持或处理吗？如果我们有以下的调用操作：

```
{
   int local_var;
   int minval;

   // ...
   minval = min( val1, val2 );
}
```

inline 被扩展开来后，为了维护其局部变量，可能会成为这个样子（理论上这个例子中的局部变量可以被优化，其值可以直接在 *minval* 中计算）：

```
{
   int local_var;
   int minval;

   // 将 inline 函数的局部变量处以“mangling”操作
   int __min_lv_minval;
   minval =
      ( __min_lv_minval =
        val1 < val2 ? val1 : val2 ),
        __min_lv_minval;
}
```

一般而言，inline 函数中的每一个局部变量都必须被放在函数调用的一个封闭区段中，拥有一个独一无二的名称。如果 inline 函数以单一表达式（expression）扩展多次，则每次扩展都需要自己的一组局部变量。如果 inline 函数以分离的多个式子（discrete statements）被扩展多次，那么只需一组局部变量，就可以重复使用（译注：因为它们被放在一个封闭区段中，有自己的 scope）。

inline 函数中的局部变量，再加上有副作用的参数，可能会导致大量临时性对象的产生。特别是如果它以单一表达式（expression）被扩展多次的话。例如，下面的调用操作：

```
minval = min( val1, val2 ) + min( foo(), foo()+1 );
```

可能被扩展为：

```
// 为局部变量产生临时变量
int __min_lv_minval_00;
int __min_lv_minval_01;

// 为放置副作用值而产生临时变量
int t1;
int t2;

minval =
   (( __min_lv_minval__00 =
      val1 < val2 ? val1 : val2 ),
      __min_lv_minval__00)
   +
   (( __min_lv_minval__01 = ( t1 = foo() ),
      ( t2 = foo() + 1 ),
      t1 < t2 ? t1 : t2 ),
      __min_lv_minval__01 );
```

Inline 函数对于封装提供了一种必要的支持，可以有效存取封装于 class 中的 nonpublic 数据。它同时也是 C 程序中大量使用的#define（前置处理宏）的一个安全代替品——特别是如果宏中的参数有副作用的话。然而一个 inline 函数如果被调用太多次的话，会产生大量的扩展码，使程序大小暴涨。

一如我所描述过的，参数带有副作用，或是以一个单一表达式做多重调用，或是在 inline 函数中有多个局部变量，都会产生临时性对象，编译器也许（或也许不）能够把它们移除。此外，inline 中再有 inline，可能会使一个表面上看起来平凡的 inline 却因其连锁复杂度而没办法扩展开来。这种情况可能发生于复杂 class 体系下的 constructors，或是 object 体系中一些表面上并不正确的 inline 调用所组成的串链——它们每一个都会执行一小组运算，然后对另一个对象发出请求。对于既要安全又要效率的程序，inline 函数提供了一个强而有力的工具。然而，与 non-inline 函数比起来，它们需要更加小心地处理。

第 5 章

构造、析构、拷贝语意学

（Semantics of Construction, Destruction, and Copy）

考虑下面这个 abstract base class 声明：

```
class Abstract_base {
public:
  virtual ~Abstract_base() = 0;
  virtual void interface() const = 0;
  virtual const char*
      mumble() const { return _mumble; }
protected:
  char *_mumble;
};
```

你看出了什么问题没有？虽然这个 class 被设计为一个抽象的 base class（其中有 pure virtual function，使得 *Abstract_base* 不可能拥有实例），但它仍然需要一个显式的构造函数以初始化其 data member *_mumble*。如果没有这个初始化操作，其

derived class 的局部性对象 *_mumble* 将无法决定初值，例如：

```
class Concrete_derived : public Abstract_base {
public:
  Concrete_derived();
  // ...
};

void foo()
{
  // Abstract_base::_mumble 未被初始化
  Concrete_derived trouble;
  // ...
}
```

你可能会争辩说，也许 *Abstract_base* 的设计者意图让其每一个 derived class 提供 *_mumble* 的初值。然而如果是这样，derived class 的唯一要求就是 *Abstract_base* 必须提供一个带有唯一参数的 protected constructor：

```
Abstract_base::
Abstract_base( char *mumble_value = 0 )
  : _mumble( mumble_value )
  { }
```

一般而言，class 的 data member 应该被初始化，并且只在 constructor 中或是在 class 的其他 member functions 中指定初值。其他任何操作都将破坏封装性质，使 class 的维护和修改更加困难。

当然，你也可能争辩说设计者的错误并不在于未提供一个 explicit constructor，而是他不应该在抽象的 base class 中声明 data members。这是比较强而有力的论点（把 interface 和 implementation 分离），但它并不是行遍天下皆有理，因为将“被共享的数据”抽取出来放在 base class 中，毕竟是一种正当的设计。

纯虚函数的存在（Presence of a Pure Virtual Function）

C++新手常常很惊讶地发现，一个人竟然可以定义和调用（invoke）一个 pure virtual function；不过它只能被静态地调用（invoked statically），不能经由虚拟机制调用。例如，你可以合法地写下这段代码：

```
// ok : 定义 pure virtual function
//      但只可能被静态地调用（invoked statically）

inline void
Abstract_base::interface() const   // 译注：原书缺少 const，应为笔误
{             // 译注：请注意，先前曾声明这是一个 pure virtual const
function
  // ...
}

inline void
Concrete_derived::interface() const  // 译注：原书缺少 const，应为笔误
{
  // ok : 静态调用（static invocation）
  Abstract_base::interface();
                   // 译注：请注意，我们竟然能够调用一个 pure virtual function
  // ...
}
```

要不要这样做，全由 class 设计者决定。唯一的例外就是 pure virtual destructor：class 设计者一定得定义它。为什么？因为每一个 derived class destructor 会被编译器加以扩张，以静态调用的方式调用其“每一个 virtual base class”以及“上一层 base class”的 destructor。因此，只要缺乏任何一个 base class destructors 的定义，就会导致链接失败。

> 译注：以 VC5 而言，如果我们没有定义 *Abstract_base* class 的 pure virtual destructor，虽然可以通过编译，但链接时会出现以下错误：
>
> ```
> error LNK2001: unresolved external symbol "public: virtual __thiscall
> Abstract_base::~Abstract_base(void)"(??1Abstract_base@@UAE@XZ)
> ```

你可能会争辩说，难道对一个 pure virtual destructor 的调用操作，不应该在“编译器扩张 derived class 的 destructor”时压抑下来吗？不！class 设计者可能已经真的定义了一个 pure virtual destructor（就像上一个例子中定义了 *Abstract_base::interface()*那样）。这样的设计是以 C++语言的一个保证为前提：继承体系中每一个 class object 的 destructors 都会被调用。所以编译器不能够压抑这一调用操作。

你也可能争辩说，难道编译器不应该有足够的知识“合成”（如果 class 设计者忘记定义或不知道要定义）一个 pure virtual destructor 的函数定义吗？不！编译器的确没有足够知识，因为编译器对一个可执行文件采取“分离编译模型”之故。是的，开发环境可以提供一个设备，在链接时找出 pure virtual destructor 不存在的事实，然后重新激活编译器，赋予一个特殊指令（directive），以合成一个必要的函数实例；但是我不知道目前是否有任何编译器这么做。

一个比较好的替代方案就是，不要把 virtual destructor 声明为 pure。

虚拟规格的存在（Presence of a Virtual Specification）

如果你决定把 *Abstract_base::mumble()*设计为一个 virtual function，那将是一个糟糕的选择，因为其函数定义内容并不与类型有关，因而几乎不会被后继的 derived class 改写。此外，由于它的 non-virtual 函数实例是个 inline 函数，如果常常被调用的话，效率上的报应不可谓不轻。

然而，编译器难道不能够经由分析，知道该函数只有一个实例存在于 class 层次结构之中吗？果真如此的话，难道它不能够把调用操作转换为一个静态调用操作（static invocation），以允许该调用操作的 inline expansion 吗？如果 class 层次结构陆续被加入新的 classes，内有该函数的新实例，又当如何？是的，新的 class 会破坏优化！此函数现在必须被重新编译（或是产生第二个——也就是多态——实例，编译器将通过流程分析决定哪一个实例要被调用）。不过，函数可以二进制形式存在于一个 library 中。欲挖掘出这样的相依性，有可能需要某种形式的 persistent program database 或 library manager。

一般而言，把所有的成员函数都声明为 virtual function，然后再靠编译器的优化操作把非必要的 virtual invocation 去除，并不是好的设计理念。

虚拟规格中 const 的存在

决定一个 virtual function 是否需要 const，似乎是件琐碎的事情。但当你真正面对一个 abstract base class 时，却不容易做决定。做这件事情，意味着得预期 subclass 实例可能被无穷次数地使用。不把函数声明为 const，意味着此函数不能够获得一个 const reference 或 const pointer。比较令人头大的是，声明一个函数为 const，然后才发现实际上其 derived instance 必须修改某一个 data member。我不知道有没有一致的解决办法，我的想法很简单，不再用 const 就是了。

重新考虑 class 的声明

由前面的讨论可知，重新定义 *Abstract_base* 如下，才是比较适当的一种设计：

```
class Abstract_base {
public:
  virtual ~Abstract_base();          // 译注：不再是 pure virtual
  virtual void interface() = 0;      // 译注：不再是 const
  const char* mumble() const { return _mumble; }  // 译注：不再是 virtual
protected:
  Abstract_base( char *pc = 0 );     // 新增一个带有唯一参数的 constructor
  char *_mumble;
};
```

5.1 “无继承”情况下的对象构造

考虑下面这个程序片段：

```
(1)    Point global;
(2)
(3)    Point foobar()
(4)    {
(5)      Point local;
(6)      Point *heap = new Point;
(7)      *heap = local;
(8)      // ... stuff ...
(9)      delete heap;
(10)     return local;
(11)   }
```

L1、L5、L6 表现出三种不同的对象产生方式：global 内存配置、local 内存配置和 heap 内存配置。L7 把一个 class object 指定给另一个，L10 设定返回值，L9 则显式地以 *delete* 运算符删除 *heap* object。

一个 object 的生命，是该 object 的一个执行期属性。*local* object 的生命从 L5 的定义开始，到 L10 为止。*global* object 的生命和整个程序的生命相同。*heap* object 的生命从它被 *new* 运算符配置出来开始，到它被 *delete* 运算符摧毁为止。

下面是 *Point* 的第一次声明，可以写成 C 程序。C++ Standard 说这是一种所谓的 **Plain Ol' Data** 声明形式：

```
typedef struct
{
  float x, y, z;
} Point;
```

如果我们以 C++来编译这段代码，会发生什么事？观念上，编译器会为 *Point* 声明一个 trivial default constructor、一个 trivial destructor、一个 trivial copy constructor，以及一个 trivial copy assignment operator。但实际上，编译器会分析这

个声明，并为它贴上 Plain Ol' Data 标签。

当编译器遇到这样的定义：

```
(1)    Point global;
```

观念上 *Point* 的 trivial constructor 和 destructor 都会被产生并被调用，constructor 在程序起始（startup）处被调用而 destructor 在程序的 *exit()*处被调用（*exit()*是由系统产生的，放在 *main()*结束之前）。然而，事实上那些 trivial members 要不是没被定义，就是没被调用，程序的行为一如它在 C 中的表现一样。

唔，只有一个小小的例外。在 C 中，*global* 被视为一个“临时性的定义”，因为它没有显式的初始化操作。一个“临时性的定义”可以在程序中发生多次。那些实例会被链接器折叠起来，只留下单独一个实例，被放在程序 data segment 中一个“特别保留给未初始化之 global objects 使用”的空间。由于历史的缘故，这块空间被称为 BSS，这是 Block Started by Symbol 的缩写，是 IBM 704 assembler 的一个 pseudo-op。

C++并不支持“临时性的定义”，这是因为 class 构造行为的隐式应用之故。虽然大家公认这个语言可以判断一个 class objects 或是一个 Plain Ol' Data，但似乎没有必要搞得那么复杂。因此，*global* 在 C++中被视为完全定义（它会阻止第二个或更多个定义）。C 和 C++的一个差异就在于，BSS data segment 在 C++中相对地不重要。C++的所有全局对象都被以“初始化过的数据”来对待。

*foobar()*函数中的 L5，有一个 *Point* object *local*，同样也是既没有被构造也没有被析构。当然啦，*Point* object *local* 如果没有先经过初始化，可能会成为一个潜在的程序“臭虫”——万一第一次使用它就需要其初值的话（像 L7）。至于 *heap* object 在 L6 的初始化操作：

```
(6)     Point *heap = new Point;
```

会被转换为对 *new* 运算符（由 library 提供）的调用：

```
Point *heap = __new( sizeof( Point ) );
```

再一次强调一下，并没有 default constructor 施行于 *new* 运算符所传回的 *Point* object 身上。L7 对此 object 有个指派（赋值，*assign*）操作，如果 *local* 曾被适当地初始化过，一切就没有问题：

```
(7)      *heap = local;
```

事实上这一行会产生编译警告如下：

```
warning, line 7 : local is used before being initialized.
```

观念上，这样的指定操作会触发 trivial copy assignment operator 做拷贝搬运操作。然而实际上该 object 是一个 Plain Ol' Data，所以赋值操作（assignment）将只是像 C 那样的纯粹位搬移操作。L9 执行一个 *delete* 操作：

```
(9)      delete heap;
```

会被转换为对 *delete* 运算符（由 library 提供）的调用：

```
__delete( heap );
```

观念上，这样的操作会触发 *Point* 的 trivial destructor。但一如我们所见，destructor 要不是没有被产生就是没有被调用。最后，函数以传值（by value）的方式将 *local* 当做返回值传回，这在观念上会触发 trivial copy constructor，不过实际上 *return* 操作只是一个简单的位拷贝操作，因为对象是个 Plain Ol' Data。

抽象数据类型（Abstract Data Type）

以下是 *Point* 的第二次声明，在 public 接口之下多了 private 数据，提供完整的封装性，但没有提供任何 virtual function：

```
class Point {
public:
  Point( float x = 0.0, float y = 0.0, float z = 0.0 )
    : _x( x ), _y( y ), _z( z ) { }
```

```
  // no copy constructor, copy operator
  // or destructor defined ...

  // ...
private:
  float _x, _y, _z;
};
```

这个经过封装的 *Point* class，其大小并没有改变，还是三个连续的 float。是的，不论 private 或 public 存取层，或是 member function 的声明，都不会占用额外的对象空间。

我们并没有为 *Point* 定义一个 copy constructor 或 copy operator，因为默认的位语意（default bitwise semantics。译注：请看第 2 章，第 51 页）已经足够。我们也不需要提供一个 destructor，因为程序默认的内存管理方法也已足够。

对于一个 *global* 实例：

```
Point global;  // 实施 Point::Point( 0.0, 0.0, 0.0 );
```

现在有了 default constructor 作用于其上。由于 *global* 被定义在全局范畴中，其初始化操作将延迟到程序启动（startup）时才开始（6.1 节对此有详细讨论）。

如果要将 class 中的所有成员都设定常量初值，那么给予一个 explicit initialization list 会比较有效率些（比起意义相同的 constructor 的 inline expansion 而言）。甚至在 local scope 中也是如此（不过在 local scope 中这可能稍微有些不够直观。你可以在 5.4 节看到一些讨论）。举个例子，考虑下面这个程序片段：

```
void mumble()
{
  Point local1 = { 1.0, 1.0, 1.0 };  // 译注：原书为 Point1，应为笔误
  Point local2;                      // 译注：原书为 Point2，应为笔误

  // 相当于一个 inline expansion
  // explicit initialization 会稍微快一些
  local2._x = 1.0
  local2._y = 1.0
```

```
   local2._z = 1.0
}
```

local1 的初始化操作会比 *local2* 的有效率些。这是因为当函数的 activation record 被放进程序堆栈时，上述 initialization list 中的常量就可以被放进 *local1* 内存中了。

Explicit initialization list 带来三项缺点：

1. 只有当 class members 都是 public，此法才奏效。
2. 只能指定常量，因为它们在编译时期就可以被评估求值（evaluated）。
3. 由于编译器并没有自动施行之，所以初始化行为的失败可能性会高一些。

那么，explicit initialization list 所带来的效率优点，能够补偿其软件工程上的缺点吗？一般而言，答案是 no。然而在某些特殊情况下又不一样。例如，或许你以手工打造了一些巨大的数据结构如调色盘（color palette），或是你正要把一堆常量数据（像是以 Alias 或 SoftImage 软件产生出来的复杂几何模型中的控制点和节点）倾倒给程序，那么 explicit initialization list 的效率会比 inline constructor 好得多，特别是对全局对象（global object）而言。

在编译器层面，会有一个优化机制用来识别 inline constructors，后者简单地提供一个 member-by-member 的常量指定操作。然后编译器会抽取出那些值，并且对待它们就好像是 explicit initialization list 所供应的一样，而不会把 constructor 扩展成为一系列的 assignment 指令。

于是，local *Point* object 的定义：

```
{
   Point local;
   // ...
}
```

现在被附加上 default *Point* constructor 的 inline expansion：

```
{
  // inline expansion of default constructor
  Point local;
  local._x = 0.0; local._y = 0.0; local._z = 0.0;
  // ...
}
```

L6 配置出一个 heap *Point* object：

```
(6)      Point *heap = new Point;
```

现在则被附加一个"对 default *Point* constructor 的有条件调用操作"：

```
// C++ 伪码
Point *heap = __new( sizeof ( Point ) );
if (heap != 0)
  heap->Point::Point();
```

然后才又被编译器进行 inline expansion 操作。至于把 *heap* 指针指向 *local* object：

```
(7)      *heap = local;
```

则保持着简单的位拷贝操作。以传值方式传回 *local* object，情况也是一样：

```
(10)     return local;
```

L9 删除 *heap* 所指的对象：

```
(9)      delete heap;
```

该操作并不会导致 destructor 被调用，因为我们并没有显式地提供一个 destructor 函数实例。

观念上，我们的 *Point* class 有一个相关的 default copy constructor、copy operator、和 destructor。然而它们都是无关痛痒的（*trivial*），而且编译器实际上根本没有产生它们。

为继承做准备

我们的第三个 *Point* 声明，将为“继承性质”以及某些操作的动态决议（dynamic resolution）做准备。目前我们限制对 *z* 成员做存取操作：

```
class Point {
public:
  Point( float x = 0.0, float y = 0.0 )
    : _x( x ), _y( y ) { }

  // no destructor, copy constructor, or
  // copy operator defined ...

  virtual float z();
  // ...
protected:
  float _x, _y;
};
```

再一次强调一下，我并没有定义一个 copy constructor、copy operator、destructor。我们的所有 members 都以数值来存储，因此在程序层面的默认语意之下，行为良好。某些人可能会争辩说，virtual functions 的导入应该总是附带着一个 virtual destructor 的声明。但是，那么做在这个例子中对我们并无好处。

virtual functions 的导入促使每一个 *Point* object 拥有一个 virtual table pointer。这个指针给我们提供 virtual 接口的弹性，其成本是：每一个 object 需要额外的一个 word 空间。有什么重大影响吗？视应用情况而定！在 3D 模型应用领域中，如果你要表现一个复杂的几何形状，有着 60 个 NURB 表面，每个表面有 512 个控制点，那么每个 object 多负担 4 个 bytes 将导致大约 200 000 个 bytes 的额外负担。这可能有意义，也可能没有意义，必须视它对多态（polymorphism）设计所带来的实际效益的比例而定。只有在实现完成之后，你才能评估要不要避免之。

除了每一个 class object 多负担一个 vptr 之外，virtual function 的导入也引发编译器对于我们的 *Point* class 产生膨胀作用：

- 我们所定义的 constructor 被附加了一些代码，以便将 vptr 初始化。这些代码必须被附加在任何 base class constructors 的调用之后，但必须在任何由使用者（程序员）供应的代码之前。例如，下面就是可能的附加结果（以 *Point* 为例）：

```
// C++ 伪码：内部膨胀
Point*
Point::Point( Point *this,
              float x, float y )
              : _x(x), _y(y)
{
  // 设定 object 的 virtual table pointer (vptr)
  this->__vptr_Point = __vtbl__Point;

  // 扩展 member initialization list
  this->_x = x;
  this->_y = y;

  // 传回 this 对象
  return this;
}
```

- 合成一个 copy constructor 和一个 copy assignment operator，而且其操作不再是 trivial（但 implicit destructor 仍然是 trivial）。如果一个 *Point* object 被初始化或以一个 derived class object 赋值，那么以位为基础（bitwise）的操作可能对 vptr 带来非法设定。

```
// C++ 伪码
// copy constructor 的内部合成
inline Point*
Point::Point( Point *this, const Point &rhs )
{
  // 设定 object 的 virtual table pointer (vptr)
  this->__vptr_Point = __vtbl__Point;

  // 将 rhs 坐标中的连续位拷贝到 this 对象,
  // 或是经由 member assignment 提供一个 member……

  return this;
}
```

编译器在优化状态下可能会把 object 的连续内容拷贝到另一个 object 身上，而不会实现一个精确地“以成员为基础（memberwise。译注：请参考第 2 章，第 49 页）”的赋值操作。C++ Standard 要求编译器尽量延迟 nontrivial members 的实际合成操作，直到真正遇到其使用场合为止。

为了方便，我把 *foobar()* 再次列于此：

```
(1)    Point global;
(2)
(3)    Point foobar()
(4)    {
(5)      Point local;
(6)      Point *heap = new Point;
(7)      *heap = local;
(8)      // ... stuff ...
(9)      delete heap;
(10)     return local;
(11)   }
```

L1 的 *global* 初始化操作、L6 的 *heap* 初始化操作以及 L9 的 *heap* 删除操作，都还是和稍早的 *Point* 版本相同，然而 L7 的 memberwise 赋值操作：

```
*heap = local;
```

很有可能触发 copy assignment operator 的合成，及其调用操作的一个 inline expansion（行内扩张）：以 *this* 取代 *heap*，而以 *rhs* 取代 *local*。

最戏剧性的冲击发生在以传值方式传回 *local* 的那一行（L10）。由于 copy constructor 的出现，*foobar()* 很有可能被转化为下面这样（2.3 节曾有过详细的讨论）：

```
// C++ 伪码：foobar() 的转化，
// 用以支持 copy constructor

Point foobar( Point &__result )
{
  Point local;
  local.Point::Point( 0.0, 0.0 );
```

```
  // heap 的部分与前相同……

  // copy constructor 的应用
  __result.Point::Point( local );

  // local 对象的 destructor 将在这里执行。
  // 调用 Point 定义的 destructor：
  // local.Point::~Point();

  return;
}
```

如果支持 named return value（NRV）优化，这个函数会进一步被转化为：

```
// C++ 伪码：foobar() 的转化，
// 以支持 named return value（NRV）优化

Point foobar( Point &__result )
{
  __result.Point::Point( 0.0, 0.0 );

  // heap 的部分与前相同……

  return;
}
```

一般而言，如果你的设计之中，有许多函数都需要以传值方式（by value）传回一个 local class object，例如像这样形式的一个算术运算：

```
T operator+( const T&, const T& )
{
  T result;
  // ……真正的工作在此
  return result;
}
```

那么提供一个 copy constructor 就比较合理——甚至即使 default memberwise 语意已经足够。它的出现会触发 NRV 优化。然而，就像我在前一个例子中所展现的那样，NRV 优化后将不再需要调用 copy constructor，因为运算结果已经被直接计算于“将被传回的 object”体内了。

5.2 继承体系下的对象构造

当我们定义一个 object 如下：

```
T object;
```

实际上会发生什么事情？如果 *T* 有一个 constructor（不论是由 user 提供或是由编译器合成的），它会被调用。这很明显，比较不明显的是，constructor 的调用真正伴随了什么？

Constructor 可能内含大量的隐藏码，因为编译器会扩充每一个 constructor，扩充程度视 class *T* 的继承体系而定。一般而言编译器所做的扩充操作大约如下：

1. 记录在 member initialization list 中的 data members 初始化操作会被放进 constructor 的函数本体，并以 members 的声明顺序为顺序。
2. 如果有一个 member 并没有出现在 member initialization list 之中，但它有一个 default constructor，那么该 default constructor 必须被调用。
3. 在那之前，如果 class object 有 virtual table pointer(s)，它（们）必须被设定初值，指向适当的 virtual table(s)。
4. 在那之前，所有上一层的 base class constructors 必须被调用，以 base class 的声明顺序为顺序（与 member initialization list 中的顺序没关联）：
   - 如果 base class 被列于 member initialization list 中，那么任何显式指定的参数都应该传递过去。
   - 如果 base class 没有被列于 member initialization list 中，而它有 default constructor（或 default memberwise copy constructor），那么就调用之。
   - 如果 base class 是多重继承下的第二或后继的 base class，那么 *this* 指针必须有所调整。
5. 在那之前，所有 virtual base class constructors 必须被调用，从左到右，从最深到最浅：

- 如果 class 被列于 member initialization list 中，那么如果有任何显式指定的参数，都应该传递过去。若没有列于 list 之中，而 class 有一个 default constructor，亦应该调用之。
- 此外，class 中的每一个 virtual base class subobject 的偏移位置（offset）必须在执行期可被存取。
- 如果 class object 是最底层（most-derived）的 class，其 constructors 可能被调用；某些用以支持这一行为的机制必须被放进来。

在这一节中，我要从“C++语言对 classes 所保证的语意”这个角度，探讨 constructors 扩充的必要性。我再次以 *Point* 为例，并为它增加一个 copy constructor、一个 copy operator、一个 virtual destructor，如下所示：

```
class Point {
public:
  Point( float x = 0.0, float y = 0.0 );
  Point( const Point& );                  // 译注：copy constructor
  Point& operator=( const Point& );       // 译注：copy assignment operator

  virtual ~Point();                       // 译注：virtual destructor
  virtual float z() { return 0.0; }
  // ...
protected:
  float _x, _y;
};
```

在我开始介绍并一步步走过以 *Point* 为根源的继承体系之前，我要带你很快地看看 *Line* class 的声明和扩充结果，它由 *_begin* 和 *_end* 两个点构成：

```
class Line {
  Point _begin, _end;
public:
  Line( float=0.0, float=0.0, float=0.0, float=0.0 );
  Line( const Point&, const Point& );

  draw();
  // ...
};
```

每一个 explicit constructor 都会被扩充以调用其两个 member class objects 的 constructors。如果我们定义 constructor 如下：

```
Line::Line( const Point &begin, const Point &end )
    : _end( end ), _begin( begin )
{ }
```

它会被编译器扩充并转换为：

```
// C++ 伪码：Line constructor 的扩充
Line*
Line::Line( Line *this,
            const Point &begin, const Point &end )
{
  this->_begin.Point::Point( begin );
  this->_end.Point::Point( end );
  return this;
}
```

由于 *Point* 声明了一个 copy constructor、一个 copy operator，以及一个 destructor（本例为 virtual），所以 *Line* class 的 implicit copy constructor、copy operator 和 destructor 都将有具体效用（nontrivial）。

当程序员写下：

```
Line a;
```

时，implicit *Line* destructor 会被合成出来（如果 *Line* 派生自 *Point*，那么合成出来的 destructor 将会是 virtual。然而由于 *Line* 只是内含 *Point* objects 而非继承自 *Point*，所以被合成出来的 destructor 只是 nontrivial 而已）。其中，它的 member class objects 的 destructors 会被调用（以其构造的相反顺序）：

```
// C++ 伪码：合成出来的 Line destructor
inline void
Line::~Line( Line *this )
{
  this->_end.Point::~Point();
  this->_begin.Point::~Point();
}
```

当然，如果 *Point* destructor 是 inline 函数，则每一个调用操作会在调用地点被扩展开来。请注意，虽然 *Point* destructor 是 virtual，但其调用操作（在 containing class destructor 之中）会被静态地决议出来（resolved statically）。

类似的道理，当一个程序员写下：

```
Line b = a;
```

时，implicit *Line* copy constructor 会被合成出来，成为一个 inline public member。

最后，当程序员写下：

```
a = b;
```

时，implicit copy assignment operator 会被合成出来，成为一个 inline public member。

最近当我改写 cfront 时，我注意到在产生 copy operator 的时候，并没有以如下的条件句过滤之：

```
if ( this == &rhs ) return *this;
```

于是 cfront 会做多余的拷贝操作，像这样：

```
Line *p1 = &a;
Line *p2 = &a;
*p1 = *p2;
```

我发现并不是只有 cfront 才如此。Borland 也缺少这项过滤，而我怀疑大部分编译器也都如此。在一个由编译器合成而来的 copy operator 中，上述的重复操作虽然安全却累赘，因为并没有伴随任何的资源释放行动。在一个由程序员供应的 copy operator 中忘记检查自我指派（赋值）操作是否失败，是新手极易陷入的一项错误，例如：

```
// 使用者供应的 copy assignment operator
// 忘记提供一个自我拷贝时的过滤

String&
String::operator=( const String &rhs ) {
  // 这里需要过滤（在释放资源之前）
  delete [] str;
  str = new char[ strlen( rhs.str ) + 1 ];
}
```

有许多次我想为 cfront 加上一个警告消息，说“在一个 copy operator 之中，面对自我拷贝缺乏一个过滤操作；但却有一个 *delete* operator 对应某个 member 操作”。这项意图并没有实现，但我仍然认为像这样的一个警告消息对程序员是有帮助的。

虚拟继承（Virtual Inheritance）

考虑下面这个虚拟继承（继承自我们的 *Point*）：

```
class Point3d : public virtual Point {
public:
  Point3d( float x = 0.0, float y = 0.0, float z = 0.0 )
    : Point( x, y ), _z( z ) { }
  Point3d( const Point3d& rhs )
    : Point( rhs ), _z( rhs._z ) { }
  ~Point3d();
  Point3d& operator=( const Point3d& );

  virtual float z() { return _z; }
  // ...
protected:
  float _z;
};
```

传统的“constructor 扩充现象”并没有用，这是因为 virtual base class 的“共享性”之故：

```
// C++ 伪码：
// 不合法的 constructor 扩充内容
```

```
Point3d*
Point3d::Point3d( Point3d *this,
                  float x, float y, float z )
{
  this->Point::Point( x, y );
  this->__vptr_Point3d = __vtbl_Point3d;
  this->__vptr_Point3d__Point =
         __vtbl_Point3d__Point;
  this->_z = rhs._z;
  return this;
}
```

你看得出上面的 *Point3d* constructor 扩充内容有什么错误吗？

试着想想以下三种类的派生情况：

```
class Vertex   : virtual public Point { ... };
class Vertex3d : public Point3d, public Vertex { ... };
class PVertex  : public Vertex3d { ... };
```

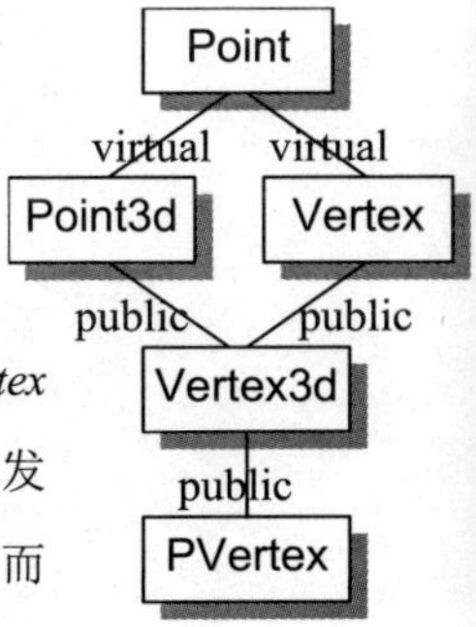

Vertex 的 constructor 必须也调用 *Point* 的 constructor。然而，当 *Point3d* 和 *Vertex* 同为 *Vertex3d* 的 subobjects 时，它们对 *Point* constructor 的调用操作一定不可以发生；取而代之的是，作为一个最底层的 class，*Vertex3d* 有责任将 *Point* 初始化。而更往后（往下）的继承，则由 *PVertex*（不再是 *Vertex3d*）来负责完成“被共享之 *Point* subobject”的构造。

传统的策略如果要支持“好，现在将 virtual base class 初始化……啊，现在不要……”，会导致 constructor 中有更多的扩充内容，用以指示 virtual base class constructors 应不应该被调用。constructor 的函数本体因而必须条件式地测试传进来的参数，然后决定调用或不调用相关的 virtual base class constructors。下面就是 *Point3d* 的 constructor 扩充内容：

```
// C++ 伪码：
// 在 virtual base class 情况下的 constructor 扩充内容
Point3d*
Point3d::Point3d( Point3d *this, bool __most_derived,
                  float x, float y, float z )
{
```

```
  if ( __most_derived != false )
      this->Point::Point( x, y );

  this->__vptr_Point3d = __vtbl_Point3d;
  this->__vptr_Point3d__Point =
        __vtbl_Point3d__Point;
  this->_z = rhs._z;
  return this;
}
```

在更深层的继承情况下，例如 *Vertex3d*，调用 *Point3d* 和 *Vertex* 的 constructor 时，总是会把 *__most_derived* 参数设为 false，于是就压制了两个 constructors 中对 *Point* constructor 的调用操作。

```
// C++ 伪码：
// 在 virtual base class 情况下的 constructor 扩充内容
Vertex3d*
Vertex3d::Vertex3d( Vertex3d *this, bool __most_derived,
                    float x, float y, float z )
{
  if ( __most_derived != false )
      this->Point::Point( x, y );

  // 调用上一层 base classes
  // 设定 __most_derived 为 false

  this->Point3d::Point3d( false, x, y, z );
  this->Vertex::Vertex( false, x, y );

  // 设定 vptrs
  // 安插 user code

  return this;
}
```

这样的策略得以保持语意的正确无误。举个例子，当我们定义：

```
Point3d origin;
```

时，*Point3d* constructor 可以正确地调用其 *Point* virtual base class subobject。而当我们定义：

```
Vertex3d cv;
```

时，*Vertex3d* constructor 正确地调用 *Point* constructor。*Point3d* 和 *Vertex* 的 constructors 会做每一件该做的事情——对 *Point* 的调用操作除外。如果这个行为是正确的，那么什么是错误的呢？

我想许多人已经注意到了某种状态。在此状态中，“virtual base class constructors 的被调用”有着明确的定义：只有当一个完整的 class object 被定义出来（例如 *origin*）时，它才会被调用；如果 object 只是某个完整 object 的 subobject，它就不会被调用。

以此为杠杆，我们可以产生更有效率的 constructors。某些新进的编译器把每一个 constructor 分裂为二，一个针对完整的 object，另一个针对 subobject。“完整 object”版无条件地调用 virtual base constructors，设定所有的 vptrs 等。“subobject”版则不调用 virtual base constructors，也可能不设定 vptrs 等。我将在下一节讨论对 vptr 的设定。constructor 的分裂可带来程序速度的提升，不幸的是我并没有真正用过这一类编译器，所以没有测试数据可以提供给各位。然而在 Foundation 项目中，Rob Murray 完成了 cfront 的 C output 优化，可省略掉非必要的条件测试并设定 vptr。并且他记录到一份颇为可观的速度提升结果。

vptr 初始化语意学（The Semantics of the vptr Initialization）

当我们定义一个 *PVertex* object 时，constructors 的调用顺序是：

```
Point( x, y );
Point3d( x, y, z );
Vertex( x, y, z );
Vertex3d( x, y, z );
PVertex( x, y, z );
```

假设这个继承体系中的每一个 class 都定义了一个 virtual function *size()*，此函数负责传回 class 的大小。如果我们写：

```
PVertex pv;
Point3d p3d;

Point *pt = &pv;
```

那么这个调用操作：

```
pt->size();
```

将传回 *PVertex* 的大小，而：

```
pt = &p3d;
pt->size();
```

将传回 *Point3d* 的大小。

更进一步，我们假设这个继承体系中的每一个 constructors 内含一个调用操作，像这样：

```
Point3d::Point3d( float x, float y, float z )
    : _x( x ), _y ( y ), _z( z )
{
  if ( spyOn )
    cerr << "Within Point3d::Point3d()"
         << "size: " << size() << endl;
}
```

当我们定义 *PVertex* object 时，前述的 5 个 constructors 会如何？每一次 *size()* 调用会被决议为 *PVertex::size()*吗（毕竟那是我们正在构造的东西）？或者每次调用会被决议为“目前正在执行之 constructor 所对应之 class”的 *size()*函数实例？

C++语言规则告诉我们，在 *Point3d* constructor 中调用的 *size()*函数，必须被决议为 *Point3d::size()*而不是 *PVertex::size()*。更一般性地说，在一个 class（本例为 *Point3d*）的 constructor（和 destructor）中，经由构造中的对象（本例为 *PVertex* 对象）来调用一个 virtual function，其函数实例应该是在此 class（本例为 *Point3d*）中有作用的那个。由于各个 constructors 的调用顺序，上述情况是必要的。Constructors 的调用顺序是：由根源而末端（bottom up）、由内而外（inside out）。当 base class constructor 执行时，derived 实例还没有被构造起来。在 *PVertex* constructor 执行完毕之前，*PVertex* 并不是一个完整的对象；*Point3d* constructor 执行之后，只有 *Point3d* subobject 构造完毕。

意思是，当每一个 *PVertex* base class constructors 被调用时，编译系统必须保证有适当的 *size()*函数实例被调用。怎样才能办到这一点？

如果调用操作限制必须在 constructor（或 destructor）中直接调用，那么答案十分明显：将每一个调用操作以静态方式决议之，千万不要用到虚拟机制。如果是在 *Point3d* constructor 中，就显式调用 *Point3d::size()*。

然而如果 *size()*之中又调用一个 virtual function，会发生什么事情？这种情况下，这个调用也必须决议为 *Point3d* 的函数实例。而在其他情况下，这个调用是纯正的 virtual，必须经由虚拟机制来决定其归向。也就是说，虚拟机制本身必须知道是否这个调用源自于一个 constructor 之中。

另一个我们可以采取的方法是，在 constructor（或 destructor）内设立一个标志，说“嗨，不，这次请以静态方式来决议”。然后我们就可以用标志值作为判断依据，产生条件式的调用操作。

这的确可行，虽然感觉起来有点不够优雅和有效率。就算是一种“hack”行为吧！我们甚至可以写一个注释来为自己开脱：

```
// yuck!!! fix the language semantics!
```

这个解决方法感觉起来比较像是我们的第一个设计策略失败后的一个对策，而不是釜底抽薪的办法。根本的解决之道是，在执行一个 constructor 时，必须限制一组 virtual functions 候选名单。

想一想，什么是决定一个 class 的 virtual functions 名单的关键？答案是 virtual table。Virtual table 如何被处理？答案是通过 vptr。所以为了控制一个 class 中有所作用的函数，编译系统只要简单地控制住 vptr 的初始化和设定操作即可。当然，设定 vptr 是编译器的责任，任何程序员都不必操心此事。

vptr 初始化操作应该如何处理？本质而言，这得视 vptr 在 constructor 之中“应该在何时被初始化”而定。我们有三种选择：

1. 在任何操作之前。
2. 在 base class constructors 调用操作之后，但是在程序员供应的代码或是“member initialization list 中所列的 members 初始化操作”之前。
3. 在每一件事情发生之后。

答案是 2。另两种选择没什么价值。如果你不相信，请在 1 或 3 策略下试试看。策略 2 解决了“在 class 中限制一组 virtual functions 名单”的问题。如果每一个 constructor 都一直等待到其 base class constructors 执行完毕之后才设定其对象的 vptr，那么每次它都能够调用正确的 virtual function 实例。

令每一个 base class constructor 设定其对象的 vptr，使它指向相关的 virtual table 之后，构造中的对象就可以严格而正确地变成“构造过程中所幻化出来的每一个 class”的对象。也就是说，一个 *PVertex* 对象会先形成一个 *Point* 对象、一个 *Point3d* 对象、一个 *Vertex* 对象、一个 *Vertex3d* 对象，然后才成为一个 *PVertex* 对象。在每一个 base class constructor 中，对象可以与 constructor's class 的完整对象做比较。对于对象而言，“个体发生学”概括了“系统发生学”。constructor 的执行算法通常如下：

1. 在 derived class constructor 中，“所有 virtual base classes”及“上一层 base class”的 constructors 会被调用。
2. 上述完成之后，对象的 vptr(s)被初始化，指向相关的 virtual table(s)。
3. 如果有 member initialization list 的话，将在 constructor 体内扩展开来。这必须在 vptr 被设定之后才做，以免有一个 virtual member function 被调用。

4. 最后，执行程序员所提供的代码。

例如，已知下面这个由程序员定义的 *PVertex* constructor：

```
PVertex::PVertex( float x, float y, float z )
  : _next( 0 ), Vertex3d( x, y, z ),
    Point( x, y )
{
  if ( spyOn )
    cerr << "Within PVertex::PVertex()"  // 译注：原书为 Point3d::Point3d()，
         << "size: " << size() << endl;  //       应为笔误。
}
```

它很可能被扩展为：

```
// C++ 伪码：
// PVertex constructor 的扩展结果
PVertex*
PVertex::PVertex( PVertex* this,
                  bool __most__derived,
                  float x, float y, float z )
{
  // 条件式地调用 virtual base constructor
  if ( __most__derived != false )
    this->Point::Point( x, y );

  // 无条件地调用上一层 base
  this->Vertex3d::Vertex3d( x, y, z );

  // 将相关的 vptr 初始化
  this->__vptr_PVertex = __vtbl_PVertex;
  this->__vptr_Point__PVertex =
        __vtbl_Point__PVertex;

  // 程序员所写的代码
  if ( spyOn )
    cerr << "Within PVertex::PVertex()"  // 译注：原书为 Point3d::Point3d()，
        << "size: "                      //       应为笔误
        // 经由虚拟机制调用
        << (*this->__vptr__PVertex[ 3 ].faddr)(this)
        << endl;

  // 传回被构造的对象
  return this;
}
```

这就完美地解决了我们所说的有关限制虚拟机制的问题。但是，这真是一个完美的解答吗？假设我们的 *Point* constructor 定义为：

```
Point:Point( float x, float y )
  : _x( x ), _y( y ) { }
```

我们的 *Point3d* constructor 定义为：

```
Point3d:Point3d( float x, float y, float z )
  : Point( x, y ), _z( z ) { }
```

更进一步假设我们的 *Vertex* 和 *Vertex3d* constructors 有类似的定义。你是否能够看出我们的解决方法并不完美（即使我们完美地解决了我们的问题）？

下面是 vptr 必须被设定的两种情况：

1. 当一个完整的对象被构造起来时。如果我们声明一个 *Point* 对象，则 *Point* constructor 必须设定其 vptr。
2. 当一个 subobject constructor 调用了一个 virtual function（不论是直接调用或间接调用）时。

如果我们声明一个 *PVertex* 对象，然后由于我们对其 base class constructors 的最新定义，其 vptr 将不再需要在每一个 base class constructor 中被设定。解决之道是把 constructor 分裂为一个完整的 object 实例和一个 subobject 实例。在 subobject 实例中，vptr 的设定可以省略（如果可能的话）。

知道了这些之后，你应该能够回答下面的问题了吧：在 class 的 constructor 的 member initialization list 中调用该 class 的一个虚拟函数，安全吗？就实际而言，将此函数施行于其 class's data member 的初始化行动中，总是安全的。这是因为，正如我们所见，vptr 保证能够在 member initialization list 被扩展之前，由编译器正确设定好。但是在语意上这可能是不安全的，因为函数本身可能还得依赖未被设立初值的 members。所以我并不推荐这种做法。然而，从 vptr 的整体角度来看，这是安全的。

何时需要供应参数给一个 base class constructor？这种情况下在“class 的 constructor 的 member initialization list 中”调用该 class 的虚拟函数，仍然安全吗？不！此时 vptr 若不是尚未被设定好，就是被设定指向错误的 class。更进一步地说，该函数所存取的任何 class's data members 一定还没有被初始化。

5.3 对象复制语意学（Object Copy Semantics）

当我们设计一个 class，并以一个 class object 指定给另一个 class object 时，我们有三种选择：

1. 什么都不做，因此得以实施默认行为。
2. 提供一个 explicit copy assignment operator。
3. 显式地拒绝把一个 class object 指定给另一个 class object。

如果要选择第 3 点，不准将一个 class object 指定给另一个 class object，那么只要将 copy assignment operator 声明为 private，并且不提供其定义即可。把它设为 private，我们就不再允许于任何地点（除了在 member functions 以及该 class 的 friends 之中）做赋值（assign）操作。不提供其函数定义，则一旦某个 member function 或 friend 企图影响一份拷贝，程序在链接时就会失败。一般认为这和链接器的性质有关（也就是说并不属于语言本身的性质），所以不是很令人满意。

在这一节，我要验证 copy assignment operator 的语意，以及它们如何被模塑出来。再一次，我利用 *Point* class 来帮助讨论：

```
class Point {
public:
  Point( float x = 0.0, float y = 0.0 );
  // ... (没有 virtual function)
protected:
  float _x, _y;
};
```

没有什么理由需要禁止拷贝一个 *Point* object。因此问题就变成了：默认行为是否足够？如果我们要支持的只是一个简单的拷贝操作，那么默认行为不但足够而且有效率，我们没有理由再自己提供一个 copy assignment operator。

只有在默认行为所导致的语意不安全或不正确时，我们才需要设计一个 copy assignment operator（关于 memberwise copy 及其潜在陷阱，[LIPP91c]有完整的讨论）。好，默认的 memberwise copy 行为对于我们的 *Point* object 不安全吗？不正确吗？不，由于坐标都内含数值，所以不会发生“别名化（aliasing）”或“内存泄漏（memory leak）”。如果我们自己提供一个 copy assignment operator，程序反倒会执行得比较慢。

如果我们不对 *Point* 供应一个 copy assignment operator，而光是仰赖默认的 memberwise copy，编译器会产生出一个实例吗？这个答案和 copy constructor 的情况一样：实际上不会！由于此 class 已经有了 bitwise copy 语意，所以 implicit copy assignment operator 被视为毫无用处，也根本不会被合成出来。

一个 class 对于默认的 copy assignment operator，在以下情况，不会表现出 bitwise copy 语意：

1. 当 class 内含一个 member object，而其 class 有一个 copy assignment operator 时。
2. 当一个 class 的 base class 有一个 copy assignment operator 时。
3. 当一个 class 声明了任何 virtual functions（我们一定不要拷贝右端 class object 的 vptr 地址，因为它可能是一个 derived class object）时。
4. 当 class 继承自一个 virtual base class（不论此 base class 有没有 copy operator）时。

C++ Standard 上说 copy assignment operators 并不表示 bitwise copy semantics 是 nontrivial。实际上，只有 nontrivial instances 才会被合成出来。

于是，对于我们的 *Point* class，这样的赋值（assign）操作：

```
Point a, b;
...
a = b;
```

由 bitwise copy 完成，把 *Point b* 拷贝到 *Point a*，其间并没有 copy assignment operator 被调用。从语意上或从效率上考虑，这都是我们所需要的。注意，我们还是可能提供一个 copy constructor，为的是把 name return value（NRV）优化打开。copy constructor 的出现不应该让我们以为也一定要提供一个 copy assignment operator。

现在我要导入一个 copy assignment operator，用以说明该 operator 在继承之下的行为：

```
inline
Point&
Point::operator=( const Point &p )
{
  _x = p._x;
  _y = p._y;
  // 译注：原书有误，这里缺少 return *this;
}
```

现在派生一个 *Point3d* class（请注意是虚拟继承）：

```
class Point3d : virtual public Point {
public:
  Point3d( float x = 0.0, float y = 0.0, float z = 0.0 );
  // ...
protected:
  float _z;
};
```

如果我们没有为 *Point3d* 定义一个 copy assignment operator，编译器就必须合成一个（因为前述的第二项和第四项理由）。合成而得的东西可能看起来像这样：

```
// C++ 伪码：被合成的 copy assignment operator
inline Point3d&
```

```
Point3d::operator=( Point3d* const this, const Point3d &p )
{
  // 调用 base class 的函数实例
  this->Point::operator=( p );

  // memberwise copy the derived class members
  _z = p._z;
  return *this;
}
```

copy assignment operator 有一个非正交性情况（nonorthogonal aspect，意指不够理想、不够严谨的情况），就是它缺乏一个 member assignment list（也就是平行于 member initialization list 的东西）。因此我们不能够写：

```
// C++ 伪码。以下性质并不支持。
inline Point3d&
Point3d::operator=( const Point3d &p3d )
  : Point( p3d ), z( p3d._z )
{ }
```

我们必须写成以下两种形式，才能调用 base class 的 copy assignment operator：

```
Point::operator=( p3d );
```

或

```
( *(Point*)this ) = p3d;
```

缺少 copy assignment list，看来或许只是一件小事，但如果没有它，编译器一般而言就没有办法压抑上一层 base class 的 copy operators 被调用。例如，下面是个 *Vertex* copy operator，其中 *Vertex* 也是虚拟继承自 *Point*：

```
// class Vertex : virtual public Point
inline Vertex&
Vertex::operator=( const Vertex &v )
{
  this->Point::operator=( v );
  _next = v._next;
  return *this;
}
```

现在让我们从 *Point3d* 和 *Vertex* 中派生出 *Vertex3d*。下面是 *Vertex3d* 的 copy assignment operator：

```
inline Vertex3d&
Vertex3d::operator=( const Vertex3d &v )
{
  this->Point::operator=( v );
  this->Point3d::operator=( v );
  this->Vertex::operator=( v );
  ...
}
```

编译器如何能够在 *Point3d* 和 *Vertex* 的 copy assignment operators 中压抑 *Point* 的 copy assignment operators 呢？编译器不能够重复传统的 constructor 解决方案(附加上额外的参数）。这是因为，和 constructor 以及 destructor 不同的是，“取 copy assignment operator 地址”的操作是合法的。因此下面这个例子是毫无瑕疵的合法程序代码（虽然它也毫无瑕疵地推翻了我们希望把 copy assignment operator 做得更灵巧的企图）：

```
typedef Point3d& (Point3d::*pmfPoint3d)(const Point3d&);

pmfPoint3d pmf = &Point3d::operator=;
( x.*pmf)( x );
```

然而我们无法支持它，我们仍然需要根据其独特的继承体系，安插任何可能个数的参数给 copy assignment operator。这一点在我们支持由 class objects（内含 virtual base classes）所组成的数组的配置操作时，也被证明是非常有问题的（请看 6.2 节的讨论）。

另一个方法是，编译器可能为 copy assignment operator 产生分化函数（split functions），以支持这个 class 成为 most-derived class 或成为中间的 base class。如果 copy assignment operator 被编译器产生的话，那么“split function 解决方案”可说是定义明确。但如果它是被 class 设计者所完成的，那就不能算是定义明确。例如，一个人如何分化像下面这样的函数呢（特别当 *init_bases()*是 virtual 时）：

```
inline Vertex3d&
Vertex3d::operator=( const Vertex3d &v )
{
  init_bases( v );
  ...
}
```

事实上，copy assignment operator 在虚拟继承情况下行为不佳，需要小心地设计和说明。许多编译器甚至并不尝试取得正确的语意，它们在每一个中间（调停用）的 copy assignment operator 中调用每一个 base class instance，于是造成 virtual base class copy assignment operator 的多个实例被调用。我知道 Cfront、Edison Design Group 的前端处理器、Borland C++ 4.5 以及 Symantec 最新版 C++编译器都这么做。我猜想你的编译器也是如此。C++ Standard 是怎么说这件事的呢？

> 我们并没有规定那些代表 virtual base class 的 subobjects 是否该被“隐式定义（implicitly defined）的 copy assignment operator”指派（赋值，*assign*）内容一次以上（C++ Standard，Section 12.8）。

如果使用一个以语言为基础的解决办法，那么应该为 copy assignment operator 提供一个附加的“member copy list”。简单地说，任何解决方案如果是以程序操作为基础，就将导致较高的复杂度和较大的错误倾向。一般公认，这是语言的一个弱点，也是一个人应该总是小心检验其程序代码的地方（当他使用 virtual base classes 时）。

有一种方法可以保证 most-derived class 会引发（完成）virtual base class subobject 的 copy 行为，那就是在 derived class 的 copy assignment operator 函数实例的最后，显式调用那个 operator，像这样：

```
inline Vertex3d&
Vertex3d::operator=( const Vertex3d &v )
{
  this->Point3d::operator=( v );
  this->Vertex::operator=( v );
  // must place this last if your compiler does
```

```
  // not suppress intermediate class invocations
  this->Point::operator=( v );
  ...
}
```

这并不能够省略 subobjects 的多重拷贝，但却可以保证语意正确。另一个解决方案要求把 virtual subobject 拷贝到一个分离的函数中，并根据 call path，条件化地调用它。

我建议尽可能不要允许一个 virtual base class 的拷贝操作。我甚至提供一个比较奇怪的建议：不要在任何 virtual base class 中声明数据。

5.4　对象的效能（Object Efficiency）

在以下的效率测试中，对象构造和拷贝所需的成本是以 *Point3d* class 声明为基准的，从简单形式逐渐到复杂形式，包括 Plain Ol' Data、抽象数据类型（Abstract Data Type，ADT）、单一继承、多重继承、虚拟继承。以下函数是测试的主角：

```
Point3d lots_of_copies (Point3d a, Point3d b )
{
  Point3d pC = a;

  pC = b;  // (1)
  b = a;   // (2)

  return pC;
}
```

它内含 4 个 memberwise 初始化操作，包括两个参数、一个传回值以及一个局部对象 *pC*。它也内含两个 memberwise 拷贝操作，分别是标示为（1）和（2）那两行的 *pC* 和 *b*。*main()*函数如下：

```
main()
{
  Point3d pA( 1.725, 0.875, 0.478 );
  Point3d pB( 0.315, 0.317, 0.838 );
  Point3d pC;
```

```
  for ( int iters = 0; iters < 10000000; iters++ )
    pC = lots_of_copies( pA, pB );

  return 0;
}
```

在最初的两个程序中，数据类型是一个 struct，和一个拥有 public 数据的 class：

```
struct Point3d { float x, y, z; };
class  Point3d { public: float x, y, z; };
```

对 *pA* 和 *pB* 的初始化操作是通过 explicit initialization list 进行的：

```
Point3d pA = { 1.725, 0.875, 0.478 };
Point3d pB = { 0.315, 0.317, 0.838 };
```

这两个操作表现出 bitwise copy 语意，所以你应该会预期它们的执行有最好的效率。结果如下：

"memberwise" 初始化操作和拷贝操作（Initialization and Copy）：
Public Data Members
Bitwise Copy Semantics

	优化	未优化
CC	5.05	6.39
NCC	5.84	7.22

CC 的效率比较好，是因为 NCC 循环中多产生了 6 个额外的汇编语言指令。这个额外负担并不会反映出任何特定的 C++语意，这两个编译器的"中间 C 输出"大致是相等的。

下一个测试，唯一的改变是数据的封装以及 inline 函数的使用，以及一个 inline constructor，用以初始化每一个 object。class 仍然展现出 bitwise copy 语意，所以常识告诉我们，执行期的效率应该相同。事实上则有一些距离：

"memberwise" 初始化操作和拷贝操作（Initialization and Copy）： Private Data Members : Inline Access and Inline Construction Bitwise Copy Semantics		
	优化	未优化
CC	5.18	6.52
NCC	6.00	7.33

我曾经想过，效率上的差异并不是因为 *lots_of_copies()*，而是因为 *main()*函数中的 class object 初始化操作。所以我修改 struct 的初始化操作如下，并复制 inline class constructor 的扩展部分：

```
main() {
  Point3d pA;
  pA.x = 1.725;  pA.y = 0.875;  pA.z = 0.478;

  Point3d pB;
  pB.x = 0.315;  pB.y = 0.317;  pB.z = 0.838;

  //……其余相同
```

它们现在成为一种封装后的 class 表现方式。我发现两次执行时间都增加了：

“memberwise” 初始化操作和拷贝操作（Initialization and Copy）： Public Data Members : Individual Member Initialization Bitwise Copy Semantics		
	优化	未优化
CC	5.18	6.52
NCC	5.99	7.33

经由 constructor 的 inline expansion，坐标成员的初始化操作带来以下两个指令的汇编语言码：一个指令把常量值加载到寄存器中，另一个指令做真正的存储操作：

```
# 20  pt3d pA( 1.725, 0.875, 0.478 );
li.s  $f4, 1.7250000238418579e+00
s.s.  $f4, 76($sp)
# etc.
```

坐标成员若经由 explicit initialization list 来做初始化操作，会得到单一指令，因为常量值被预先加载好了：

```
$$7:
   .float 1.7250000238418579e+00
   # etc.
```

封装和未封装过的两种 *Point3d* 声明之间，另一个差异是关于下一行的语意：

```
Point3d pC;
```

如果使用 ADT 表示法，*pC* 会以其 default constructor 的 inline expansion 自动进行初始化——甚至虽然在此例而言，没有初始化也很安全。从某一个角度来说，虽然这些差异实在小，但它们扮演警告的角色，警告说"封装加上 inline 支持，完全相当于 C 程序中的直接数据存取"。从另一个角度来说，这些差异并不具有什么意义，因此也就没有理由放弃"封装"特性在软件工程上的利益。它们是一些你得记在心中以备特殊情况下能够派上用场的东西。

下一个测试，我把 *Point3d* 的表现法切割为三个层次的单一继承：

```
class Point1d { };  // _x
class Point2d : public Point1d { };  // _y
class Point3d : public Point2d { };  // _z
```

我没有使用任何 virtual functions。由于 *Point3d* 仍然展现出 bitwise copy 的语意，所以额外的单一继承不应该影响"memberwise 对象初始化或拷贝操作"的成本。这可以由测试结果显示出来：

"memberwise"初始化操作和拷贝操作（Initialization and Copy）： 单一继承： Protected Members : Inline Access Bitwise Copy Semantics		
	优化	未优化
CC	5.18	6.52
NCC	6.26	7.33

下面的多重继承，一般公认是比较高明的设计。由于其 member 的分布，它完成了任务（至少给我们提供了一个测试实例☺）：

```
class Point1d { };  // _x
class Point2d { };  // _y
class Point3d
   : public Point1d, public Point2d { };  // _z
```

由于 *Point3d* class 仍然显现出 bitwise copy 语意，所以额外的多重继承关系不应该在 memberwise 的对象初始化操作或拷贝操作上增加成本。除了 CC 优化情况之外（它的效率稍微高一些），执行结果的确验证了我的想法：

"memberwise"初始化操作和拷贝操作（Initialization and Copy）： 多重继承： Protected Members : Inline Access Bitwise Copy Semantics		
	优化	未优化
CC	5.06	6.52
NCC	6.26	7.33

截至目前的所有测试，所有版本的差异都是以"初始化三个 local objects"为中心，而不是以"memberwise initialization 和 copy 的耗损"为中心。这些操作的完成都是一成不变的，因为到目前为止的所有那些陈述都支持"bitwise copy"语意。然而一旦导入虚拟继承语意，情况就改变了。下面这样的单层虚拟继承：

```
class Point1d { ... };
class Point2d : public virtual Point1d { ... };
class Point3d : public Point2d { ... };
```

不再允许 class 拥有 bitwise copy 语意（第一层虚拟继承不允许之，第二层继承则更加复杂）。合成型的 inline copy constructor 和 copy assignment operator 于是被产生出来，并被派上用场，这导致效率成本上的一个重大增加：

"memberwise"初始化操作和拷贝操作（Initialization and Copy）：
虚拟继承（一层）：
被合成的 Inline Copy Constructor
被合成的 Inline Copy Operator

	优化	未优化
CC	15.59	26.45
NCC	17.29	23.93

为了更实在地了解这些数据，让我回到先前的陈述：有着封装味道并加上一个 virtual function 的 class 声明。回忆一下，这种情况并不允许 bitwise copy 语意存在。合成型的 inline copy constructor 和 copy assignment operator 于是被产生出来，并且被派上用场。效率成本的增加虽不如预期，但比起 bitwise copy 却也有大约 40%~50%。如果这个函数是程序员供应的一个 non-inline 函数，成本仍然较高：

"memberwise"初始化操作和拷贝操作（Initialization and Copy）：
抽象数据类型：虚拟函数：
被合成的 Inline Copy Constructor
被合成的 Inline Copy Operator

	优化	未优化
CC	8.34	9.94
NCC	7.67	13.05

下面的测试是采用其他有着 bitwise copy 语意的表现方式，取代 inline 合成型

memberwise copy constructor 和 copy assignment operator。这一次反映出来的是对象构造和拷贝的成本增加，原因是继承体系的复杂度增加了。

“memberwise”初始化操作和拷贝操作（Initialization and Copy）：
被合成的 Inline Copy Constructor
被合成的 Inline Copy Operator

	优化	未优化
单一继承		
CC	12.69	17.47
NCC	10.35	17.74
多重继承		
CC	14.91	21.51
NCC	12.39	20.39
虚拟继承		
CC	19.90	29.73
NCC	19.31	26.80

5.5 析构语意学（Semantics of Destruction）

如果 class 没有定义 destructor，那么只有在 class 内含的 member object（抑或 class 自己的 base class）拥有 destructor 的情况下，编译器才会自动合成出一个来。否则，destructor 被视为不需要，也就不需被合成（当然更不需要被调用）。例如，我们的 *Point*，默认情况下并没有被编译器合成出一个 destructor——甚至虽然它拥有一个 virtual function：

```
class Point {
public:
  Point( float x = 0.0, float y = 0.0 );
  Point( const Point& );

  virtual float z();
```

```
  // ...
private:
  float _x, _y;
};
```

类似的道理，如果我们把两个 *Point* 对象组合成一个 *Line* class：

```
class Line {
public:
  Line( const Point&, const Point& );
  // ...

  virtual draw();
  // ...
protected:
  Point _begin, _end;
};
```

Line 也不会拥有一个被合成出来的 destructor，因为 *Point* 并没有 destructor。

当我们从 *Point* 派生出 *Point3d*（即使是一种虚拟派生关系）时，如果我们没有声明一个 destructor，编译器就没有必要合成一个 destructor。

不论 *Point* 还是 *Point3d*，都不需要 destructor，为它们提供一个 destructor 反而是低效率的。你应该拒绝那种被我称为“对称策略”的奇怪想法：“你已经定义了一个 constructor，所以你以为提供一个 destructor 也是天经地义的事”。事实上，你应该因为“需要”而非“感觉”来提供 destructor，更不要因为你不确定是否需要一个 destructor，于是就提供它。

为了决定 class 是否需要一个程序层面的 destructor（或是 constructor），请你想想一个 class object 的生命在哪里结束（或开始）？需要什么操作才能保证对象的完整？这是你写程序时比较需要了解的（或是你的 class 使用者比较需要了解的）。这也是 constructor 和 destructor 什么时候起作用的关键。举个例子，已知：

```
{
  Point pt;
  Point *p = new Point3d;
  foo( &pt, p );
  ...
  delete p;
}
```

我们看到，*pt* 和 *p* 在作为 *foo()*函数的参数之前，都必须先初始化为某些坐标值。这时候需要一个 constructor，否则使用者必须显式地提供坐标值。一般而言，class 的使用者没有办法检验一个 local 变量或 heap 变量以知道它们是否被初始化。把 constructor 想象为程序的一个额外负担是错误的，因为它们的工作有其必要性。如果没有它们，抽象化（abstraction）的使用就会有错误的倾向。

当我们显式地 *delete* 掉 *p*，会如何？有任何程序上必须处理的吗？是否需要在 *delete* 之前这么做：

```
p->x( 0 );  p->y( 0 );
```

不，当然不需要。没有任何理由说在 *delete* 一个对象之前先得将其内容清除干净。你也不需要归还任何资源。在结束 *pt* 和 *p* 的生命之前，没有任何“class 使用者层面”的程序操作是绝对必要的，因此，也就不一定需要一个 destructor。

然而请考虑我们的 *Vertex* class，它维护了一个由紧邻的“顶点”所形成的链表，并且当一个顶点的生命结束时，在链表上来回移动以完成删除操作。如果这（或其他语意）正是程序员所需要的，那么这就是 *Vertex* destructor 的工作。

当我们从 *Point3d* 和 *Vertex* 派生出 *Vertex3d* 时，如果我们不供应一个 explicit *Vertex3d* destructor，那么我们还是希望 *Vertex* destructor 被调用，以结束一个 *Vertex3d* object。因此编译器必须合成一个 *Vertex3d* destructor，其唯一任务就是调用 *Vertex* destructor。如果我们提供一个 *Vertex3d* destructor，编译器会扩展它，使它调用 *Vertex* destructor（在我们所供应的程序代码之后）。一个由程序员定义的 destructor 被扩展的方式类似 constructors 被扩展的方式，但顺序相反：

1. 如果 object 内含一个 vptr，那么首先重设（reset）相关的 virtual table。
2. destructor 的函数本体现在被执行，也就是说 vptr 会在程序员的代码执行前被重设（reset）。
3. 如果 class 拥有 member class objects，而后者拥有 destructors，那么它们会以其声明顺序的相反顺序被调用。
4. 如果有任何直接的（上一层）nonvirtual base classes 拥有 destructor，它们会以其声明顺序的相反顺序被调用。
5. 如果有任何 virtual base classes 拥有 destructor，而目前讨论的这个 class 是最尾端（most-derived）的 class，那么它们会以其原来的构造顺序的相反顺序被调用。

> 译注：这个顺序似乎有点问题，请参考下页说明。

就像 constructor 一样，目前对于 destructor 的一种最佳实现策略就是维护两份 destructor 实例：

1. 一个 complete object 实例，总是设定好 vptr(s)，并调用 virtual base class destructors。
2. 一个 base class subobject 实例；除非在 destructor 函数中调用一个 virtual function，否则它绝不会调用 virtual base class destructors 并设定 vptr。

一个 object 的生命结束于其 destructor 开始执行之时。由于每一个 base class destructor 都轮番被调用，所以 derived object 实际上变成了一个完整的 object。例如一个 *PVertex* 对象归还其内存空间之前，会依次变成一个 *Vertex3d* 对象、一个 *Vertex* 对象，一个 *Point3d* 对象，最后成为一个 *Point* 对象。当我们在 destructor 中调用 member functions 时，对象的蜕变会因为 vptr 的重新设定（在每一个 destructor 中，在程序员所供应的代码执行之前）而受到影响。在程序中施行 destructors 的真正语意将在第 6 章中详述。

译注：上页的 destructor 扩展形式，似乎应为 2、3、1、4、5，才符合 constructor 的相反顺序。重新整理于下：

1. destructor 的函数本体首先被执行。
2. 如果 class 拥有 member class objects，而后者拥有 destructors，那么它们会以其声明顺序的相反顺序被调用。
3. 如果 object 内含一个 vptr，现在被重新设定，指向适当之 base class 的 virtual table。
4. ……同稍早所述。
5. ……同稍早所述。

第 6 章

执行期语意学
（Runtime Semantics）

想象一下我们有下面这个简单的式子：

```
if ( yy == xx.getValue() ) ...
```

其中 *xx* 和 *yy* 定义为：

```
X xx;
Y yy;
```

class *Y* 定义为：

```
class Y {
public:
   Y();
   ~Y();
   bool operator==( const Y& ) const;
   // ...
};
```

class *X* 定义为：

```
class X {
public:
   X();
   ~X();
   operator Y() const;  // 译注：conversion 运算符
   X getValue();
   // ...
};
```

真的简单，不是吗？好，让我们看看本章一开始的那个表达式该如何处理。

首先，让我们决定 equality（等号）运算符所参考到的真正实例。在这个例子中，它将被决议（resolves）为“被 overloaded 的 *Y* 成员实例”。下面是该式子的第一次转换：

```
// resolution of intended operator
if ( yy.operator==( xx.getValue() ))
```

Y 的 equality（等号）运算符需要一个类型为 *Y* 的参数，然而 *getValue()*传回的却是一个类型为 *X* 的 object。若非有什么方法可以把一个 *X* object 转换为一个 *Y* object，那么这个式子就算错！本例中 *X* 提供一个 conversion 运算符，把一个 *X* object 转换为一个 *Y* object。它必须施行于 *getValue()*的返回值身上。下面是该式子的第二次转换：

```
// conversion of getValue()'s return value
if ( yy.operator==( xx.getValue().operator Y() ))
```

到目前为止所发生的一切都是编译器根据 class 的隐含语意，对我们的程序代码所做的增胖操作。如果我们需要，我们也可以明确地写出那样的式子。不，我并没有建议你那么做。不过如果你那么做，会使编译速度稍微快一些。

虽然程序的语意是正确的，其教育性却尚不能说是正确的。接下来我们必须产生一个临时对象，用来放置函数调用所传回的值：

- 产生一个临时的 class *X* object，放置 *getValue()*的返回值：

```
X temp1 = xx.getValue();
```

■ 产生一个临时的 class *Y* object，放置 *operator Y()*的返回值：

```
Y temp2 = temp1.operator Y();
```

■ 产生一个临时的 *int* object，放置 equality（等号）运算符的返回值：

```
int temp3 = yy.operator==( temp2 );
```

最后，适当的 destructor 将被施行于每一个临时性的 class object 身上。这导致我们的式子被转换为以下形式：

```
// C++ 伪码
// 以下是条件句 if ( yy == xx.getValue() ) ... 的转换
{
   X temp1 = xx.getValue();
   Y temp2 = temp1.operator Y();
   int temp3 = yy.operator==( temp2 );

   if ( temp3 ) ...

   temp2.Y::~Y();
   temp1.X::~X();
}
```

唔，似乎不少呢！这是 C++的一件困难事情：不太容易从程序源码看出表达式的复杂度。本章之中，我要带领各位看看执行期所发生的一些转换。我会在 6.3 节回到“临时性生成物”这个主题上。

6.1 对象的构造和析构（Object Construction and Destruction）

一般而言，constructor 和 destructor 的安插都如你所预期的那样：

```
// C++ 伪码
{
   Point point;
   // point.Point::Point() 一般而言会被安插在这里
   ...
   // point.Point::~Point() 一般而言会被安插在这里
}
```

如果一个区段（译注：以{ }括起来的区域）或函数中有一个以上的离开点，情况会稍微混乱一些。Destructor 必须被放在每一个离开点（当时 object 还存活）之前，例如：

```
{
   Point point;
   // constructor 在这里行动
   switch( int( point.x() ) ) {
      case -1 :
         // mumble;
         // destructor 在这里行动
         return;
      case 0 :
         // mumble;
         // destructor 在这里行动
         return;
      case 1 :
         // mumble;
         // destructor 在这里行动
         return;
      default :
         // mumble;
         // destructor 在这里行动
         return;
   }
   // destructor 在这里行动
}
```

在这个例子中，*point* 的 destructor 必须在 *switch* 指令 4 个出口的 *return* 操作前被生成出来。另外也很有可能在这个区段的结束符号（右大括号）之前被生成出来——即使程序分析的结果发现绝不会进行到那里。

同样的道理，*goto* 指令也可能需要许多个 destructor 调用操作。例如下面的程序片段：

```
{
   if ( cache )
     // 检查 cache；如果吻合就传回 1
     return 1;  // 译注：原书少了这一行，应为作者笔误。

   Point xx;
   // xx 的 constructor 在这里行动

   while ( cvs.iter( xx ) )
     if ( xx == value )
        goto found;

   // xx 的 destructor 在这里行动
   return 0;

found:
   // cache item
   // xx 的 destructor 在这里行动
   return 1;
}
```

Destructor 调用操作必须被放在最后两个 *return* 指令之前，但是却不必被放在最初的 *return* 之前，那当然是因为那时 object 尚未被定义出来！

一般而言我们会把 object 尽可能放置在使用它的那个程序区段附近，这么做可以节省非必要的对象产生操作和摧毁操作。以本例而言，如果我们在检查 *cache* 之前就定义了 *Point* object，那就不够理想。这个道理似乎非常明显，但许多 Pascal 或 C 程序员使用 C++的时候，仍然习惯把所有的 objects 放在函数或某个区段的起始处。

全局对象（Global Objects）

如果我们有以下程序片段：

```
Matrix identity;

main()
{
  // identity 必须在此处被初始化
  Matrix m1 = identity;
  ...
  return 0;
}
```

C++保证，一定会在 *main()*函数中第一次用到 *identity* 之前，把 *identity* 构造出来，而在 *main()*函数结束之前把 *identity* 摧毁掉。像 *identity* 这样的所谓 global object 如果有 constructor 和 destructor 的话，我们说它需要静态的初始化操作和内存释放操作。

C++程序中所有的 global objects 都被放置在程序的 data segment 中。如果显式指定给它一个值，此 object 将以该值为初值。否则 object 所配置到的内存内容为 0。因此在下面这段代码中：

```
int v1 = 1024;
int v2;
```

v1 和 *v2* 都被配置于程序的 data segment，*v1* 值为 1024，*v2* 值为 0（这和 C 略有不同，C 并不自动设定初值）。在 C 语言中一个 global object 只能够被一个常量表达式（可在编译时期求其值的那种）设定初值。当然，constructor 并不是常量表达式。虽然 class object 在编译时期可以被放置于 data segment 中并且内容为 0，但 constructor 一直要到程序启动（startup）时才会实施。必须对一个“放置于 program data segment 中的 object 的初始化表达式”做评估（evaluate），这正是为什么一个 object 需要静态初始化的原因。

当 cfront 还是唯一的 C++编译器，而且跨平台移植性比效率的考虑更重要的时候，有一个可移植但成本颇高的静态初始化（以及内存释放）方法，我把它称为 munch。cfront 的束缚是，它的解决方案必须在每一个 UNIX 平台上——从 Cray 到 VAX，再从 Sun 到 UNIX PC（AT&T 曾短暂地推过这项产品）——都有效。因此不论是相关的 linker 或 object-file format，都不能预先做任何假设。由于这样的限制，下面这些 munch 策略就浮现出来了：

1. 为每一个需要静态初始化的文件产生一个 *_sti()* 函数，内含必要的 constructor 调用操作或 inline expansions。例如前面所说的 *identity* 对象会在 matrix.c 中产生出下面的 *_sti()* 函数（译注：我想 sti 就是 static initialization 的缩写）：

```
__sti__matrix_c__identity() {
  // C++ 伪码
  identity.Matrix::Matrix(); // 译注：这就是 static initialization
}
```

   其中 *matrix_c* 是文件名编码，*_identity* 表示文件中所定义的第一个 static object（译注：原书写的是 nonstatic object，不过我想应该是 static object）。在 *__sti* 之后附加上这两个名称，可以为可执行文件提供一个独一无二的标识符号（Andy Koenig 和 Bjarne 两人努力设计出这种编码体制，以解决 Jim Coplien 所提出的名称冲突的困扰）。

2. 类似情况，在每一个需要静态的内存释放操作（static deallocation）的文件中，产生一个 *__std()* 函数（译注：我想 std 就是 static deallocation 的缩写），内含必要的 destructor 调用操作，或是其 inline expansions。在我们的例子中会有一个 *__std()* 函数被产生出来，针对 *identity* 对象调用 *Matrix* destructor。

3. 提供一组 runtime library "munch" 函数：一个 *_main()* 函数（用以调用可执行文件中的所有 *__sti()* 函数），以及一个 *exit()* 函数（以类似方式调用所有的 *__std()* 函数）。

译注：我把上面的意思整理于下：

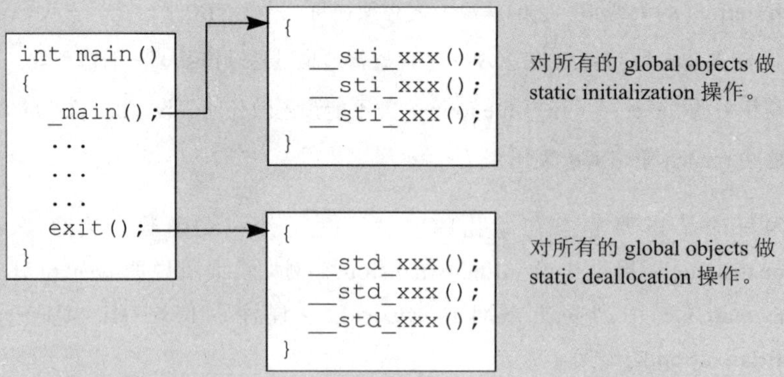

cfront 在你的程序中安插一个*_main()*函数调用操作，作为 *main()*函数的第一个指令。这里的 *exit()*和 C library 的 *exit()*不同，为了链接前者，在 cfront 的 CC 命令中必须先指定 C++ standard library。一般而言这样就可以了，但对于不同平台上的 cfront，仍然可能有些变化，例如 HP 工作站上的编译系统最初就拒绝拉拔出 munch *exit()*函数，所持理由如今我已经忘记了（谢天谢地），不过我记得当初是令人十分绝望的。这样的绝望来自于使用者发现他或她的 static destructors 并没有被调用。

最后一个需要解决的问题是，如何收集一个程序中各个 object files 的*__sti()*函数和*__std()*函数。还记得吗，它必须是可移植的——虽然移植性限制在 UNIX 平台。花一点时间想想，你如何解决这个问题。这不算是个技术上的挑战，但在当时，cfront（也就代表 C++）若要成功地传播于各平台，必须靠它。

我们的解决方法是使用 nm 命令。nm 会倾印（dump）出 object file 的符号表格项目（symbol table entries）。一个可执行文件是由.o 文件产生出来的，nm 将施行于可执行文件身上。其输出被导入（“piped into”）munch 程序中（我印象中是 Rob Murray 写出了 munch 程序，其他有贡献的人士我就记不得了）。munch 程序会“用力咀嚼”符号表格中的名称，搜寻以*__sti*或*__std*开头的名称（是的，值得安慰的是那些目标是以*__sti*或*__std*开头的，例如*__sti_ha_fooled_you*），然后把函数名称加到一个 *sti()*函数和 *std()*函数的跳离表格（jump table）中。接下来它把这个表格写到一个小的 program text 文件中，然后，听起来或许诡异，CC 命令被重新激活，将这个内含表格的文件加以编译。整个可执行文件然后被重新链接。_main()和 *exit()*于是在各个表格上走访一遍，轮流调用每一个项目（代表一个函数地址）。

这个做法可以解决问题，但似乎离正统的计算机科学远了一些。在 System V 1.0 版的时代，其修补版（patch）中有一个比较快速的变种办法（我记得是 Jerry Schwarz 完成的）。修补版（patch）假设可执行文件是 System V COFF（Common Object File Format）格式，于是它检验可执行文件并找出那些“有着*__link* nodes”并“内含一个指针，指向*__sti()*函数和*__std()*函数”的文件，将它们统统串链在一起。接下来它把链表的根源设为一个全局性的*__head* object（定义于新的 patch runtime library 中）。这个 patch library 内含另一种不同的*_main()*函数和 *exit()*函数，将以*_head*为起始的链表走访一遍。最后，针对 Sun、BSD 以及 ELF 的其他 patch libraries 终于也由各个使用者团体捐赠出来，用以和各式各样的 cfront 版本搭配。

当特定平台上的 C++编译器开始出现，更有效率的方法也就有可能随之出现，因为各平台上有可能扩充链接器和目的文件格式（object file format），以求直接支持静态初始化和内存释放操作。例如，System V 的 Executable and Linking Format（ELF）被扩充以增加支持.init 和.fini 两个 sections（译注），这两个 sections 内含对象所需要的信息，分别对应于静态初始化和释放操作。编译器特定（Implementation-specific）的 startup 函数（通常名为 crt0.o）会完成平台特定（platform-specific）的支持（分别针对静态初始化和释放操作的支持）。

> 译注：所谓 section 就是 16 位时代所说的 segment，例如 code segment 或 data segment 等。System V 的 COFF 格式把不同目的的 sections（放置不同的信息）给予不同的命名，例如.text section、.idata section、.edata section、.src 等等。每一个 section 名称都以字符“.”开头。不过有时候我们仍然沿用过去的习惯用语，如 data segment（本章稍早曾出现过）或 code segment。

cfront 2.0 版之前并不支持 nonclass object 的静态初始化操作；也就是说 C 语言的限制仍然残留着。所以，像下面这样的例子，每一个初始化操作都被标示为不合法：

```
extern int i;

// 全部都要求静态初始化（static initialization）
// 在 2.0 版之前的 C 和 C++ 中，这些都是不合法的。

int j = i;
int *pi = new int( i );
double sal = compute_sal( get_employee( i ) );
```

支持“nonclass objects 的静态初始化”，在某种程度上，是支持 virtual base classes 的一个副产品。virtual base classes 怎么会扯进这个主题呢？哦，以一个 derived class 的 pointer 或 reference 来存取 virtual base class subobject，是一种 nonconstant expression，必须在执行期才能加以评估求值。例如，尽管下列程序片段在编译器时期可知：

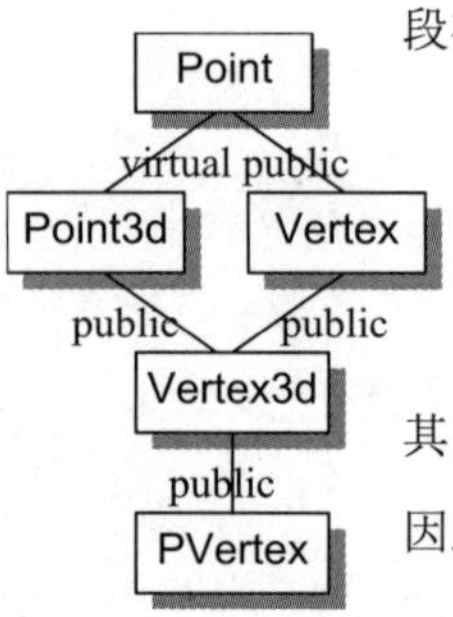


```
// constant expression
Vertex3d *pv = new PVertex;
Point3d *p3d = pv;
// 译注：此处所使用的 class 继承体系采用第 5 章第 211 页的描述
```

其 virtual base class *Point* 的 subobject 在每一个 derived class 中的位置却可能会变动，因此不能够在编译时期设定下来。下面的初始化操作：

```
// Point 是 Point3d 的一个 virtual base class
// pt 的初始化操作需要
// 某种形式的执行期评估（runtime evaluation）
Point *pt = p3d;
```

需要编译器提供内部扩充，以支持 class object 的静态初始化（至少涵盖 class objects 的指针和 references）。例如：

```
// Initial support of virtual base class conversion
// requires non-constant initialization support
Point *pt = p3d->vbcPoint;
```

提供必要的支持以涵盖所有的 nonclass objects，并不需要走太远的路。

使用被静态初始化的 objects，有一些缺点。例如，如果 exception handling 被支持，那些 objects 将不能够被放置于 *try* 区段之内。这对于被静态调用的 constructors 可能是特别无法接受的，因为任何的 *throw* 操作将必然触发 exception handling library 默认的 *terminate()*函数。另一个缺点是为了控制“需要跨越模块做静态初始化”之 objects 的相依顺序，而扯出来的复杂度（请参考[SCHWARZ89]，其中有对此问题的第一次讨论，以及如今被称为 Schwarz counters 的东西。如果你需要更广泛地讨论文献，请参考[CARROLL95]）。我建议你根本就不要用那些需要静态初始化的 global objects（虽然这项建议几乎普遍地不为 C 程序员所接受）。

局部静态对象（Local Static Objects）

假设我们有以下程序片段：

```
const Matrix&
identity() {
  static Matrix mat_identity;
  // ...
  return mat_identity;
}
```

Local static class object 保证了什么样的语意？

- *mat_identity* 的 constructor 必须只能施行一次，虽然上述函数可能会被调用多次。

- *mat_identity* 的 destructor 必须只能施行一次，虽然上述函数可能会被调用多次。

编译器的策略之一就是，无条件地在程序起始（startup）时构造出对象来。然而这会导致所有的 local static class objects 都在程序起始时被初始化，即使它们所在的那个函数从不曾被调用过。因此，只在 *identity()*被调用时才把 *mat_identity* 构造起来，是比较好的做法（现在的 C++ Standard 已经强制要求这一点）。我们应该怎么做呢？

以下就是我在 cfront 之中的做法。首先，我导入一个临时性对象以保护 *mat_identity* 的初始化操作。第一次处理 *identity()*时，这个临时对象被评估为 false，于是 constructor 会被调用，然后临时对象被改为 true。这样就解决了构造的问题。而在相反的那一端，destructor 也需要有条件地施行于 *mat_identity* 身上，但只有在 *mat_identity* 已经被构造起来才算数。要判断 *mat_identity* 是否被构造起来，很简单，如果那个临时对象为 true，就表示构造好了。困难的是，由于 cfront 产生 C 码，*mat_identity* 对函数而言仍然是 local，因此我没办法在静态的内存释放函数（static deallocation function）中存取它。噢，伤脑筋！解决方法有点诡异，结构化语言避之唯恐不及：我取出 local object 的地址。（当然啦，由于 object 是 static，其地址在 downstream component 中将会被转换到程序用来放置 global object 的 data segment 中）。下面是 cfront 的输出（经过轻微的修润）：

```
// 被产生出来的临时对象，作为戒护之用
static struct Matrix *__0__F3 = 0;

// C++ 的 reference 在 C 中是以 pointer 来代替的
// identity() 的名称会被 mangled

struct Matrix*
identity__Fv()
{
  // __1 反映出语汇层面的设计，
  // 使得 C++ 得以支持这样的代码：
  // int val;
  // int f() { int val;
```

```
    //          return val + ::val; }
    // 最后一行会变成：
    // ... return __1val + val;

    static struct Matrix __1mat_identity;

    // 如果临时性的保护对象已被设立，那就什么也别做。否则
    // (a) 调用 constructor: __ct__6MatrixFv
    // (b) 设定保护对象，使它指向目标对象
    __0__F3
      ? 0
      : (__ct__6MatrixFv( &__1mat_identity ),
        (__0__F3 = ( &__1mat_identity )));
    ...
}
```

最后，destructor 必须在“与 text program file（也就是本例中的 stat_0.c）有关联的静态内存释放函数（static deallocation function）”中被有条件地调用：

```
char __std__stat_0_c_j()
{
  __0__F3
    ? __dt__6MatrixFv( __0__F3, 2 )
    : 0 ;
  ...
}
```

请记住，指针的使用是 cfront 所特有的；然而条件式析构则是所有编译器都需要的。在我下笔之际，C++标准委员会似乎正酝酿要改变 destructor 对于 local class objects 的语意。新的规则要求编译单位中的 static local class objects 必须被摧毁——以构造的相反顺序摧毁。由于这些 objects 是在需要时才被构造（例如每一个含有 static local class objects 的函数第一次被进入时），所以编译时期无法预期其集合以及顺序。为了支持新的规则，可能需要对被产生出来的 static class objects 保持一个执行期链表。

对象数组（Array of Objects）

假设我们有下列的数组定义：

```
Point knots[ 10 ];
```

什么东西需要完成？如果 *Point* 既没有定义一个 constructor 也没有定义一个 destructor，那么我们的工作不会比建立一个“内建（build-in）类型所组成的数组”更多，也就是说我们只要配置足够内存以存储 10 个连续的 *Point* 元素即可。

然而 *Point* 的确定义了一个 default destructor，所以这个 destructor 必须轮流施行于每一个元素之上。一般而言这是经由一个或多个 runtime library 函数达成的。在 cfront 中，我们使用一个被命名为 *vec_new()*的函数，产生出以 class objects 构造而成的数组。比较新近的编译器，包括 Borland、Microsoft 和 Sun，则是提供两个函数，一个用来处理“没有 virtual base class”的 class，另一个用来处理“内含 virtual base class”的 class。后一个函数通常被称为 *vec_vnew()*。函数类型通常如下（当然在各平台上可能会有些许差异）：

```
void*
vec_new(
  void *array,                        // 数组起始地址
  size_t elem_size,                   // 每一个 class object 的大小
  int elem_count,                     // 数组中的元素个数
  void (*constructor)( void* ),
  void (*destructor)( void*, char )
}
```

其中的 *constructor* 和 *destructor* 参数是这一 class 之 default constructor 和 default destructor 的函数指针。参数 *array* 持有的若不是具名数组（本例为 *knots*）的地址，就是 0。如果是 0，那么数组将经由应用程序的 *new* 运算符，被动态配置于 heap 中。Sun 把“由 class objects 所组成的具名数组”和“动态配置而来的数组”的处理操作分为两个 library 函数：*_vector_new2* 和 *_vector_con*，它们各自拥有一个 virtual base class 函数实例。

参数 *elem_size* 表示数组中的元素个数（我将在 6.2 节讨论 *new* 和 *delete* 时再回到这个主题来）。在 *vec_new()*中，constructor 施行于 *elem_count* 个元素之上。对于支持 exception handling 的编译器而言，destructor 的提供是必要的。下面是编译器可能针对我们的 10 个 *Point* 元素所做的 *vec_new()*调用操作：

```
Point knots[ 10 ];
vec_new( &knots, sizeof( Point ), 10, &Point::Point, 0 );
```

如果 *Point* 也定义了一个 destructor，当 *knots* 的生命结束时，该 destructor 也必须施行于那 10 个 *Point* 元素身上。我想你不会惊讶，这是经由一个类似的 *vec_delete()*（或是一个 *vec_vdelete()*——如果 classes 拥有 virtual base classes 的话）的 runtime library 函数完成（Sun 对于“具名数组”和“动态配置而来的数组”，处理方式不同）的，其函数类型如下：

```
void*
vec_delete(
  void *array,                          // 数组起始地址
  size_t elem_size,                     // 每一个 class object 的大小
  int elem_count,                       // 数组中的元素个数
  void (*destructor)( void*, char )
}
```

有些编译器会另外增加一些参数，用以传递其他数值，以便能够有条件地导引 *vec_delete()*的逻辑。在 *vec_delete()*中，destructor 被施行于 *elem_count* 个元素身上。

如果程序员提供一个或多个明显初值给一个由 class objects 组成的数组，像下面这样，会如何：

```
Point knots[ 10 ] = {
  Point(),
  Point( 1.0, 1.0, 0.5 ),
  -1.0
};
```

对于那些明显获得初值的元素，*vec_new()*不再有必要。对于那些尚未被初始

化的元素，*vec_new()*的施行方式就像面对“由 class elements 组成的数组，而该数组没有 explicit initialization list”一样。因此上一个定义很可能被转换为：

```
Point knots[ 10 ];

// C++ 伪码

// 显式地初始化前 3 个元素
Point::Point( &knots[0] );
Point::Point( &knots[1], 1.0, 1.0, 0.5 );
Point::Point( &knots[2], -1.0, 0.0, 0.0 );

// 以 vec_new 初始化后的 7 个元素
vec_new( &knots+3, sizeof( Point ), 7, &Point::Point, 0 );
```

Default Constructors 和数组

如果你想要在程序中取出一个 constructor 的地址，是不可以的。当然啦，这是编译器在支持 *vec_new()*时该做的事情。然而，经由一个指针来启动 constructor，将无法（不被允许）存取 default argument values。This has always resulted in less than first class handling of the initialization of an array of class objects（译注：很抱歉，我未能充分明了这句话的意思）。

举个例子，在 cfront 2.0 之前，声明一个由 class objects 所组成的数组，意味着这个 class 必须没有声明 constructors 或一个 default constructor（没有参数那种）。一个 constructor 不可以取一个或一个以上的默认参数值。这是违反直觉的，会导致以下的大错。下面是在 cfront 1.0 中对于复数函数库（complex library）的声明，你能够看出其中的错误吗？

```
class complex {
  complex(double=0.0, double=0.0);
  ...
}
```

在当时的语言规则下，此复数函数库的使用者没办法声明一个由 complex class objects 组成的数组。显然我们在语言的一个陷阱上被绊倒了。在 1.1 版，我们修改的是 class library；然而在 2.0 版，我们修改了语言本身。

再一次，让我们花点时间想想，如何支持以下句子：

```
complex::complex(double=0.0, double=0.0);
```

当程序员写出：

```
complex c_array[ 10 ];
```

时，而编译器最终需要调用：

```
vec_new( &c_array, sizeof( complex ), 10,
         &complex::complex, 0 );
```

默认的参数如何能够对 *vec_new()*而言有用？

很明显，有数种可能的实现方法。cfront 所采用的方法是产生一个内部的 stub constructor，没有参数。在其函数内调用由程序员提供的 constructor，并将 default 参数值显式地指定过去（由于 constructor 的地址已被取得，所以它不能够成为一个 inline）：

```
// 内部产生的 stub constructor
// 用以支持数组的构造
complex::complex()
{
  complex( 0.0, 0.0 );
}
```

编译器自己又一次违反了一个明显的语言规则：class 如今支持了两个没有带参数的 constructors。当然，只有当 class objects 数组真正被产生出来时，stub 实例才会被产生以及被使用。

6.2 new 和 delete 运算符

运算符 *new* 的使用，看起来似乎是个单一运算，像这样：

```
int *pi = new int( 5 );
```

但事实上它是由两个步骤完成的：

1. 通过适当的 *new* 运算符函数实例，配置所需的内存：

```
// 调用函数库中的 new 运算符
int *pi = __new ( sizeof( int ) );
```

2. 将配置得来的对象设立初值：

```
*pi = 5;
```

更进一步地说，初始化操作应该在内存配置成功（经由 *new* 运算符）后才执行：

```
// new 运算符的两个分离步骤
// given: int *pi = new int( 5 );

// 重写声明
int *pi;
if ( pi = __new ( sizeof( int ) ) )
    *pi = 5;    // 译注：成功了才初始化
```

delete 运算符的情况类似。当程序员写下：

```
delete pi;
```

时，如果 *pi* 的值是 0，C++语言会要求 *delete* 运算符不要有操作。因此编译器必须为此调用构造一层保护膜：

```
if ( pi != 0 )
    __delete( pi );
```

请注意 *pi* 并不会因此被自动清除为 0，因此像这样的后继行为：

```
// 喔欧：没有良好的定义，但是合法
if ( pi && *pi == 5 ) ...
```

虽然没有良好的定义，但是可能（也可能不）被评估为真。这是因为对于 *pi* 所指向之内存的变更或再使用，可能（也可能不）会发生。

pi 所指对象的生命会因 *delete* 而结束。所以后继任何对 *pi* 的参考操作就不再保证有良好的行为，并因此被视为是一种不好的程序风格。然而，把 *pi* 继续当做一个指针来用，仍然是可以的（虽然其使用受到限制），例如：

```
// ok : pi 仍然指向合法空间
// 甚至即使存储于其中的 object 已经不再合法
if ( pi == sentinel ) ...
```

在这里，使用指针 *pi*，和使用 *pi* 所指的对象，其差别在于哪一个的生命已经结束了。虽然该地址上的对象不再合法，地址本身却仍然代表一个合法的程序空间。因此 *pi* 能够继续被使用，但只能在受限制的情况下，很像一个 *void** 指针的情况。

以 constructor 来配置一个 class object，情况类似。例如：

```
Point3d *origin = new Point3d;
```

被转换为：

```
Point3d *origin;
// C++ 伪码
if ( origin = __new( sizeof( Point3d ) ) )
     origin = Point3d::Point3d( origin );
```

如果实现出 exception handling，那么转换结果可能会更复杂些：

```
// C++ 伪码
if ( origin = __new( sizeof( Point3d ) ) ) {
    try {
      origin = Point3d::Point3d( origin );
    }
    catch( ... ) {
```

```
        // 调用 delete library function 以
        // 释放因 new 而配置的内存
        __delete( origin );

        // 将原来的 exception 上传
        throw;
    }
}
```

在这里，如果以 *new* 运算符配置 object，而其 constructor 抛出一个 exception，配置得来的内存就会被释放掉。然后 exception 再被抛出去（上传）。

Destructor 的应用极为类似。下面的式子：

```
delete origin;
```

会变成：

```
if ( origin != 0 ) {
  // C++ 伪码
  Point3d::~Point3d( origin );
  __delete( origin );
}
```

如果在 exception handling 的情况下，destructor 应该被放在一个 *try* 区段中。exception handler 会调用 *delete* 运算符，然后再一次抛出该 exception。

一般的 library 对于 *new* 运算符的实现操作都很直截了当，但有两个精巧之处值得斟酌（请注意，以下版本并未考虑 exception handling）：

```
extern void*
operator new( size_t size )
{
  if ( size == 0 )
       size = 1;

  void *last_alloc;
  while ( !(last_alloc = malloc( size ) ) )
  {
    if ( _new_handler )
```

```
      ( *_new_handler )();
    else
      return 0;
  }
  return last_alloc;
}
```

虽然这样写是合法的：

```
new T[ 0 ];
```

但语言要求每一次对 *new* 的调用都必须传回一个独一无二的指针。解决此问题的传统方法是传回一个指针，指向一个默认为 1-byte 的内存区块（这就是为什么程序代码中的 *size* 被设为 1 的原因）。这个实现技术的另一个有趣之处是，它允许使用者提供一个属于自己的 *_new_handler()* 函数。这正是为什么每一次循环都调用 *_new_handler()* 之故。

new 运算符实际上总是以标准的 C *malloc()* 完成，虽然并没有规定一定得这么做不可。相同情况，*delete* 运算符也总是以标准的 C *free()* 完成：

```
extern void
operator delete( void *ptr )
{
  if ( ptr )
    free( (char*)ptr );
}
```

针对数组的 new 语意

当我们这么写：

```
int *p_array = new int[ 5 ];
```

时，*vec_new()* 不会真正被调用，因为它的主要功能是把 default constructor 施行于 class objects 所组成的数组的每一个元素身上。倒是 *new* 运算符函数会被调用：

```
int *p_array = (int*)__new( 5 * sizeof( int ));
```

相同情况，如果我们写：

```
// struct simple_aggr { float f1, f2; };
simple_aggr *p_aggr = new simple_aggr[ 5 ];
```

*vec_new()*也不会被调用。为什么？*simple_aggr* 并没有定义一个 constructor 或 destructor，所以配置数组以及清除 *p_aggr* 数组的操作，只是单纯地获得内存和释放内存而已。这些操作由 *new* 和 *delete* 运算符来完成就绰绰有余了。

然而如果 class 定义了一个 default constructor，某些版本的 *vec_new()*就会被调用，配置并构造 class objects 所组成的数组。例如这个算式：

```
Point3d *p_array = new Point3d[ 10 ];
```

通常会被编译为：

```
Point3d *p_array;
p_array = vec_new( 0, sizeof( Point3d ), 10,
                   &Point3d::Point3d,
                   &Point3d::~Point3d );
```

还记得吗，在个别的数组元素构造过程中，如果发生 exception，destructor 就会被传递给 *vec_new()*。只有已经构造妥当的元素才需要 destructor 的施行，因为它们的内存已经被配置出来了，*vec_new()*有责任在 exception 发生的时机把那些内存释放掉。

在 C++ 2.0 版之前，将数组的真正大小提供给程序的 *delete* 运算符，是程序员的责任。因此如果我们原先写下：

```
int array_size = 10;
Point3d *p_array = new Point3d[ array_size ];
```

那么我们就必须对应地写下：

```
delete [ array_size ] p_array;
```

在 2.1 版中，这个语言有了一些修改，程序员不再需要在 *delete* 时指定数组元素的个数，因此我们现在可以这样写：

```
delete [ ] p_array;
```

然而为了回溯兼容，两种形式都可以接受。支持此种新形式的第一个编译器当然就是 cfront，由 Jonathan Shopiro 完成任务。这项技术支持需要知道的首先是指针所指的内存空间，然后是其中的元素个数。

寻找数组维度，对于 *delete* 运算符的效率带来极大的冲击，所以才导致这样的妥协：只有在中括号出现时，编译器才寻找数组的维度，否则它便假设只有单独一个 objects 要被删除。如果程序员没有提供必须的中括号，像这样：

```
delete p_array;    // 喔欧
```

那么就只有第一个元素会被析构。其他的元素仍然存在——虽然其相关的内存已经被要求归还了。

各家编译器之间存在一个有趣的差异，那就是元素个数如果被显式指定，是否会被拿去利用。在 Jonathan 的原始版本中，他优先采用使用者（程序员）显式指定的值。下面是他所写的原始码的虚拟版本（pseudo-version），附带注释：

```
// 首先检查是否最后一个被配置的项目（__cache_key）
// 是目前要被 delete 的项目。
//
// 如果是，就不需要做搜寻操作了
// 如果不是，就寻找元素个数。

int elem_count = _cache_key == pointer
  ? ((_cache_key = 0), __cache_cout)
  : // 取出元素个数

// num_elem：元素个数，将传递给 vec_new()。
// 对于配置于 heap 中的数组，只有面对以下形式，才会设定一个值：
// delete [10] ptr;
// 否则 cfront 会传 -1 以表示取出。
if ( num_elem == -1 )
  // prefer explicit user size if choice!
  num_elem= ans;
```

然而几乎新近所有的 C++编译器都不考虑程序员的显式指定（如果有的话）：

```
x.c", line 3: warning(467)
  delete array size expression ignored (anachronism)
  foo() { delete [ 12 ] pi; }
```

为什么 Jonathan 优先采用程序员所指定的值，而新近的编译器却不这么做呢？因为此一性质刚被导入的时候，没有任何程序代码会不“显式指定数组大小”。时代演化到 cfront 4.0 的今天，我们已经把此习惯贴上“落伍”的标记，并且产生一个类似的警告消息。

应该如何记录元素个数？一个明显的方法就是为 *vec_new()*所传回的每一个内存区块配置一个额外的 word，然后把元素个数包藏在那个 word 之中。通常这种被包藏的数值称为所谓的 cookie（小甜饼）。然而，Jonathan 和 Sun 编译器决定维护一个“联合数组（associative array）”，放置指针及大小。Sun 也把 destructor 的地址维护于此数组之中，请看[CLAM93]。

cookie 策略有一个普遍引起忧虑的话题就是，如果一个坏指针应该被交给 *delete_vec()*，取出来的 cookie 自然是不合法的。一个不合法的元素个数和一个坏的起始地址，会导致 destructor 以非预期的次数被施行于一段非预期的区域。然而在“联合数组”的政策之下，坏指针的可能结果就只是取出错误的元素个数而已。

在原始编译器中，有两个主要函数用来存储和取出所谓的 cookie：

```
// array_key 是新数组的地址
// mustn't either be 0 or already entered
// elem_count is the count; it may be 0

typedef void *PV;
extern int __insert_new_array( PV array_key, int elem_count );

// 从表格中取出（并去除）array_key
```

```
// 若不是传回 elem_count，就是传回 -1

extern int __remove_old_array( PV array_key );
```

下面是 cfront 中的 *vec_new()*原始内容经过修润后的一份呈现，并附加注释：

```
PV __vec_new( PV ptr_array, int elem_count,
              int size, PV construct )
{
  // 如果 ptr_array 是 0，从 heap 之中配置数组。
  // 如果 ptr_array 不是 0，表示程序员写的是：
  //    T array[ count ]
  // 或
  //    new ( ptr_array ) T[ 10 ];

  int alloc = 0;  // 我们要在 vec_new 中配置吗？
  int array_sz = elem_count * size;

  if ( alloc = ptr_array == 0 )
    // 全局运算符 new ...
    ptr_array = PV( new char[ array_sz ] );

  // 在 exception handling 之下，
  // 将抛出 exception bad_alloc
  if ( ptr_array == 0 )
    return 0;

  // 把数组元素个数放到 cache 中
  int status = __insert_new_array( ptr_array, elem_count );
  if ( status == -1 ) {
    // 在 exception handling 之下将抛出 exception
    // 将抛出 exception bad_alloc
    if ( alloc )
      delete ptr_array;
    return 0;
  }

  if (construct) {
    register char* elem = (char*)ptr_array;
    register char* lim = elem + array_sz;
    // PF 是一个 typedef，代表一个函数指针
    register PF fp = PF(constructor);
    while (elem < lim) {
      // 通过 fp 调用 constructor 作用于
      // 'this' 元素上（由 elem 指出）
```

```
      (*fp)((void*)elem);

      // 前进到下一个元素
      elem += size;
    }
  }
  return PV(ptr_array);
}
```

*vec_delete()*的操作差不多，但其行为并不总是 C++程序员所预期或需求的。例如，已知下面两个 class 声明：

```
class Point {
public:
  Point();
  virtual ~Point();
  // ...
};

class Point3d : public Point {
public:
  Point3d();
  virtual ~Point3d();
  // ...
};
```

如果我们配置一个数组，内含 10 个 *Point3d* objects，我们会预期 *Point* 和 *Point3d* 的 constructor 被调用各 10 次，每次作用于数组中的一个元素：

```
// 完全不是个好主意
Point *ptr = new Point3d[ 10 ];
```

而当我们 *delete*“由 *ptr* 所指向的 10 个 *Point3d* 元素”时，会发生什么事情？很明显，我们需要虚拟机制的帮助，以获得预期的 *Point* destructor 和 *Point3d* destructor 各 10 次的调用（每一次作用于数组中的一个元素）：

```
// 喔欧：这并不是我们所要的
// 只有 Point::~Point 被调用……
delete [] ptr;
```

施行于数组上的 destructor，如我们所见，是根据交给 *vec_delete()*函数的“被删除之指针类型的 destructor”——本例中正是 *Point* destructor。这很明显并非我们所希望。此外，每一个元素的大小也一并被传递过去。这就是 *vec_delete()*如何迭代走过每一个数组元素的方式。本例中被传递过去的是 *Point* class object 的大小而不是 *Point3d* class object 的大小。整个运作过程非常不幸地失败了，不只是因为执行了错误的 destructor，而且自从第一个元素之后，该 destructor 即被施行于不正确的内存区块中（译注：因为元素的大小不对）。

程序员应该怎么做才好？最好就是避免以一个 base class 指针指向一个 derived class objects 所组成的数组——如果 derived class object 比其 base 大的话（译注：通常如此）。如果你真的一定得这样写程序，解决之道在于程序员层面，而非语言层面：

```
for ( int ix = 0; ix < elem_count; ++ix )
{
  Point3d *p = &((Point3d*)ptr)[ ix ];  // 译注：原书为 Point *p = …
  delete p;                             //        恐为笔误
}
```

基本上，程序员必须迭代走过整个数组，把 *delete* 运算符实施于每一个元素身上。以此方式，调用操作将是 virtual，因此，*Point3d* 和 *Point* 的 destructor 都会施行于数组中的每一个 objects 身上。

Placement Operator new 的语意

有一个预先定义好的重载的（overloaded）*new* 运算符，称为 placement operator *new*。它需要第二个参数，类型为 void*。调用方式如下：

```
Point2w *ptw = new( arena ) Point2w;
```

其中 *arena* 指向内存中的一个区块，用以放置新产生出来的 *Point2w* object。这个预先定义好的 placement operator *new* 的实现方法简直是出乎意料的平凡。它只要将“获得的指针（译注：上例的 *arena*）”所指的地址传回即可：

```
void*
operator new( size_t, void* p)
{
  return p;
}
```

如果它的作用只是传回其第二个参数，那么它有什么价值呢？也就是说，为什么不简单地这么写算了（这不就是实际所发生的操作吗）：

```
Point2w *ptw = ( Point2w* ) arena;
```

唔，事实上这只是所发生的操作的一半而已。另外一半无法由程序员产生出来。想想这些问题：

1. 什么是使 placement *new* operator 能够有效运行的另一半扩充（而且是“*arena* 的显式指定操作（explicit assignment）”所没有提供的）？

2. 什么是 *arena* 指针的真正类型？该类型暗示了什么？

Placement *new* operator 所扩充的另一半是将 *Point2w* constructor 自动实施于 *arena* 所指的地址上：

```
// C++ 伪码
Point2w *ptw = ( Point2w* ) arena;
if ( ptw != 0 )
  ptw->Point2w::Point2w();
```

这正是使 placement operator *new* 威力如此强大的原因。这一份代码决定 objects 被放置在哪里；编译系统保证 object 的 constructor 会施行于其上。

然而却有一个轻微的不良行为。你看得出来吗？下面是一个有问题的程序片段：

```
// 让 arena 成为全局性定义
void fooBar() {
  Point2w *p2w = new( arena ) Point2w;
  // ... do it ...
  // ... now manipulate a new object ...
  p2w = new ( arena ) Point2w;
}
```

如果 placement operator 在原已存在的一个 object 上构造新的 object，而该既存的 object 有个 destructor，这个 destructor 并不会被调用。调用该 destructor 的方法之一是将那个指针 *delete* 掉。不过在此例中如果你像下面这样做，绝对是个错误：

```
// 以下并不是实施 destructor 的正确方法
delete p2w;
p2w = new ( arena ) Point2w;
```

是的，*delete* 运算符会发生作用，这的确是我们所期待的。但是它也会释放由 *p2w* 所指的内存，这却不是我们所希望的，因为下一个指令就要用到 *p2w* 了。因此，我们应该显式地调用 destructor 并保留存储空间以便再使用[1]：

```
// 施行 destructor 的正确方法
p2w->~Point2w;
p2w = new ( arena ) Point2w;
```

剩下的唯一问题是一个设计上的问题：在我们的例子中对 placement operator 的第一次调用，会将新 object 构造于原已存在的 object 之上吗？还是会构造于全新地址上？也就是说，如果我们这样写：

```
Point2w *p2w = new ( arena ) Point2w;
```

我们如何知道 *arena* 所指的这块区域是否需要先析构？这个问题在语言层面上并没有解答。一个合理的习俗是令执行 *new* 的这一端也要负起执行 destructor 的责任。

另一个问题关系到 *arena* 所表现的真正指针类型。C++ Standard 说它必须指向相同类型的 class，要不就是一块“新鲜”内存，足够容纳该类型的 object。注意，

---

1 Standard C++以一个 placement operator *delete* 矫正了这个错误，它会对 object 实施 destructor，但不释放内存。所以就不必再直接调用 destructor 了。

derived class 很明显并不在被支持之列。对于一个 derived class，或是其他没有关联的类型，其行为虽然并非不合法，却也未经定义。

“新鲜”的存储空间可以这样配置而来：

```
char *arena = new char[ sizeof( Point2w ) ];
```

相同类型的 object 则可以这样获得：

```
Point2w *arena = new Point2w;
```

不论哪一种情况，新的 *Point2w* 的存储空间的确是覆盖了 *arena* 的位置，而此行为已在良好控制之下。然而，一般而言，placement *new* operator 并不支持多态（polymorphism）。被交给 *new* 的指针，应该适当地指向一块预先配置好的内存。如果 derived class 比其 base class 大，例如：

```
Point2w *p2w = new ( arena ) Point3w;
```

Point3w 的 constructor 将会导致严重的破坏。

Placement *new* operator 被引入 C++ 2.0 时，最晦涩隐暗的问题就是下面这个由 Jonathan Shopiro 提出的问题：

```
struct Base { int j; virtual void f(); };
struct Derived : Base { void f(); };

void fooBar() {
  Base b;
  b.f();                  // Base::f() 被调用
  b.~Base();
  new ( &b ) Derived; // 1
  b.f();                  // 哪一个 f() 被调用？
}
```

由于上述两个 classes 有相同的大小，把 derived object 放在为 base class 而配置的内存中是安全的。然而，欲支持这一点，或许必须放弃对于“经由 objects 静态调用所有 virtual functions（像是 *b.f()*）”通常都会有的优化处理。结果，placement *new* operator 的这种使用方式在 Standard C++中未能获得支持（请看 C++ Standard 3.8 节）。于是上述程序的行为没有明确定义：我们不能够斩钉截铁地说哪一个 *f()* 函数实例会被调用。尽管大部分使用者可能以为调用的是 *Derived::f()*，但大部分编译器调用的却是 *Base::f()*。

6.3 临时性对象（Temporary Objects）

如果我们有一个函数，形式如下：

```
T operator+( const T&, const T& );
```

以及两个 *T* objects，*a* 和 *b*，那么：

```
a + b;
```

可能会导致一个临时性对象，以放置传回的对象。是否会导致一个临时性对象，视编译器的进取性（aggressiveness）以及上述操作发生时的程序语境（program context）而定。例如下面这个片段：

```
T a, b;
T c = a + b;
```

编译器会产生一个临时性对象，放置 *a+b* 的结果，然后再使用 *T* 的 copy constructor，把该临时性对象当做 *c* 的初始值。然而比较更可能的转换是直接以拷贝构造的方式，将 *a+b* 的值放到 *c* 中（2.3 节对于加法运算符的转换曾有讨论），于是就不需要临时性对象，以及对其 constructor 和 destructor 的调用了。

此外，视 operator+()的定义而定，named return value（NRV）优化（请看 2.3 节）也可能实施起来。这将导致直接在上述 *c* 对象中求表达式结果，避免执行 copy constructor 和具名对象（named object）的 destructor。

三种方式所获得的 *c* 对象，结果都一样。其间的差异在于初始化的成本。一个编译器可能给我们任何保证吗？严格地说是没有。C++ Standard 允许编译器对于临时性对象的产生有完全的自由度：

> 在某些环境下，由 processor 产生临时性对象是有必要的，或是比较方便的。如此的临时性对象由编译器来定义（C++ Standard, 12.2 节）。

理论上，C++ Standard 允许编译器厂商有完全的自由度。但实际上，由于市场的竞争，几乎保证任何表达式（expression）如果有这种形式：

```
T c = a + b;
```

而其中的加法运算符被定义为：

```
T operator+( const T&, const T& );
```

或

```
T T::operator+( const T& );
```

那么实现时根本不产生一个临时性对象。

然而请你注意，意义相当的 assignment 叙述句（statement）：

```
c = a + b;
```

不能够忽略临时性对象。反而，它会导致下面的结果：

```
// C++ 伪码
// T temp = a + b;
T temp;
temp.operator+( a, b ); // (1) 译注：原书为 a.operator+(temp,b); 误!
// c = temp
c.operator=( temp );   // (2)
temp.T::~T();
```

标示为（1）的那一行，未构造的临时对象被赋值给 operator+()。这意思是不是"表达式的结果被 copy constructed 至临时对象中"，就是"以临时对象取代 NRV"。在后者中，原本要施行于 NRV 的 constructor，现在将施行于此临时对象。

不管是哪一种情况，直接传递 *c*（上例赋值操作的目标对象）到运算符函数中都是有问题的。由于运算符函数并不为其外加参数调用一个 destructor（它期望一块“新鲜的”内存），所以必须在此调用之前先调用 destructor。然而，“转换”语意将被用来将下面的 assignment 操作：

```
c = a + b; // c.operator=( a + b );
```

取代为其 copy assignment 运算符的隐式调用操作，以及一系列的 destructor 和 copy construction：

```
// C++ 伪码
c.T::~T();
c.T::T( a + b );
```

copy constructor、destructor 以及 copy assignment operator 都可以由使用者供应，所以不能够保证上述两个操作会导致相同的语意。因此以一连串的 destruction 和 copy construction 来取代 assignment 一般而言是不安全的，而且会产生临时对象。所以这样的初始化操作：

```
T c = a + b;
```

总是比下面的操作更有效率地被编译器转换：

```
c = a + b;
```

第三种运算形式是，没有出现目标对象：

```
a + b;  // no target
```

这时候有必要产生一个临时对象以放置运算后的结果。虽然看起来有点怪异，但这种情况实际上在子表达式（subexpressions）中十分普遍，例如，如果我们这样写：

```
String s( " hello" ), t( "world" ), u( "!" );
```

那么不论：

```
String v;
v = s + t + u;
```

或

```
printf( "%s\n", s + t );
```

都会导致产生一个临时对象，与 *s+t* 相关联。

最后一个表达式带来一些秘教式的论题，那就是“临时对象的生命期”。这个论题颇值得深入探讨。在 Standard C++之前，临时对象的生命（也就是说它的 destructor 何时实施）并没有显式指定，而是由编译厂商自行决定。换句话说，上述的 *printf()*并不保证安全，因为它的正确性和 *s+t* 何时被摧毁有关。

（本例的一个可能性是，*String* class 定义了一个 conversion 运算符如下：

```
String::operator const char*() { return _str; }
```

其中 *_str* 是一个 private member addressing storage，在 *String* object 构造时配置，在其 destructor 中被释放。）

因此如果临时对象在调用 *printf()*之前就被摧毁了，经由 convertion 运算符交给它的地址就是不合法的。真正的结果视底部的 *delete* 运算符在释放内存时的进取性而定。某些编译器可能会把这块内存标示为 free，不以任何方式改变其内容。在这块内存被其他地方宣称“主权”之前，只要它还没有被 *deleted* 掉，它就可以被使用。虽然对于软件工程而言这不足以作为模范，但像这样，在内存被释放之后又再被使用，并非罕见。事实上 *malloc()*的许多编译器会提供一个特殊的调用操作：

```
malloc(0);
```

它正是用来保证上述行为的。

例如，下面是对于该算式的一个可能的 pre-Standard 转换。虽然在 pre-Standard 语言定义中是合法的，却可能造成重大灾难：

```
// C++ 伪码：pre-Standard 的合法转换
// 临时性对象被摧毁得太快（太早）了。

String temp1 = operator+( s, t );
const char *temp2 = temp1.operator const char*();

// 喔欧：合法但是有欠考虑，太过轻率。
temp1.~String();

// 这时候并未定义 temp2 指向何方
printf( "%s\n", temp2 );
```

另一种（比较被喜欢的）转换方式是在调用 *printf()*之后实施 *String* destructor。在 C++ Standard 之下，这正是该表达式的必须转换方式。标准规格上这么说：

> 临时性对象的被摧毁，应该是对完整表达式（full-expression）求值过程中的最后一个步骤。该完整表达式造成临时对象的产生（Section 12.2）。

什么是一个完整表达式（full-expression）？非正式地说，它是被涵括的表达式中最外围的那个。下面这个式子：

```
// tertiary full expression with 5 sub-expressions
(( objA > 1024 ) && (objB > 1024 ))
    ? objA + objB : foo( objA, objB );
```

一共有五个子算式（subexpressions），内含在一个“?:完整表达式”中。任何一个子表达式所产生的任何一个临时对象，都应该在完整表达式被求值完成后，才可以毁去。

当临时性对象是根据程序的执行期语意，有条件地被产生出来时，临时性对象的生命规则就显得有些复杂了。举个例子，像这样的表达式：

```
if ( s + t || u + v )
```

其中的 u+v 子算式只有在 s+t 被评估为 false 时，才会开始被评估。与第二个子算式有关的临时性对象必须被摧毁，但是，很明显地，不可以被无条件地摧毁。也就是说，我们希望只有在临时性对象被产生出来的情况下，才去摧毁它。

在讨论临时对象的生命规则之前，标准编译器将临时对象的构造和析构附着于第二个子算式的评估程序。例如，对于以下的 class 声明：

```
class X {
public:
  X();
  ~X();
  operator int();
  X foo();
private:
  int val;
};
```

以及对于 class *X* 的两个 objects 的条件测试：

```
main() {
  X xx;
  X yy;

  if ( xx.foo() || yy.foo() )
  ;
  return 0;
}
```

cfront 对于 *main()*产生出以下的转换结果（已经过轻微的修润和注释）：

```
int main (void)
{
  struct X __1xx;
  struct X __1yy;

  int __0_result;

  // name_mangled default constructor :
  // X:X( X *this )
  __ct__1xFv( &__1xx );
  __ct__1xFv( &__1yy );

  {
```

```
    // 被产生出来的临时性对象
    struct X __0__Q1;
    struct X __0__Q2;
    int __0__Q3;

    /* 每一端变成一个附逗点的表达式，
     * 有着下列顺序：
     *
     * tempQ1 = xx.foo();
     * tempQ3 = tempQ1.operator int();
     * tempQ1.X::~X();
     * tempQ3;
     */

    // __opi__1xFv ==> X::operator int()
    if ((((
        __0__Q3 = __opi__1xFv(((
        __0__Q1 = foo__1xFv( &__1xx )), ( &__0__Q1 )))),
        __dt__1xFv( &__0__Q1, 2 )), __0__Q3 )
    || (((
        __0__Q3 = __opi__1xFv(((
        __0__Q2 = foo__1xFv( &__1yy )), ( &__0__Q2 )))),
        __dt__1xFv( &__0__Q2, 2 )), __0__Q3 ))
    {
        __0_result = 0;
        __dt_1xFv( &__1yy, 2 );
        __dt_1xFv( &__1xx, 2 );
    }
   return __0_result;
    }
}
```

把临时性对象的 destructor 放在每一个子算式的求值过程中，可以免除“努力追踪第二个子算式是否真的需要被评估”。然而在 C++ Standard 的临时对象生命规则中，这样的策略不再被允许。临时性对象在完整表达式尚未评估完全之前，不得被摧毁。也就是说某些形式的条件测试现在必须被安插进来，以决定是否要摧毁和第二算式有关的临时对象。

临时性对象的生命规则有两个例外。第一个例外发生在表达式被用来初始化一个 object 时。例如：

```
bool verbose;
...
String progNameVersion =
  !verbose
    ? 0
    : progName + progVersion;
```

其中 *progName* 和 *progVersion* 都是 *String* objects。这时候会生出一个临时对象，放置加法运算符的运算结果：

```
String operator+( const String&, const String& );
```

临时对象必须根据对 *verbose* 的测试结果，有条件地析构。在临时对象的生命规则之下，它应该在完整的“?: 表达式”结束评估之后尽快被摧毁。然而，如果 *progNameVersion* 的初始化需要调用一个 copy constructor：

```
// C++ 伪码
progNameVersion.String::String( temp );
```

那么临时性对象的析构（在“?: 完整表达式”之后）当然就不是我们所期望的。C++ Standard 要求说：

> ……凡持有表达式执行结果的临时性对象，应该存留到 object 的初始化操作完成为止。

甚至即使每一个人都坚守 C++ Standard 中的临时对象生命规则，程序员还是有可能让一个临时对象在他们的控制中被摧毁。其间的主要差异在于这时候的行为有明确的定义。例如，在新的临时对象生命规则中，下面这个初始化操作保证失败：

```
// 喔欧：不是个好主意
const char *progNameVersion =
  progName + progVersion;
```

其中 *progName* 和 *progVersion* 都是 *String* objects。产生出来的程序代码看起来像这样：

```
// C++ pseudo Code
String temp;
operator+( temp, progName, progVersion );
progNameVersion = temp.String::operator char*();
temp.String::~String();
```

此刻 *progNameVersion* 指向未定义的 heap 内存！

临时性对象的生命规则的第二个例外是“当一个临时性对象被一个 reference 绑定”时，例如：

```
const String &space = " ";
```

产生出像这样的程序代码：

```
// C++ pseudo Code
String temp;
temp.String::String( " " );
const String &space = temp;
```

很明显，如果临时性对象现在被摧毁，那个 reference 也就差不多没什么用了。所以规则上说：

> 如果一个临时性对象被绑定于一个 reference，对象将残留，直到被初始化之 reference 的生命结束，或直到临时对象的生命范畴（scope）结束——视哪一种情况先到达而定。

临时性对象的迷思（神话、传说）

有一种说法是，由于目前的 C++编译器会产生临时性对象，导致程序的执行比较低效，因此在工程界或科学界，C++只能成为 FORTRAN 以外可怜的第二选择。更有人认为，这种效率上的不彰足以掩盖 C++在“抽象化”上的贡献（例如[BUDGE92]。相反的论点则请参考[NACK94]）。发表于 ***The Journal of C Language*** 上的[BUDGE94]对此有过一份有趣的研究。

在 FORTRAN-77 和 C++的一场比较之中，Kent Budge 和其助手分别以两种语言写了一个复数测试程序（在 FORTRAN 中复数是内建类型；在 C++中它是一个具体类，有两个 members，一个代表实数，一个代表虚数。Standard C++已经把复数类放在标准链接库中）。C++程序实现 inline 运算符如下：

```
friend complex operator+( complex, complex );
```

请注意，被传递的 class objects（内含有 constructors 和 destructors）是以 by value 而非 by reference 的方式传递，像这样：

```
friend complex operator+( const complex&, const complex& );
```

一般而言并非是一种好的 C++程序风格。除了“copy by value possibly large class objects”这个主题之外，每一个正式参数的局部实例都被 copy constructed 和 destructed，并且可能导致临时对象的诞生。在这个测试实例中，作者声称把正式参数转换为 const reference 并不会明显改变效率。这只是因为每一个函数是 inline 之故。

测试程序看起来像这样：

```
void func( complex *a, const complex *b,
           const complex *c, int N )
{
  for ( int i = 0; i < N; i++ )
    a[i] = b[i]+c[i] - b[i]*c[i];
}
```

其中对于复数的加法、减法、乘法和 assignment 运算符，都是 inline 函数。C++代码产生出五个临时对象：

1. 一个临时对象，用来放置 b[i]+c[i]。
2. 一个临时对象，用来放置 b[i]*c[i]。
3. 一个临时对象，用来放置上述两个临时对象的相减结果。
4. 两个临时对象，分别用来放置上述第一个临时对象和第二个临时对象，为的是完成第三个临时对象。

测试结果发现，FORTRAN-77 的代码果然快达两倍。他们的第一个假设是把责任归咎于临时对象。为了验证，他们以手工方式，把 cfront 中介输出码中的所有临时对象一一消除。一如预期，效率增加了两倍，几乎和 FORTRAN-77 相当。

测试并没有就此停下来，Budge 和其助手以另一个方法来实验。这一次他们采用反聚合（disaggregated）手法。也就是说他们把那些临时对象拆开为一对一对的临时性 double 变量。结果发现，这种做法对于效率的提升，和先前“消除所有临时对象”一样。于是他们写下这样的心得：

> 我们所测试的编译系统很明显能够消除内建（build-in）类型的局部变量，但对于 class 类型的局部变量就行不通。这是 C++ back-ends（而不是 C++ front-end）的限制。这似乎是很普遍的情况，因为在 Sun CC、GNU g++以及 HP CC 等编译器中都会发生。[BUDGE94]

这篇文章分析了被产生出来的 assembly 代码，并表示效率降低的原因是由于程序中大量的堆栈存取操作（以读写个别的 class members）。经过反聚合（disaggregated），并将个别的 members 放到寄存器中，就能够达到几乎两倍的效率。这使他们写下这样的结论：

> 加上适度的努力，反聚合（disaggregation）大有可为。但是一般的 C++编译器并没有把它视为一个重要的优化关键。

这份研究对于良好的优化提供了一个具有说服力的证明。目前存在有一些优化工具，的确把临时对象的一些成分放进了寄存器中。当编译器厂商把他们的焦点从语言特性的支持（与 Standard C++比较）移转到实现技术的优劣上时，如反聚合（disaggregation）这般的优化操作就会更普遍了。

第 7 章

站在对象模型的尖端
（On the Cusp of the Object Model）

译注：本章大量沿用两个原文词汇：instantiate（动词）和 instantiation（名词）。你不容易在一般的字典上查到这两个词。《牛津计算机词典》上对于 instantiation 的解释是：

1. The creation of a particular instance of an object class, generic unit, or template.
2. The application of a parameterized abstract data type to a particular set of parameters.

在本章中应采用第一个解释。有些时候我会把 instantiation 译为“实例化”或实现：“具体实现出一个实例（instance）”的意思。

这一章我要讨论三个著名的 C++语言扩充性质，它们都会影响 C++对象。它们分别是 template、exception handling（EH）和 runtime type identification（RTTI）。EH（以及 RTTI——可想象成是 EH 的一个副作用）对于这本书所谈到的其他语言性质而言，算是一个特例，因为我没有机会真正实现它。我的讨论，是以[CHASE94]、[LAJOIE94a]、[LAJOIE94b]、[LENKOV92]以及[SUN94a]为基础的。

7.1 Template

C++程序设计的风格及习惯，自从 1991 年的 cfront 3.0 引入 templates 之后就深深地改变了。原本 template 被视为是对 container classes 如 Lists 和 Arrays 的一项支持，但现在它已经成为标准模板库（也就是 Standard Template Library，STL）的基础。它也被用于属性混合（如内存配置策略，[BOOCH93]）或互斥（mutual exclusion）机制（使用于线程同步化控制）的参数化技术之中。它甚至被使用于一项所谓的 template metaprograms 技术：class expression templates 将在编译时期而非执行期被评估（*evaluated*），因而带来重大的效率提升（请参考[VELD95]）。

然而，如果我说，template 是最令程序员挫败的一个主题，恐怕也是真的。错误消息可能远在真正问题的十万八千里处就产生了，编译时间提高了不少，而程序员开始极端害怕修改一个内有多重相依关系的.H 文件，特别是如果他正在和“臭虫”奋战的时候。程序大小像气球一样地膨胀也是常有的事。而且 template 的所有行为都超越了一般程序人员的理解能力，那些人但求能够完成手上的工作就好。如果上述问题持续存在，他们可能会认为 template 是一个障碍而不是一个助力。你很容易看到一个被称为 template 专家的人，被一群项目成员团团围住，要求解决问题并将产生出来的 template 优化。

这一节的焦点放在 template 的语意上面，我们将讨论 templates 在编译系统中“何时”、“为什么”以及“如何”发挥其功能。下面是有关 template 的三个主要讨论方向：

1. template 的声明。基本来说就是当你声明一个 template class、template class member function 等等时，会发生什么事情。
2. 如何“实例化（instantiates）”class object、inline nonmember 以及 member template functions。这些是“每一个编译单位都会拥有一份实例”的东西。

3. 如何“实例化（instantiates）”nonmember、member template functions 以及 static template class members。这些都是“每一个可执行文件中只需要一份实例”的东西。这也就是一般而言 template 所带来的问题。

我使用“实例化”（instantiation）这个字眼来表示“进程（process）将真正的类型和表达式绑定到 template 相关形式参数（formal parameters）上头”的操作。举个例子，下面是一个 template function：

```
template <class Type>
Type
min( const Type &t1, const Type &t2 ) { ... }
```

用法如下：

```
min( 1.0, 2.0 );
```

于是进程就把 *Type* 绑定为 double 并产生 *min()*的一个程序文字实例（并适当施以“mangling”手术，给它一个独一无二的名称），其中 *t1* 和 *t2* 的类型都是 double。

Template 的“实例化”行为（Template Instantiation）

考虑下面的 template *Point* class：

```
template <class Type>
class Point
{
public:
  enum Status { unallocated, normalized };

  Point( Type x = 0.0, Type y = 0.0, Type z = 0.0);
  ~Point();

  void* operator new( size_t );
  void operator delete( void*, size_t );
```

```
  // ...
private:
  static Point< Type > *freeList;
  static int chunkSize;
  Type _x, _y, _z;
};
```

首先，当编译器看到 template class 声明时，它会做出什么反应？在实际程序中，什么反应也没有！也就是说，上述的 static data members 并不可用。nested enum 或其 enumerators 也一样。

虽然 enum *Status* 的真正类型在所有的 *Point* instantiations 中都一样，其 enumerators 也是，但它们每一个都只能够通过 template *Point* class 的某个实例来存取或操作。因此我们可以这样写：

```
// ok :
Point< float >::Status s;
```

但不能这样写：

```
// error :
Point::Status s;
```

即使两种类型抽象地来说是一样的（而且，最理想的情况下，我们希望这个 enum 只有一个实例被产生出来。如果不是这样，我们可能会想要把这个 enum 抽出到一个 nontemplate base class 中，以避免多份拷贝）。

同样道理，*freeList* 和 *chunkSize* 对程序而言也还不可用。我们不能够写：

```
// error :
Point::freeList;
```

我们必须显式地指定类型，才能使用 *freeList*：

```
// ok :
Point< float >::freeList;
```

像上面这样使用 static member，会使其一份实例与 *Point* class 的 float instantiation 在程序中产生关联。如果我们写：

```
// ok : 另一个实例（instance）
Point< double >::freeList;
```

就会出现第二个 *freeList* 实例，与 *Point* class 的 double instantiation 产生关联。

如果我们定义一个指针，指向特定的实例，像这样：

```
Point< float > *ptr = 0;
```

再一次，程序中什么也没有发生。为什么呢？因为一个指向 class object 的指针，本身并不是一个 class object，编译器不需要知道与该 class 有关的任何 members 的数据或 object 布局数据。所以将“*Point* 的一个 float 实例”实例化也就没有必要了。在 C++ Standard 完成之前，“声明一个指针指向某个 template class”这件事情并未被强制定义，编译器可以自行决定要或不要将 template“实例化”。cfront 就是这么做的（这使得某些程序员大感困窘）！如今 C++ Standard 已经禁止编译器这么做。

如果不是 pointer 而是 reference，又如何？假设：

```
const Point< float > &ref = 0;
```

是的，它真的会实例化一个“*Point* 的 float 实例”。这个定义的真正语意会被扩展为：

```
// 内部扩展
Point< float > temporary( float (0) );
const Point< float > &ref = temporary;
```

为什么？因为 reference 并不是无物（no object）的代名词。0 被视为整数，必须被转换为以下类型的一个对象：

```
Point< float >
```

如果没有转换的可能，这个定义就是错误的，会在编译时被挑出来。

所以，一个 class object 的定义，不论是由编译器暗中地做（像稍早程序代码中出现过的 *temporary*），或是由程序员像下面这样显式地做：

```
const Point< float > origin;
```

都会导致 template class 的“实例化”，也就是说，float instantiation 的真正对象布局会被产生出来。回顾先前的 template 声明，我们看到 *Point* 有三个 nonstatic members，每一个的类型都是 *Type*。*Type* 现在被绑定为 float，所以 *origin* 的配置空间必须足够容纳三个 float 成员。

然而，member functions（至少对于那些未被使用过的）不应该被“实例化”。只有在 member functions 被使用的时候，C++ Standard 才要求它们被“实例化”。目前的编译器并不精确遵循这项要求。之所以由使用者来主导“实例化”（instantiation）规则，有两个主要原因：

1. 空间和时间效率的考虑。如果 class 中有 100 个 member functions，但你的程序只针对某个类型使用其中两个，针对另一个类型使用其中五个，那么将其他 193 个函数都“实例化”将会花费大量的时间和空间。
2. 尚未实现的机能。并不是一个 template 实例化的所有类型就一定能够完整支持一组 member functions 所需要的所有运算符。如果只“实例化”那些真正用到的 member functions，template 就能够支持那些原本可能会造成编译时期错误的类型（types）。

举个例子，*origin* 的定义需要调用 *Point* 的 default constructor 和 destructor，那么只有这两个函数需要被“实例化”。类似的道理，当程序员写：

```
Point< float > *p = new Point< float >;
```

时，只有（1）*Point* template 的 float 实例、（2）*new* 运算符、（3）default constructor 需要被“实例化”。有趣的是，虽然 *new* 运算符是这个 class 的一个 implicitly static member，以至于它不能够直接处理其任何一个 nonstatic members，但它还是依赖真

正的 template 参数类型，因为它的第一参数 *size_t* 代表 class 的大小。

这些函数在什么时候“实例化”？目前流行两种策略：

- 在编译的时候。那么函数将“实例化”于 *origin* 和 *p* 存在的那个文件中。
- 在链接的时候。那么编译器会被一些辅助工具重新激活。template 函数实例可能被放在这一文件中、别的文件中或一个分离的存储位置。

稍后的小节将对函数的“实例化”做更详细的讨论。

[CARGILL95]曾经提到有趣的一点，在“int 和 long 一致”（或“double 和 long double 一致”）的架构之中，两个类型实例化操作：

```
Point < int > pi;
Point < long > pl;
```

应该产生一个还是两个实例呢？目前我知道的所有编译器都产生两个实例（可能有两组完整的 member functions）。C++ Standard 并未对此有什么强制规定。

Template 的错误报告（Error Reporting within a Template）

考虑下面的 template 声明：

```
template <class T>
class Mumble
{
public$:
  Mumble( T t = 1024 )
     : _t( t )
  {
   if ( tt != t )
     throw ex ex;
  }
private:
  T tt;
}
```

这个 Mumble template class 的声明内含一些既露骨又潜沉的错误：

1. L4：使用$字符是不对的。这项错误有两方面。第一，$并不是一个可以合法用于标识符的字符；第二，class 声明中只允许有 public、protected、private 三个标签（labels），$的出现使 public$不成为 public。第一点是语汇（lexical）上的错误，第二点则是造句/解析（syntactic/parsing）上的错误。
2. L5：*t* 被初始化为整数常量 1024，或许可以，也或许不可以，视 *T* 的真实类型而定。一般而言，只有 template 的各个实例才诊断得出来。
3. L6：_*t* 并不是哪一个 member 的名称，*tt* 才是。这种错误一般会在“类型检验”这个阶段被找出来。是的，每一个名称必须绑定于一个定义身上，要不就会产生错误。
4. L8：!=运算符可能已定义好，但也可能还没有，视 *T* 的真正类型而定。和第二点一样，只有 template 的各个实例才诊断得出来。
5. L9：我们意外地键入 *ex* 两次。这个错误会在编译时期的解析（parsing）阶段被发现。C++语言中一个合法的句子不允许一个标识符紧跟在另一个标识符之后。
6. L13：我们忘记以一个分号作为 class 声明的结束。这项错误也会在编译时期的语句分析（parsing）阶段被发现。

在一个 nontemplate class 声明中，这 6 个既露骨又潜沉的错误会被编译器挑出来。但 template class 却不同。举个例子，所有与类型有关的检验，如果牵涉到 template 参数，都必须延迟到真正的实例化操作（instantiation）发生，才得为之。也就是说，L5 和 L8 的潜在错误（上述 2、4 两项）会在每个实例化操作（instantiation）发生时被检查出来并记录之，其结果将因不同的实际类型而不同。于是如果：

```
Mumble< int > mi;
```

则 L5 和 L8 是正确的，而如果：

```
Mumble< int* > pmi;
```

那么 L8 正确而 L5 错误，因为你不能够将一个整数常量（除了 0）指定给一个指针。面对这样的声明：

```
class SmallInt
{
public:
  SmallInt( int );
  // ...
}
```

由于其!=运算符并未定义，所以下面的句子：

```
Mumble< SmallInt > smi;
```

会造成 L8 错误，而 L5 正确。当然，下面的例子：

```
Mumble< SmallInt* > psmi;
```

又造成 L8 正确而 L5 错误。

那么，什么样的错误会在编译器处理 template 声明时被标示出来？这有一部分和 template 的处理策略有关。cfront 对 template 的处理是完全解析（parse）但不做类型检验；只有在每一个实例化操作（instantiation）发生时才做类型检验。所以在一个 parsing 策略之下，所有语汇（lexing）错误和解析（parsing）错误都会在处理 template 声明的过程中被标示出来。

语汇分析器（lexical analyzer）会在 L4 捕捉到一个不合法的字符，解析器（parser）会这样标示它：

```
public$:  // caught
```

表示这是一个不合法的标签（label）。解析器（parser）不会把“对一个未命名的 member 做出参考操作”视为错误：

```
_t( t ) // not caught
```

但它会抓出 L9“*ex* 出现两次”以及 L13“缺少一个分号”这两种错误。

在一个十分普遍的替代策略中（例如[BALL92a]中所记录），template 的声明被收集成为一系列的“lexical tokens”，而 parsing 操作延迟直到真正有实例化操作（instantiation）发生时才开始。每当看到一个 instantiation 发生，这组 token 就被推往 parser，然后调用类型检验，等等。面对先前出现的那个 template 声明，“lexical tokenizing”会指出什么错误吗？事实上很少，只有 L4 所使用的不合法字符会被指出。其余的 template 声明都被解析为合法的 tokens 并被收集起来。

目前的编译器，面对一个 template 声明，在它被一组实际参数实例化之前，只能施行以有限的错误检查。template 中那些与语法无关的错误，程序员可能认为十分明显，编译器却让它通过了，只有在特定实例被定义之后，才会发出抱怨。这是目前实现技术上的一个大问题。

Nonmember 和 member template functions 在实例化行为（instantiation）发生之前也一样没有做到完全的类型检验。这导致某些十分露骨的 template 错误声明竟然得以通过编译。例如下面的 template 声明：

```
template <class type>
class Foo
{
public:
  Foo();
  type val();
  void val( type v );
private:
  type _val;
};
```

不论是 cfront 或 Sun 编译器，还是 Borland 编译器，都不会对以下程序代码产生怨言：

```
// 目前各家编译器都不会显示出以下定义的语句合法而语意错误：
//   (a) bogus_member 不是 class 的一个 member function
//   (b) dbx 不是 class 的一个 data member
template <class type>
double Foo< type >::bogus_member() { return this->dbx; }
```

再说一次，这是编译器设计者自己的决定。Template facility 并没有说不允许对 template 声明的类型部分有更严酷的检验。当然，像这样的错误是可以被发现并标示出来的，只不过是没有人去做罢了。

Template 中的名称决议法（Name Resolution within a Template）

你必须能够区分以下两种意义。一种是 C++ Standard 所谓的 **"scope of the template definition"**，也就是"定义出 template"的程序端。另一种是 C++ Standard 所谓的 **"scope of the template instantiation"**，也就是"实例化 template"的程序端。第一种情况举例如下：

```
// scope of the template definition
extern double foo( double );

template < class type >
class ScopeRules
{
public:
  void invariant() {
    _member = foo( _val );
  }
  type type_dependent() {
    return foo( _member );
  }
  // ...
private:
  int _val;
  type _member;
};
```

第二种情况举例如下：

```
// scope of the template instantiation
```

```
extern int foo( int );
// ...
ScopeRules< int > sr0;
```

在 *ScopeRules* template 中有两个 *foo()*调用操作。在“scope of template definition”中，只有一个 *foo()*函数声明位于 scope 之内。然而在“scope of template instantiation”中，两个 *foo()*函数声明都位于 scope 之内。如果我们有一个函数调用操作：

```
// scope of the template instantiation
sr0.invariant();
```

那么，在 *invariant()*中调用的究竟是哪一个 *foo()*函数实例呢？

```
// 调用的是哪一个 foo() 函数实例?
_member = foo( _val );
```

在调用操作的那一点上，程序中的两个函数实例是：

```
// scope of the template declaration
extern double foo ( double );

// scope of the template instantiation
extern int foo ( int );
```

而 *_val* 的类型是 int。那么你认为选中的是哪一个呢？（提示：除了瞎猜之外，唯一能够正确回答的办法，就是知道正确答案☺）。结果，被选中的是直觉以外的那一个：

```
// scope of the template declaration
extern double foo ( double );
```

Template 之中，对于一个 nonmember name 的决议结果，是根据这个 name 的使用是否与“用以实例化该 template 的参数类型”有关而决定的。如果其使用互不相关，那么就以“scope of the template declaration”来决定 name。如果其使用互有关联，那么就以“scope of the template instantiation”来决定 name。在第一个例子中，*foo()*与用以实例化 *ScopeRules* 的参数类型无关：

```
// the resolution of foo() is not
// dependent on the template argument
_member = foo( _val );
```

这是因为_*val* 的类型是 int；_*val* 是一个“类型不会变动”的 template class member。也就是说，被用来实例化这个 template 的真正类型，对于_*val* 的类型并没有影响。此外，函数的决议结果只和函数的原型（signature）有关，和函数的返回值没有关系。因此_*member* 的类型并不会影响哪一个 *foo()*实例被选中。*foo()*的调用与 template 参数毫无关系！所以调用操作必须根据“scope of the template declaration”来决议。在此 scope 中，只有一个 *foo()*候选者（注意，这种行为不能够以一个简单的宏扩展——像是使用一个 **#define** 宏——重现之）。

让我们另外看看“与类型相关”（type-dependent）的用法：

```
sr0.type_dependent();
```

这个函数的内容如下：

```
return foo( _member );
```

它究竟会调用哪一个 *foo()*呢？

这个例子很清楚地与 template 参数有关，因为该参数将决定_*member* 的真正类型。所以这一次 *foo()*必须在“scope of the template instantiation”中决议，本例中这个 scope 有两个 *foo()*函数声明。由于_*member* 的类型在本例中为 int，所以应该是 int 版的 *foo()*出线。如果 *ScopeRules* 以 double 类型实例化，那么就应该是 double 版的 *foo()*出线。如果 *ScopeRules* 是以 unsigned int 或 long 类型实例化，那么 *foo()* 调用操作就暧昧不明。最后，如果 *ScopeRules* 以某一个 class 类型实例化，而该 class 没有针对 int 或 double 实现出 convertion 运算符，那么 *foo()*调用操作会被标示为错误。不管如何演变，都是由“scope of the template instantiation”来决定，而不是由“scope of the template declaration”决定的。

这意味着一个编译器必须保持两个 scope contexts：

1. “**scope of the template declaration**”，用以专注于一般的 template class。
2. “**scope of the template instantiation**”，用以专注于特定的实例。

编译器的决议（resolution）算法必须决定哪一个才是适当的 scope，然后在其中搜寻适当的 name。

Member Function 的实例化行为（Member Function Instantiation）

对于 template 的支持，最困难的莫过于 template function 的实例化（instantiation）。目前的编译器提供了两个策略：一个是编译时期策略，程序代码必须在 program text file 中备妥可用；另一个是链接时期策略，有一些 meta-compilation 工具可以导引编译器的实例化行为（instantiation）。

下面是编译器设计者必须回答的三个主要问题：

1. 编译器如何找出函数的定义？

答案之一是包含 template program text file，就好像它是一个 header 文件一样。Borland 编译器就遵循这个策略。另一种方法是要求一个文件命名规则，例如，我们可以要求，在 Point.h 文件中发现的函数声明，其 template program text 一定要放置于文件 Point.C 或 Point.cpp 中，依此类推。cfront 就遵循这个策略。Edison Design Group 编译器对这两种策略都支持。

2. 编译器如何能够只实例化程序中用到的 member functions？

解决办法之一就是，根本忽略这项要求，把一个已经实例化的 class 的所有 member functions 都产生出来。Borland 就是这么做的——虽然它也提供**#pragma**s

让你压制（或实例化）特定实例。另一种策略就是模拟链接操作，检测看看哪一个函数真正需要，然后只为它（们）产生实例。cfront 就是这么做的。Edison Design Group 编译器对这两种策略都支持。

3. 编译器如何阻止 member definitions 在多个.o 文件中都被实例化呢？

解决办法之一就是产生多个实例，然后从链接器中提供支持，只留下其中一个实例，其余都忽略。另一个办法就是由使用者来导引“模拟链接阶段”的实例化策略，决定哪些实例（instances）才是所需求的。

目前，不论是编译时期还是链接时期的实例化（instantiation）策略，均存在以下弱点：当 template 实例被产生出来时，有时候会大量增加编译时间。很显然，这将是 template functions 第一次实例化时的必要条件。然而当那些函数被非必要地再次实例化，或是当“决定那些函数是否需要再实例化”所花的代价太大时，编译器的表现令人失望！

C++支持 template 的原始意图可以想见是一个由使用者导引的自动实例化机制（use-directed automatic instantiation mechanism），既不需要使用者的介入，也不需要相同文件有多次的实例化行为。但是这已被证明是非常难以达成的任务，比任何人此刻所能想象的还要难（请参考[STROUP94]）。ptlink，随着 cfront 3.0 版所附的原始实例化工具，提供了一个由使用者驱动的自动实例化机制（use-driven automatic instantiation mechanism），但它实在太复杂了，即使是久经世故的人也没法一下子了解。

Edison Design Group 开发出一套第二代的 directed-instantiation 机制，非常接近于（我所知的）template facility 原始含义。它主要运作如下：

1. 一个程序的原始码被编译时，最初并不会产生任何“template 实例化”。然而，相关信息已经被产生于 object files 之中。
2. 当 object files 被链接在一块儿时，会有一个 prelinker 程序被执行起来。它会检查 object files，寻找 template 实例的相互参考以及对应的定义。

3. 对于每一个“参考到 template 实例”而“该实例却没有定义”的情况，prelinker 将该文件视为与另一个实例化（在其中，实例已经实例化）等同。以这种方法，就可以将必要的程序实例化操作指定给特定的文件。这些都会注册在 prelinker 所产生的.ii 文件中（放在磁盘目录 ii_file）。
4. prelinker 重新执行编译器，重新编译每一个“.ii 文件曾被改变过”的文件。这个过程不断重复，直到所有必要的实例化操作都已完成。
5. 所有的 object files 被链接成一个可执行文件。

这种 directed-instantiation 体制的主要成本在于，程序第一次被编译时的.ii 文件设定时间。次要成本则是必须针对每一个“compile afterwards”执行 prelinker，以确保所有被参考到的 templates 都存在着定义。在最初的设定以及成功地第一次链接之后，重新编译操作包含以下程序：

1. 对于每一个将被重新编译的 program text file，编译器检查其对应的.ii 文件。
2. 如果对应的.ii 文件列出一组要被实例化（instantiated）的 templates，那些 templates（而且也只有那些 templates）会在此次编译时被实例化。
3. prelinker 必须执行起来，确保所有被参考到的 templates 已经被定义妥当。

以我的观点，出现某种形式的 automated template 机制，是“对程序员友善的 C++编译系统”的一个必要组件。虽然大家也公认，目前没有任何一个系统是完美的。作为一个程序开发者，我不会使用（也不会推荐）一个没有此种机制的编译系统。

不幸的是，没有任何一个机制是没有 bugs 的。Edison Design Group 的编译器使用了一个由 cfront 2.0 引入的算法[KOENIG90a]，针对程序中的每一个 class 自动产生 virtual table 的单一实例（在大部分情况下）。例如下面的 class 声明：

```
class PrimitiveObject : public Geometry
{
public:
  virtual ~PrimitiveObject();
  virtual void draw();
  ...
};
```

如果它被含入于 15 个或 45 个程序源码中，编译器如何能够确保只有一个 virtual table 实例被产生出来呢？产生 15 份或 45 份实例倒还容易些！

Andy Koenig 以下面的方法解决这个问题：每一个 virtual function 的地址都被放置于 active classes 的 virtual table 中[1]。如果取得函数地址，表示 virtual function 的定义必定出现在程序的某个地点；否则程序就无法链接成功。此外，此函数只能有一个实例，否则也是链接不成功。那么，就把 virtual table 放在定义了该 class 之第一个 non-inline、nonpure virtual function 的文件中吧。以我们的例子而言，编译器会将 virtual table 产生在存储着 virtual destructor 的文件之中。

不幸的是，在 template 之中，这种单一定义并不一定为真。在 template 所支持的"将模块中的每一样东西都编译"的模型下，不只是多个定义可能被产生，而且链接器也放任让多个定义同时出现，它只要选择其中一个而将其余都忽略，也就是了。

好吧，真是有趣，但 Edison Design Group 的 automatic instantiation 机制做什么事呢？考虑下面这个 library 函数：

```
void foo( const Point< float > *ptr )
{
  ptr->virtual_func();
}
```

virtual function call 被转换为类似这样的东西：

1 C++ Standard 已经放松了对这一点的要求。

```
// C++ 伪码
// ptr->virtual_func();
( *ptr->__vtbl__Point< float >[ 2 ] )( ptr );
```

于是导致实例化（instantiated）*Point* class 的一个 float 实例及其 *virtual_func()*。由于每一个 virtual function 的地址被放置于 table 之中，如果 virtual table 被产生出来，每一个 virtual function 也都必须被实例化（instantiated）。这就是为什么 C++ Standard 有下面的文字说明的缘故：

> 如果一个 virtual function 被实例化（instantiated），其实例化点紧跟在其 class 的实例化点之后。

然而，如果编译器遵循 cfront 的 virtual table 实现体制，那么在"*Point* 的 float 实例有一个 virtual destructor 定义被实例化"之前，这个 table 不会被产生。除非，在这一点上，并没有显式使用 virtual destructor 以担保其实例化行为（instantiation）。

Edison Design Group 的 automatic template 机制并不明白它自己的编译器对于第一个 non-inline、nonpure virtual function 的隐式使用，所以并没有把它标示于.ii 文件中。结果，链接器反而回头抱怨下面这个符号没有出现：

```
__vtbl__Point< float >
```

并拒绝产生一个可执行文件。噢，真是麻烦！Automatic instantiation 在此失效！程序员必须显式地强迫将 destructor 实例化。目前的编译系统以**#pragma** 指令来支持此需求。然而 C++ Standard 也已经扩充了对 template 的支持，允许程序员显式地要求在一个文件中将整个 class template 实例化：

```
template class Point3d< float >;
```

或是针对一个 template class 的个别 member function：

```
template float Point3d<float>::X() const;
```

或是针对一个个别 template function：

```
template Point3d<float> operator+(
  const Point3d<float>&, const Point3d<float>& );
```

实际上，template instantiation 似乎拒绝全面自动化。甚至虽然每一件工作都做对了，产生出来的 object files 的重新编译成本仍然可能太高——如果程序十分巨大的话！以手动方式先在个别的 object module 中完成预先实例化操作（pre-instantiation），虽然沉闷，却是唯一有效率的方法。

7.2 异常处理（Exception Handling）

欲支持 exception handling，编译器的主要工作就是找出 **catch** 子句，以处理被抛出来的 exception。这多少需要追踪程序堆栈中的每一个函数的目前作用区域（包括追踪函数中 local class objects 当时的情况）。同时，编译器必须提供某种查询 exception objects 的方法，以知道其实际类型（这直接导致某种形式的执行期类型识别，也就是 RTTI）。最后，还需要某种机制用以管理被抛出的 object，包括它的产生、存储、可能的析构（如果有相关的 destructor）、清理（clean up）以及一般存取。也可能有一个以上的 objects 同时起作用。一般而言，exception handling 机制需要与编译器所产生的数据结构以及执行期的一个 exception library 紧密合作。在程序大小和执行速度之间，编译器必须有所抉择：

- 为了维护执行速度，编译器可以在编译时期建立起用于支持的数据结构。这会使程序的大小发生膨胀，但编译器可以几乎忽略这些结构，直到有个 exception 被抛出来。
- 为了维护程序大小，编译器可以在执行期建立起用于支持的数据结构。这会影响程序的执行速度，但意味着编译器只有在必要的时候才建立那些数据结构（并且可以抛弃之）。

根据[CHASE94]所言，Modula-3 Report 竟然将一个原本为了维护执行速度而偏好的做法变成了一个制度，它赞成“在 exceptional case 上花费 10 000 个指令，以节省正常情况中的一个指令”。但这样的交易并非永远畅行无碍。最近在 Tel Aviv 的一场研讨会中，我与 Shay Bushinsky 交谈，他是“Junior”项目的开发者。“Junior”是一个国际象棋程序，在 1994 年冬季的全球计算机国际象棋程序大赛中与 IBM 的深蓝（Deep Blue）得分相同，并列第三。令人惊讶的是，这个程序在一部 Pentium 个人计算机上运行（Deep Blue 则使用了 256 颗 CPU）。他告诉我当他们在并有 exception handling 的 Borland 编译器上重新编译“Junior”之后，程序虽然没有任何改变，内存却不够用了。结果，他们只好回头找一套旧版的 Borland 编译器。对于“Junior”而言，它并不需要一个体积庞大但是没有增加多少攻击能力的新版本。

过去还有一种错误的看法，认为由于 exception handling 的出现才导致 cfront 的灭绝，因为不可能提供一个既可接受而又强固的 exception handling 机制，却没有支持程序代码产生器（和链接器）。UNIX Software Laboratory（USL）当初搁置了由 HP 移交出来的 exception handling C-generating implementation 大约有一年之久（请看[LENKOV92]）。USL 最后终于一致赞成取消掉 cfront 4.0（及任何更高版本）的开发计划。

Exception Handling 快速检阅

C++的 exception handling 由三个主要的语汇组件构成：

1. 一个 **throw** 子句。它在程序某处发出一个 exception。被抛出去的 exception 可以是内建类型，也可以是使用者自定类型。
2. 一个或多个 **catch** 子句。每一个 *catch* 子句都是一个 exception handler。它用来表示说，这个子句准备处理某种类型的 exception，并且在封闭的大括号区段中提供实际的处理程序。
3. 一个 **try** 区段。它被围绕以一系列的叙述句（statements），这些叙述句可能会引发 *catch* 子句起作用。

当一个 exception 被抛出去时，控制权会从函数调用中被释放出来，并寻找一

个吻合的 *catch* 子句。如果都没有吻合者，那么默认的处理例程 *terminate()*会被调用。当控制权被放弃后，堆栈中的每一个函数调用也就被推离（popped up）。这个程序称为 **unwinding the stack**。在每一个函数被推离堆栈之前，函数的 local class objects 的 destructor 会被调用。

Exception handling 中比较不那么直觉的就是它对于那些似乎没什么事做的函数所带来的冲击。例如下面这个函数：

```
#0001  Point*
#0002  mumble()
#0003  {
#0004    Point *pt1, *pt2;
#0005    pt1 = foo();
#0006    if ( !pt1 )
#0007      return 0;
#0008
#0009    Point p;
#0010
#0011    pt2 = foo();
#0012    if ( !pt2 )
#0013      return pt1;
#0014
#0015    ...
#0016  }
```

如果有一个 exception 在第一次调用 *foo()*（L5）时被抛出，那么这个 *mumble()* 函数会被推出程序堆栈。由于调用 *foo()*的操作并不在一个 *try* 区段之内，也就不需要尝试和一个 *catch* 子句吻合。这里也没有任何 local class objects 需要析构。然而如果有一个 exception 在第二次调用 *foo()*（L11）时被抛出，exception handling 机制就必须在“从程序堆栈中“unwinding”这个函数”之前，先调用 *p* 的 destructor。

在 exception handling 之下，L4~L8 和 L9~L16 被视为两块语意不同的区域，因为当 exception 被抛出来时，这两块区域有不同的执行期语意。而且，欲支持 exception handling，需要额外的一些“簿记”操作与数据。编译器的做法有两种：

一种是把两块区域以个别的“将被摧毁之 local objects”链表（已在编译时期设妥）联合起来；另一种做法是让两块区域共享同一个链表，该链表会在执行期扩大或缩小。

在程序员层面，exception handling 也改变了函数在资源管理上的语意。例如，下面的函数中含有对一块共享内存的 locking 和 unlocking 操作，虽然看起来和 exceptions 没有什么关系，但在 exception handling 之下并不保证能够正确运行：

```
void
mumble( void *arena )
{
  Point *p = new Point;
  smLock( arena );  // function call

  // 如果有一个 exception 在此发生，问题就来了
  // ...

  smUnLock( arena );  // function call
  delete p;
}
```

本例之中，exception handling 机制把整个函数视为单一区域，不需要操心“将函数从程序堆栈中‘unwinding’”的事情。然而从语意上来说，在函数被推出堆栈之前，我们需要 unlock 共享内存，并 *delete p*。让函数成为“exception proof”的最明确（但不是最有效率）方法就是安插一个 default *catch* 子句，像这样：

```
void
mumble( void *arena )
{
  Point *p;
  p = new Point;
  try {
    smLock( arena );
    // ...
  }
  catch( ... ) {
    smUnLock( arena );
    delete p;
    throw;
```

```
    }

    smUnLock( arena );
    delete p;
  }
```

这个函数现在有了两个区域：

1. *try* block 以外的区域，在那里，exception handling 机制除了“pop”程序堆栈之外，没有其他事情要做。
2. *try* block 以内的区域（以及它所联合的 default *catch* 子句）。

请注意，*new* 运算符的调用并非在 *try* 区段内。这是我的错误吗？如果 *new* 运算符或是 *Point* constructor 在配置内存之后发生一个 exception，那么内存既不会被 unlocking，*p* 也不会被 *delete*（这两个操作都在 *catch* 区段内）。这是正确的语意吗？

是的，它是。如果 *new* 运算符抛出一个 exception，那么就不需要配置 heap 中的内存，*Point* constructor 也不需要被调用。所以也就没有理由调用 *delete* 运算符。然而如果是在 *Point* constructor 中发生 exception，此时内存已配置完成，那么 *Point* 之中任何建构好的合成物或子对象（subobject，也就是一个 member class object 或 base class object）都将自动被析构掉，然后 heap 内存也会被释放掉。不论哪种情况，都不需要调用 *delete* 运算符。

类似的道理，如果一个 exception 是在 *new* 运算符执行过程中被抛出的，*arena* 所指向的内存就绝不会被 locked，因此，也没有必要 unlock 之。

处理这些资源管理问题，我的一个建议办法就是，将资源需求封装于一个 class object 体内，并由 destructor 来释放资源（然而如果资源必须被索求、被释放、再被索求、再被释放……许多次的时候，这种风格会变得有点累赘）：

```
void
mumble( void *arena )
{
  auto_ptr<Point> ph ( new Point );
  SMLock sm( arena );

  // 如果这里抛出一个 exception，现在就没有问题了
  // ...

  // 不需要显式地 unlock 和 delete
  // local destructors 在这里被调用
  // sm.SMLock::~SMLock();
  // ph.auto_ptr<Point>::~auto_ptr<Point>()
}
```

从 exception handling 的角度看，这个函数现在有三个区段：

1. 第一区段是 *auto_ptr* 被定义之处。
2. 第二区段是 *SMLock* 被定义之处。
3. 上述两个定义之后的整个函数。

如果 exception 是在 *auto_ptr* constructor 中被抛出的，那么就没有 active local objects 需要被 EH 机制摧毁。然而如果 *SMLock* constructor 中抛出一个 exception，*auto_ptr* object 必须在"unwinding"之前先被摧毁。至于在第三个区段中，两个 local objects 当然都必须被摧毁。

支持 EH，会使那些拥有 member class subobjects 或 base class subobjects（并且它们也都有 constructors）的 classes 的 constructor 更复杂。一个 class 如果被部分构造，其 destructor 必须只施行于那些已被构造的 subobjects 和（或）member objects 身上。例如，假设 class *X* 有 member objects *A*, *B* 和 *C*，都各有一对 constructor 和 destructor，如果 *A* 的 constructor 抛出一个 exception，不论 *A*、*B* 或 *C* 都不需要调用其 destructor。如果 *B* 的 constructor 抛出一个 exception，*A* 的 destructor 必须被调用，但 *C* 不用。处理所有这些意外事故，是编译器的责任。

同样的道理，如果程序员写下：

```
// class Point3d : public Point2d { ... };
Point3d *cvs = new Point3d[ 512 ];
```

会发生两件事：

1. 从 heap 中配置足以给 512 个 *Point3d* objects 所用的内存。
2. 如果成功，先是 *Point2d* constructor，然后是 *Point3d* constructor，会施行于每一个元素身上。

如果#27 元素的 *Point3d* constructor 抛出一个 exception，会怎样？对于#27 元素，只有 *Point2d* destructor 需要调用执行。对于前 26 个元素，*Point3d* destructor 和 *Point2d* destructor 都需要调用执行。然后内存必须被释放回去。

对 Exception Handling 的支持

当一个 exception 发生时，编译系统必须完成以下事情：

1. 检验发生 *throw* 操作的函数。
2. 决定 *throw* 操作是否发生在 *try* 区段中。
3. 若是，编译系统必须把 exception type 拿来和每一个 *catch* 子句进行比较。
4. 如果比较后吻合，流程控制应该交到 *catch* 子句手中。
5. 如果 *throw* 的发生并不在 *try* 区段中，或没有一个 *catch* 子句吻合，那么系统必须（**a**）摧毁所有 active local objects，（**b**）从堆栈中将目前的函数“unwind”掉，（**c**）进行到程序堆栈的下一个函数中去，然后重复上述步骤 2~5。

决定 throw 是否发生在一个 try 区段中

还记得吗，一个函数可以被想象为好几个区域：

- *try* 区段以外的区域，而且没有 active local objects。

- *try* 区段以外的区域，但有一个（或以上）的 active local objects 需要析构。
- *try* 区段以内的区域。

编译器必须标示出以上各区域，并使它们对执行期的 exception handling 系统有所作用。一个很棒的策略就是构造出 program counter-range 表格。

回忆一下，program counter（译注：在 Intel CPU 中为 EIP 寄存器）内含下一个即将执行的程序指令。好，为了在一个内含 *try* 区段的函数中标示出某个区域，可以把 program counter 的起始值和结束值（或是起始值和范围）存储在一个表格中。

当 *throw* 操作发生时，目前的 program counter 值被拿来与对应的“范围表格”进行比对，以决定目前作用中的区域是否在一个 *try* 区段中。如果是，就需要找出相关的 *catch* 子句（稍后我们再来看这一部分）。如果这个 exception 无法被处理（或者它被再次抛出），目前的这个函数会从程序堆栈中被推出（popped），而 program counter 会被设定为调用端地址，然后这样的循环再重新开始。

将 exception 的类型和每一个 catch 子句的类型做比较

对于每一个被抛出来的 exception，编译器必须产生一个类型描述器，对 exception 的类型进行编码。如果那是一个 derived type，编码内容必须包括其所有 base class 的类型信息。只编进 public base class 的类型是不够的，因为这个 exception 可能被一个 member function 捕捉，而在一个 member function 的范围（scope）之中，derived class 和 nonpublic base class 之间可以转换。

类型描述器（type descriptor）是必要的，因为真正的 exception 是在执行期被处理的，其 object 必须有自己的类型信息。RTTI 正是因为支持 EH 而获得的副产品。我将在 7.3 节讨论 RTTI。

编译器还必须为每一个 *catch* 子句产生一个类型描述器。执行期的 exception handler 会将“被抛出之 object 的类型描述器”和“每一个 *cause* 子句的类型描述器”

进行比较，直到找到吻合的一个，或是直到堆栈已经被“unwound”而 *terminate()* 已被调用。

每一个函数会产生出一个 exception 表格，它描述与函数相关的各区域、任何必要的善后处理代码（cleanup code，被 local class object destructors 调用）以及 *catch* 子句的位置（如果某个区域是在 try 区段之中的话）。

当一个实际对象在程序执行时被抛出，会发生什么事？

当一个 exception 被抛出时，exception object 会被产生出来并通常放置在相同形式的 exception 数据堆栈中。从 *throw* 端传给 *catch* 子句的，是 exception object 的地址、类型描述器（或是一个函数指针，该函数会传回与该 exception type 有关的类型描述器对象）以及可能会有的 exception object 描述器（如果有人定义它的话）。

考虑一个 *catch* 子句如下：

```
catch( exPoint p )
{
  // do something
  throw;
}
```

以及一个 exception object，类型为 *exVertex*，派生自 *exPoint*。这两种类型都吻合，于是 *catch* 子句会作用起来。那么 *p* 会发生什么事？

- *p* 将以 exception object 作为初值，就像是一个函数参数一样。这意味着如果定义有（或由编译器合成出）一个 copy constructor 和一个 destructor 的话，它们都会实施于 local copy 身上。
- 由于 *p* 是一个 object 而不是一个 reference，当其内容被拷贝的时候，这个 exception object 的 non-*exPoint* 部分会被切掉（sliced off）。此外，如果为了 exception 的继承而提供 virtual functions，那么 *p* 的 vptr 会被设为 *exPoint* 的 virtual table；exception object 的 vptr 不会被拷贝。

当这个 exception 被再抛出一次时，会发生什么事情？*p* 现在是繁殖出来的 object？还是从 *throw* 端产生的原始 exception object？*p* 是一个 local object，在 *catch* 子句的末端将被摧毁。抛出 *p* 需得产生另一个临时对象，并意味着丧失原来的 exception 的 *exVertex* 部分。原来的 exception object 被再一次抛出；任何对 *p* 的修改都会被抛弃。

像下面这样的一个 *catch* 子句：

```
catch( exPoint &rp )
{
  // do something
  throw;
}
```

则是参考到真正的 exception object。任何虚拟调用都会被决议（resolved）为 instances active for *exVertex*，也就是 exception object 的真正类型。任何对此 object 的改变都会被繁殖到下一个 *catch* 子句。

最后，这里提出一个有趣的谜题。如果我们有下面的 *throw* 操作：

```
exVertex errVer;

//...
mumble()
{
  //...
  if (mumble_cond ) {
    errVer.fileName( "mumble()" );
    throw errVer;
  }
  //...
}
```

究竟是真正的 exception *errVer* 被繁殖，还是 *errVer* 的一个复制品被构造于 exception stack 之中并被繁殖？答案是一个复制品被构造出来，全局性的 *errVer* 并没有被繁殖。这意味着在一个 *catch* 子句中对于 exception object 的任何改变都是局部性的，不会影响 *errVer*。只有在一个 *catch* 子句评估完毕并且知道它不会再抛出

exception 之后，真正的 exception object 才会被摧毁。

在某一次对 PC C++编译器的评论当中（请参考[HORST95]），Cay Horstmann 测量了 EH 所带来的效率和大小的额外负担。Cay 编译并执行一个测试程序，产生并摧毁大量的 local objects——它们有自己的 constructors 和 destructors。两个程序都不发生实际的 exceptions，它们之间的差异只在于其中一个的 *main()*内有个 *catch(...)*子句。下面是他测试了 Microsoft、Borland、Symantec 编译器后的结果。首先，程序大小有异（参见**表 7.1**）：

表 7.1　对象大小（两种情况：有或没有 exception handling）

	没有 EH	有 EH	百分比
Borland	86 822	89 510	3%
Microsoft	60 146	67 071	13%
Symantec	69 786	74 826	8%

其次，执行速度也有异（参见**表 7.2**）：

表 7.2　执行速度（两种情况：有或没有 exception handling）

	没有 EH	有 EH	百分比
Borland	78 秒	83 秒	6%
Microsoft	83 秒	87 秒	5%
Symantec	94 秒	96 秒	4%

与其他语言特性进行比较，C++编译器支持 EH 机制所付出的代价最大。某种程度上是由于其执行期的天性以及对底层硬件的依赖，以及 UNIX 和 PC 两种平台对于执行速度和程序大小有着不同的取舍优先状态之故。

7.3 执行期类型识别（Runtime Type Identification，RTTI）

在 cfront 中，用以表现出一个程序的所谓“内部类型体系”，看起来像这样：

```
// 程序层次结构的根类（root class）
class node { ... };

// root of the 'type' subtree: basic types,
//   'derived' types: pointers, arrays,
//   functions, classes, enums ...
class type : public node { ... };

// two representations for functions
class fct : public type { ... };
class gen : public type { ... };
```

其中 *gen* 是 generic 的简写，用来表现一个 overloaded function。

于是只要你有一个变量，或是类型为 *type** 的成员（并知道它代表一个函数），你就必须决定其特定的 derived type 是否为 *fct* 或是 *gen*。在 2.0 之前，除了 destructor 之外唯一不能够被 overloaded 的函数就是 conversion 运算符，例如：

```
class String {
public:
  operator char*();
  // ...
};
```

在 2.0 导入 const member functions 之前，conversion 运算符不能够被 overloaded，因为它们不使用参数。直到引进了 const member functions，情况才有所变化。现在，像下面这样的声明就有可能了：

```
class String {
public:
  // ok with Release 2.0
  operator char*();
  operator char*() const;
  // ...
};
```

也就是说，在 2.0 版之前，以一个 explicit cast 来存取 derived object 总是安全（而且比较快速）的，像下面这样：

```
typedef type *ptype;
typedef fct *pfct;

simplify_conv_op( ptype pt )
{
  // ok : conversion operators can only be fcts
  pfct pf = pfct( pt );
  // ...
}
```

在 const member functions 引入之前，这份代码是正确的。请注意其中甚至有一个注释，说明这样的转换的安全性。但是在 const member functions 引进之后，不论程序注释还是程序代码就都不对了。程序代码之所以失败，非常不幸是因为 *String* class 声明的改变。因为 char* conversion 运算符现在被内部视为一个 *gen* 而不是一个 *fct*。

下面这样的转换形式：

```
pfct pf = pfct( pt );
```

被称为 downcast（向下转换），因为它有效地把一个 base class 转换至继承架构的末端，变成其 derived classes 中的某一个。Downcast 有潜在性的危险，因为它遏制了类型系统的作用，不正确的使用可能会带来错误的解释（如果它是一个 read 操作）或腐蚀掉程序内存（如果它是一个 write 操作）。在我们的例子中，一个指向 *gen* object 的指针被不正确地转换为一个指向 *fct* object 的指针 *pf*。所有后续对 *pf* 的使用都是不正确的（除非只是检查它是否为 0，或只是把它拿来和其他指针进行比较）。

Type-Safe Downcast（保证安全的向下转换操作）

C++被吹毛求疵的一点就是，它缺乏一个保证安全的 downcast（向下转换操作）。只有在“类型真的可以被适当转换”的情况下，你才能够执行 downcast（请看[BUDD91]）。一个 type-safe downcast 必须在执行期对指针有所查询，看看它是否指向它所展现（表达）之 object 的真正类型。因此，欲支持 type-safe downcast，在 object 空间和执行时间上都需要一些额外负担：

- 需要额外的空间以存储类型信息（type information），通常是一个指针，指向某个类型信息节点。
- 需要额外的时间以决定执行期的类型（runtime type），因为，正如其名所示，这需要在执行期才能决定。

这样的机制面对下面这样平常的 C 结构，会如何影响其大小、效率以及链接兼容性呢？

```
char *winnie_tbl[ ] = { "rumbly in my tummy", "oh, bother" };
```

很明显，它所导致的空间和效率上的不良后果甚为可观。

冲突发生在两组使用者之间：

1. 程序员大量使用多态（polymorphism），并因而需要正统而合法的大量 downcast 操作。
2. 程序员使用内建数据类型以及非多态设备，因而不受各种额外负担所带来的不良后果。

理想的解决方案是，为两派使用者提供正统而合法的需要——虽然或许得牺牲一些设计上的纯度与优雅性。你知道要怎么做吗？

C++的 RTTI 机制提供了一个安全的 downcast 设备，但只对那些展现“多态（也就是使用继承和动态绑定）”的类型有效。我们如何分辨这些？编译器能否光看

class 的定义就决定这个 class 用以表现一个独立的 ADT 还是一个支持多态的可继承子类型（subtype）？当然，策略之一就是导入一个新的关键词，优点是可以清楚地识别出支持新特质的类型，缺点则是必须翻新旧程序。

另一个策略是通过声明一个或多个 virtual functions 来区别 class 声明。其优点是透明化地将旧有程序转换过来，只要重新编译就好。缺点则是可能会将一个其实并非必要的 virtual function 强迫导入继承体系的 base class 身上。毫无疑问你还可以想出更多策略，不过，目前所说的这一个正是 RTTI 机制所支持的策略。在 C++ 中，一个具备多态性质的 class（所谓的 polymorphic class），正是内含着继承而来（或直接声明）的 virtual functions。

从编译器的角度来看，这个策略还有其他优点，就是大量降低额外负担。所有 polymorphic classes 的 objects 都维护了一个指针（vptr），指向 virtual function table。只要我们把与该 class 相关的 RTTI object 地址放进 virtual table 中（通常放在第一个 slot），那么额外负担就降低为：每一个 class object 只多花费一个指针。这一指针只需被设定一次，它是被编译器静态设定的，而非在执行期由 class constructor 设定（vptr 才是这么设定的）。

Type-Safe Dynamic Cast（保证安全的动态转换）

dynamic_cast 运算符可以在执行期决定真正的类型。如果 downcast 是安全的（也就是说，如果 base type pointer 指向一个 derived class object），这个运算符会传回被适当转换过的指针。如果 downcast 不是安全的，这个运算符会传回 0。下面就是我们如何重写我们原本的 cfront downcast（当然啦，现在的 *pt* 实际类型可能是 *fct*，也可能是 *gen*。比较受欢迎的程序方法是使用 virtual function。在此法中，参数的真正类型被封装起来。程序比较清晰，也比较容易扩充，得以处理更多类型）：

```
typedef type *ptype;
typedef fct *pfct;

simplify_conv_op( ptype pt )
{
  if ( pfct pf = dynamic_cast< pfct >( pt )) {
    // ... process pf
  }
  else { ... }
}
```

什么是 *dynamic_cast* 的真正成本呢？*pfct* 的一个类型描述器会被编译器产生出来。由 *pt* 所指向的 class object 类型描述器必须在执行期通过 vptr 取得。下面就是可能的转换：

```
// 取得 pt 的类型描述器
((type_info*)(pt->vptr[ 0 ]))->_type_descriptor;
```

type_info 是 C++ Standard 所定义的类型描述器的 class 名称，该 class 中放置着待索求的类型信息。virtual table 的第一个 slot 内含 *type_info* object 的地址；此 *type_info* object 与 *pt* 所指的 class type 有关（请看 1.1 节的图 **1.3**）。这两个类型描述器被交给一个 runtime library 函数，比较之后告诉我们是否吻合。很显然这比 static cast 昂贵得多，但却安全得多（如果我们把一个 *fct* 类型“downcast”为一个 *gen* 类型的话）。

最初对 runtime cast 的支持提议中，并未引进任何关键词或额外的语法。下面这样的转换操作：

```
// 最初对 runtime cast 的提议语法
pfct pf = pfct( pt );
```

究竟是 static 还是 dynamic，必须视 *pt* 是否指向一个多态 class object 而定。贝尔实验室中的我们这一伙认为这样很棒，但是 C++标准委员会想的却是另一套。他们的评论，就我所知，认为这么一来一个代价昂贵的 runtime 操作与一个简单的 static cast 太相像了。也就是说，当我们看到这个 cast 操作时，无法知道 *pt* 是否指向多态对象（polymorphic object），也就无法知道这个 cast 操作是执行于编译时期，还是执行期。这当然是事实，然而，virtual function call 不也同样吗？或许 C++标准委员也应该引进一种新语法和关键词，以便区分：

```
pt->foobar();
```

是一个静态决议的 function call，还是一个通过虚拟机制的调用操作！

References 并不是 Pointers

程序执行中对一个 class 指针类型施以 *dynamic_cast* 运算符，会获得 true 或 false：

- 如果传回真正的地址，则表示这一 object 的动态类型被确认了，一些与类型有关的操作现在可以施行于其上。
- 如果传回 0，则表示没有指向任何 object，意味着应该以另一种逻辑施行于这个动态类型未确定的 object 身上。

dynamic_cast 运算符也适用于 reference 身上。然而对于一个 non-type-safe cast，其结果不会与施行于指针的情况相同。为什么？一个 reference 不可以像指针那样“把自己设为 0 便代表了‘no object’”；若将一个 reference 设为 0，会引起一个临时性对象（拥有被参考到的类型）被产生出来，该临时对象的初值为 0，这个 reference 然后被设定成为该临时对象的一个别名（alias）。因此当 *dynamic_cast* 运算符施行于一个 reference 时，不能够提供对等于指针情况下的那一组 true/false。取而代之的是，会发生下列事情：

- 如果 reference 真正参考到适当的 derived class（包括下一层或下下一层，或下下下一层或……），downcast 会被执行而程序可以继续进行。
- 如果 reference 并不真正是某一种 derived class，那么，由于不能够传回 0，因此抛出一个 *bad_cast* exception。

下面是重新实现后的 *simplify_conv_op* 函数，参数改为一个 reference：

```
simplify_conv_op( const type &rt )
{
  try {
    fct &rf = dynamic_cast< fct& >( rt );
    // ...
  }
  catch( bad_cast ) {
    // ... mumble ...
  }
}
```

其中执行的操作十分理想地表现出某种 exception failure，而不只是简单（一如从前）的控制流程。

Typeid 运算符

使用 *typeid* 运算符，就有可能以一个 reference 达到相同的执行期替代路线（runtime“alternative pathway”）：

```
simplify_conv_op( const type &rt )
{
  if ( typeid( rt ) == typeid( fct ) )
  {
    fct &rf = static_cast< fct& >( rt );
    // ...
  }
  else { ... }
}
```

虽然显而易见，但我也必须要说，在这里，一个明显的较好实现策略是在 *gen* 和 *fct*classes 中都引进一个 virtual function。

typeid 运算符传回一个 const reference，类型为 *type_info*。在先前测试中出现的 equality（等号）运算符，其实是一个被 overloaded 的函数：

```
bool
type_info::
operator==( const type_info& ) const;
```

如果两个 *type_info* objects 相等，这个 equality 运算符就传回 true。

type_info object 由什么组成？C++ Standard（Section 18.5.1）中对 *type_info* 的定义如下（译注：你可以在 Visual C++的 typeinfo.h 中找到类似的定义）：

```
class type_info {
public:
    virtual ~type_info();
    bool operator==( const type_info& ) const;
    bool operator!=( const type_info& ) const;
    bool before( const type_info& ) const;
    const char* name() const;   // 译注：传回 class 原始名称
private:
    // prevent memberwise init and copy
    type_info( const type_info& );
    type_info& operator=(const type_info& );

    // data members
};
```

编译器必须提供的最小量信息是 class 的真实名称和在 *type_info* objects 之间的某些排序算法（这就是 *before()*函数的目的），以及某些形式的描述器，用来表现 explicit class type 和这一 class 的任何 subtypes。在描述 exception handling 的原始文章（[KOENIG90b]）中，曾建议实现出一种描述器：编码后的字符串（译注）。其他策略请见[SUN94a]和[LENKOV92]。

> 译注：Microsoft 的 Visual C++就是采用编码后的字符串作为描述器。所以 Visual C++的 typeinfo.h 中对于 *type_info* 的定义，就比上述的 C++ Standard 所定义的还多一个 member：
>
> ```
> class type_info {
> public:
>     const char* name() const;       // 传回 class 原始名称
>     const char* raw_name() const;  // 传回 class 名称的编码字符串
>     ...
> };
> ```

下面是以 Visual C++完成的一个小范例，用以检验编码后的 class 名称：

```
// building : cl -GR typeid.cpp
#include <iostream.h>
#include <typeinfo.h>

class B { ... };
class D : public B { ... };

void main()
{
  B *pb = new B;
  D *pd = new D;

  cout << "pb's type name = " << typeid(pb).name() << endl;
  cout << "pd's type name = " << typeid(pd).name() << endl;
  cout << "pb's type rawname = " << typeid(pb).raw_name() << endl;
  cout << "pd's type rawname = " << typeid(pd).raw_name() << endl;
}
```

执行结果为：

```
pb's type name = class B *    （class B 的原始名称）
pd's type name = class D *    （class D 的原始名称）
pb's type rawname = .PAVB@@   （class B 的编码名称）
pd's type rawname = .PAVD@@   （class D 的编码名称）
```

虽然 RTTI 提供的 *type_info* 对于 exception handling 的支持来说是必要的，但对于 exception handling 的完整支持而言，还不够。如果再加上额外的一些 *type_info* derived classes，就可以在 exception 发生时提供关于指针、函数、类等等的更详细信息。例如 MetaWare 就定义了以下的额外类：

```
class Pointer_type_info: public type_info { ... };
class Member_pointer_info: public type_info { ... };
class Modified_type_info: public type_info { ... };
class Array_type_info: public type_info { ... };
class Func_type_info: public type_info { ... };
class Class_type_info: public type_info { ... };
```

并允许使用者取用它们。不幸的是，那些 derived classes 的大小以及命名习惯都没有一个标准，各家编译器差异较大。

虽然我早说过 RTTI 只适用于多态类（polymorphic classes），事实上 *type_info* objects 也适用于内建类型，以及非多态的使用者自定类型。这对于 exception handling 的支持是有必要的。例如：

```
int ex_errno;
...
throw ex_errno;
```

其中 int 类型也有它自己的 *type_info* object。下面就是使用方法：

```
int *ptr;
...
if ( typeid( ptr ) == typeid( int* ) )
  ...
```

在程序中使用 *typeid*(expression)，像这样：

```
int ival;
...
typeid( ival ) ...;
```

或是使用 *typeid*(type)，像这样：

```
typeid( double ) ...;
```

会传回一个 const *type_info*&。这与先前使用多态类型（polymorphic types）的差异在于，这时候的 *type_info* object 是静态取得，而非执行期取得。一般的实现策略是在需要时才产生 *type_info* object，而非程序一开头就产生之。

7.4 效率有了，弹性呢？

传统的 C++对象模型提供有效率的执行期支持。这份效率，再加上与 C 之间的兼容性，造成了 C++的广泛被接受度。然而，在某些领域方面，像是动态共享函数库（dynamically shared libraries）、共享内存（shared memory）以及分布式对象（distributed object）方面，这个对象模型的弹性还是不够。

动态共享函数库（Dynamic Shared Libraries）

理想中，一个动态链接的 shared library 应该像"突然造访"一样。也就是说，当应用程序下一次再执行时，会透明化地取用新的 library 版本。新的 library 问世不应该对旧的应用程序产生侵略性，应用程序不应该需要为此重新建造（building）一次。然而，在目前的 C++对象模型中，如果新版 library 中的 class object 布局有所变更，上述的"library 无侵略性"说法便有待商榷了。这是因为 class 的大小及其每一个直接（或继承而来）的 members 的偏移位置（offset）都在编译时期就已经固定（虚拟继承的 members 除外）。这虽然带来了效率，却在二进制层面（binary level）阻碍了弹性。如果 object 布局改变，应用程序就必须重新编译。[GOLD94]和[PALAY92]两篇文章描述了前人的许多有趣的努力，希望把 C++对象模型推至更具有"突然造访"的能力。当然，这会丧失部分的执行期速度优势和大小优势。

共享内存（Shared Memory）

当一个 shared library 被加载时，它在内存中的位置由 runtime linker 决定，一般而言与执行中的进程（process）无关。然而，在 C++对象模型中，当一个动态的 shared library 支持一个 class object，其中含有 virtual functions（被放在 shared memory 中）时，上述说法便不正确。问题并不在于"将此 object 放置于 shared memory 中"的那个进程，而在于"想要经由这个 shared object 附着并调用一个 virtual function"的第二个或更后继的进程。除非 dynamic shared library 被放置于完全相同的内存位置上，就像当初加载这个 shared object 的进程一样，否则 virtual function 会死得很难看，可能的错误包括 segment fault 或 bus error。病灶在于每一个 virtual function 在 virtual table 中的位置已经被写死了。目前的解决方法属于程序层面，程序员必须保证让跨越进程的 shared libraries 有相同的坐落地址（在 SGI 中，使用者可以根据所谓的 so-location 文件，指定每一个 shared library 的精确位置）。至于编译系统层面上的解决方法，势必得牺牲原本的 virtual table 实现模型所带来的高效率。

Common Object Request Broker Architecture（CORBA）、Component Object Model（COM）以及 System Object Model（SOM）都企图定义出分布式、二进制层面的对象模型，并且与任何程序语言无关（请见[MOWBRAY95]对 CORBA 的详细讨论，以及对 SOM 和 COM 的次要讨论。至于 C++导向的讨论，请见[HAM95]的 SOM、[BOX95]的 COM，以及[VINOS93]和[VINOS94]的 CORBA）。这些努力有可能在未来将 C++对象模型推往更高的弹性（经由更多的间接性），但我们也知道那需要赔上更多的执行期速度与效率。

当我们的计算环境的需求更加进化（试想想 Web programming、Java applets）时，传统的 C++对象模型，带着它那“高效率”和“与 C 兼容”的特性，可能会不断累加束缚。然而，到了那个时候，对象模型（Object Model）将证明 C++的全面适用性，不论在各式各样的操作系统、各式各样的硬件驱动程序、基因工程上，还是在我自己目前专注的 3D 计算机绘图和动画上。

译注：如果您对于 Component Object Model（COM）感兴趣，我推荐两本理想的书籍。一本是 ***Essential COM***（Don Box / Addison Wesley / 1998）。另一本是 ***Inside COM***（Dale Rogerson / Microsoft Press / 1996）。***Essential COM*** 的 1、2 两章把软件组件（components）的本质、问题所在以及 COM 的解决之道解释得非常好，带着读者以一般的、纯粹的 C++语言（不借助任何工具）完成一个 COM 程序架构；第 3 章以后的内容略嫌艰涩，可辅以 ***Inside COM***。***Inside COM*** 全书清爽简易，但最好必须先读过 ***Essential COM*** 的前两章，您才会有扎实深厚的基础去接受它。

“传世经典书丛”——致读者

感谢您选择本丛书，相信您会从书中获得难忘的阅读体验，或是拨云见日，醍醐灌顶；或是相见恨晚，如获至宝。“独乐乐不如众乐乐”，我们为本套丛书专门定制了网站（www.broadview.com.cn/classic），力图以此为契机，打造一个外版经典图书交流平台。您可以通过这个平台与志同道合的朋友交流读书心得，切磋编程技艺，也可以向我们推荐国外大师著作；或是毛遂自荐，亲自参与图书的翻译或原创工作。您既是我们的读者，也可以成为我们的作（译）者。

北京博文视点（www.broadview.com.cn）资讯有限公司成立于2003年，是工业和信息化部直属的中央一级科技与教育出版社——电子工业出版社（PHEI）下属旗舰级子公司，已走过了七年的开拓、探索和成长之路。

我们以开发IT类图书选题为主业，以传播完美知识为己任，年组织策划图书达300个品种，并开展相关信息和知识增值服务。

我们将专业眼光面向专业领域，用诚挚之心奉献精品佳作，创建了完备的知识服务体系、形成了独特的竞争优势，打造了IT图书领域的高端品牌。

我们始终保持着励精图治、兢兢业业的专业精神，打造了一支团结一心的专业队伍、赢得了众多才华横溢的作者朋友和肝胆相照的合作伙伴。

我们愿与所有曾经帮助、关心过我们的朋友、作者、合作伙伴携手奋斗。未来之路，不可限量！

欢迎投稿：zhangcy@phei.com.cn

地址：北京市万寿路173信箱博文视点 邮编：100036

总机：010-88254356 传真：010-88254356-802

反侵权盗版声明